U0220795

矿用搜救机器人

朱 华 葛世荣 唐超权 李雨潭 李猛钢 由韶泽 著

科学出版社

北京

内 容 简 介

矿用搜救机器人是一种在矿井发生灾变事故后替代救护队员进入灾区,通过携带的多种传感器和救援设备,进行环境和生命探测以及对矿工实施救助的多功能矿用智能救援装备。本书针对矿用搜救机器人的工作环境和任务要求,对其研发中所涉及的主要技术问题及解决方法进行了具体介绍。全书共分 11 章,包括绪论、煤矿井下环境与灾变特征、机器人行走机构、机器人动力系统、机器人运动控制系统、机器人井下通信、井下图像处理与视频分析、机器人定位与矿图构建、机器人路径规划与自主避障、井下环境与生命探测以及机器人防爆设计。

本书内容集中了课题组多年来承担的国家和省部科研项目的研究成果,同时也吸收了国内外同行的相关研究成果,对从事矿山或其他特殊环境救援机器人研发的工程技术人员和高校研究生有一定的参考价值。

图书在版编目(CIP)数据

矿用搜救机器人/朱华等著. —北京:科学出版社,2022.8
ISBN 978-7-03-045131-6

Ⅰ. ①矿… Ⅱ. ①朱… Ⅲ. ①矿山救护–机器人 Ⅳ. ①TD77 ②TP242

中国版本图书馆 CIP 数据核字(2015) 第 133711 号

责任编辑:李涪汁 高慧元 曾佳佳/责任校对:崔向琳
责任印制:张 伟/封面设计:许 瑞

科 学 出 版 社 出版
北京东黄城根北街 16 号
邮政编码:100717
http://www.sciencep.com

北京九州迅驰传媒文化有限公司 印刷
科学出版社发行 各地新华书店经销
*
2022 年 8 月第 一 版 开本:720×1000 1/16
2022 年 8 月第一次印刷 印张:22 3/4
字数:456 000
定价:169.00 元
(如有印装质量问题,我社负责调换)

前　　言

　　我国是煤炭生产第一大国，同时也是发生煤矿事故较多的国家之一。煤炭开采量大，矿井地质条件差，生产设备相对落后，效率低、用人多，安全监管难度大，是造成煤矿事故和伤亡人员多的主要原因。煤矿装备机器人化是减少煤矿事故和人员伤亡的重要途径。得益于机器人、人工智能、智能制造、网络通信等相关学科和关键技术的快速发展，煤矿装备机器人化的技术条件已经具备并即将成为新的发展趋势。为了加速推进煤矿机器人的研发应用，2019 年 1 月，国家煤矿安全监察局发布《煤矿机器人重点研发目录》，提出了包括掘进类、采煤类、运输类、安控类、救援类等五大类 38 种煤矿机器人，其中就包括矿用搜救机器人。煤矿机器人的研发应用有利于减少煤矿用工数量，降低工人劳动强度和危险性，进一步提高煤炭生产能力，同时当发生煤矿事故时由机器人协助救援，可提高救援效率，减少矿工特别是救援人员的伤亡。

　　矿用搜救机器人是一种在矿井发生灾变事故后替代救护队员进入灾区，通过携带的多种传感器和救援设备，进行环境和生命探测以及对矿工实施救助的多功能矿用智能救援装备。在灾区情况不明时，使用机器人进入探查，既可以防止救援人员发生伤亡，又能够将灾区的信息实时传输到地面救援指挥中心，为救援决策提供科学依据，以便快速、准确地制定救援方案。矿用搜救机器人按作业任务可以分为探测机器人和救援机器人两种。探测机器人能够在煤矿井下发生瓦斯 (煤尘) 爆炸、矿井火灾、透水等灾害事故后进入灾区，探测并回传井巷中的甲烷、一氧化碳、氧气、温度、湿度、水位、风速、风向、灾害场景、呼救声讯以及人员伤亡情况等信息。救援机器人除了具有探测机器人的主要功能外，一般还具有灭火、清障、运送给养、将受伤矿工转移到安全地方等功能。

　　煤矿环境特别是灾后环境复杂，为了使矿用搜救机器人能够在煤矿复杂环境中进行有效作业，机器人需要满足以下技术要求：高强的非结构环境适应能力和行走能力，灾变环境下的通信能力，较强的续航能力和作业能力，一定的自主能力，以及具有防爆、阻燃、抗静电等安全性能。因此需要重点解决以下几个方面的关键技术问题：针对矿井环境和结构特征，研发具有地形适应性好、越障能力强、机动灵活、可靠性高的行走机构，这是煤矿搜救机器人研发取得成功的关键；研发适合井下封闭、狭窄和网状空间中的通信技术，以实现数据和图像信息的长距离有效传输；研发对矿井内气体、温湿度、人体和障碍物等感知性能好，抗干扰能力强, 可靠性高的环境感知技术, 以满足矿用搜救机器人环境侦测、幸存者搜救和智能行为的需要; 研究地形复杂、照度低、无卫星定位以及存在信号屏蔽干扰等条件下井巷地图构建、机器人精确定位、路径规划与避障, 通过机器人与环境之间的可靠交互和精确感知, 以及机器人运动精确控制等, 实现或提高机器人在煤矿井下的自主行走和作业能力; 研发关于移动机器人的防爆设计方法、轻质高强的机器人防爆材料和结构轻量化设计方法, 以及更多的本质安全型机器人配套产品, 以解决传统防爆设计方法将会造成机器人体积和重量增大, 从而导致机器人所需动力增大、续航能力变差等问题。

本课题组多年来一直从事矿用搜救机器人的研发, 在 863 计划、"十三五"国家重点研发计划、江苏省科技支撑计划以及教育部 211 工程和 985 优势学科创新平台建设等项目的资助下, 开展了面向煤矿灾害救援机器人的研究开发与应用工作, 逐步解决了机器人研发中遇到的许多关键技术问题, 研发出了与应用要求越来越接近的矿用搜救机器人样机和相关技术产品。样机产品达到了较高的性能指标, 机器人整机及其配套装置通过了国家权威机构的防爆检验, 获得了防爆合格证书和煤矿安全标志证书, 并在大型煤矿进行了示范应用。

为了与国内外同行分享和交流矿用搜救机器人的研发经验, 我们谨撰写出版《矿用搜救机器人》一书。书中内容主要由课题组承担项目的科技报告、发表在国内外刊物上的学术论文、研究生的学位论文、发明专利等材料整理而成, 同时也参考吸收了国内外同行的相关研究成果。全书共分 11 章, 整理分工如下: 第 1 章绪论 (朱华), 第 2 章煤矿井下环境与灾变特征 (葛世荣), 第 3 章机器人行走机构 (葛世荣), 第 4 章机器人动力系统 (李雨潭), 第 5 章机器人运动控制系统 (唐超权), 第 6 章机器人井下通信 (李猛钢), 第 7 章井下图像处理与视频分析 (由韶泽), 第 8 章机器人定位与矿图构建 (李猛钢), 第 9 章机器人路径规划与自主避障 (由韶泽), 第 10 章井下环境与生命探测 (唐超权), 第 11 章机器人防爆设计 (李雨潭)。朱华对各章内容进行了审核修改, 由韶泽对全书的部分插图进行了清晰化处理或重新制作。本书可供致力于矿山救援机器人研发的科技人员参考, 对从事其他特殊环境下应用的救援机器人的研发人员和高校研究生也有一定的参考价值。

本书的出版离不开科技部、教育部和江苏省等政府部门科研项目的支持, 离不开课题组全体成员和实验室多届博硕士研究生对项目研究成果作出的贡献, 离不开全体作者的共同努力, 同时也离不开科学出版社编辑付出的辛勤劳动, 对此一并表示衷心的感谢。

限于作者的知识水平, 本书难免存在疏漏之处, 敬请读者批评指正。

朱　华

2022 年 1 月

目　　录

第 1 章 绪 论

1.1 引 言

我国经济持续高速发展，2021 年 GDP 已达到 114.4 万亿元，自 2010 年开始就长期稳居世界第二位。然而，与经济高速发展形成鲜明对比的是，我国的生产安全形势仍极为严峻。全国各类重大生产安全事故时有发生。经济的发展不能以牺牲安全作为代价，因此，国家越来越重视生产安全和生产事故发生后的救援工作。研发用于代替人员进行生产作业和事故救援的特种机器人的行动计划已经开始。2018 年中共中央印发的《深化党和国家机构改革方案》中明确要求组建应急管理部，这充分体现了国家对于应急救援工作的重视。在各类安全生产事故中，以煤矿生产事故最为严峻，为此，国家煤矿安全监察局于 2019 年 1 月 2 日发布了第 1 号公告，要求大力研发应用煤矿机器人，并公告了《煤矿机器人重点研发目录》，目录中列出了掘进类、采煤类、运输类、安控类和救援类五大类共 38 种煤矿机器人，其中就包括第五类中的矿用搜救机器人。

矿用搜救机器人在煤矿事故救援中将会起到极大的作用，为此，国外特别是美国等发达国家自 20 世纪 80 年代就开始研发用于煤矿搜救的机器人装备，并有应用的案例。我国相对起步较晚，中国矿业大学于 2006 年成功研制了我国第一台 CUMT-I 型煤矿搜救机器人样机，并持续研究至今。国内其他相关研究机构也开展了矿用搜救机器人的研究，但大部分研究还处于样机和试验阶段，尚未得到实际应用。究其原因，主要是煤矿环境特殊，要想研发出满足应用要求的矿用搜救机器人还有许多关键技术需要解决。本章通过阐述矿用搜救机器人的作用和要求，结合国内外矿用搜救机器人的发展现状，提出矿用搜救机器人需要解决的关键技术问题。

1.2 矿用搜救机器人的作用和要求

我国是煤炭生产大国，也是煤炭消费大国，已连续十多年成为全球第一大产煤国。同时，我国也是煤矿灾害事故最严重的国家，百万吨死亡率居世界之首。其主要原因是：我国煤炭储藏条件差，地质条件复杂，90% 以上的煤炭资源仅适合井工开采，平均开采深度为地下 700 m，开采条件极其复杂，而且全国 50% 以上的煤炭储量处于高瓦斯地区 [1]。因此，在煤矿开采中极易发生灾害性事故。另外，小煤矿多，生产技术水平低，企业安全管理不到位，超能力、超强度、超定员和非法违法生产等原因，造成煤矿事故多发。煤炭开采中主要存在瓦斯爆炸、煤尘爆炸、顶板垮塌、着火和透水五大灾害，其中瓦斯爆炸事故危害最大，占煤矿灾害事故的一半以上[2]。

灾害事故发生后，作业矿工常常被困于井下，需要实施应急救援。目前的应急救援方法是派矿山救护队员下井直接搜救，救援时间紧迫，救援队员越早进入事故现场，被困矿工的生还希望就越大。但是，如矿井瓦斯 (煤尘) 爆炸发生后，灾区气温升高，粉尘浓度增大，爆炸性气体以及高浓度的 CO 等有害气体充满了巷道，矿井环境不稳定，随时有发生二次爆炸或多次爆炸的可能；爆炸将会造成部分顶板不稳定，随时可能发生冒落或垮塌；加之爆炸冲击波波及的矿井巷道内设备错乱、冒落的顶板堆积、电缆纵横，错综复杂，且爆炸后粉尘弥漫，能见度低，给搜救工作带来很大的困难和危险，以至于救护队员往往不能或无法进入某些危险区域开展搜救工作，从而延误了最佳救援时机，增加了矿工伤亡和事故损失。因此，在灾害发生后，及时、快速、准确地进行井下环境侦测和受伤失踪矿工的搜寻救援工作是极其重要的。

目前是依靠矿山救护队员佩戴氧气呼吸器进入灾区侦查，获取灾区的第一手资料和对遇难矿工实施救助。但以救援人员为探测救援主体的救援机制在效率以及人员安全等方面存在诸多问题。

(1) 难以获取灾变环境现场的实时信息，从而导致制定的救援方案不科学或者盲目施救。

(2) 矿井事故现场环境恶劣，如有毒有害气体、高温、噪声、黑暗，使救护队员生理和心理高度紧张，高强度的救援工作和恶劣的环境会造成救护队员受伤甚至死亡。

(3) 救援技术装备落后，除了正压氧气呼吸器的使用提高了矿山救护人员的安全外，其他方面并无很大的变化，从而显著影响了救援效率和阻碍了目前井下灾后救援工作的顺利开展。

矿用搜救机器人是一种在矿井发生灾害事故时，承载多种传感探测和救援设备，替代救护队员进入危险区域进行环境探测和对矿工实施救援的多功能智能救援装备。在灾区情况不明时，使用机器人进入探查，既可以防止救援人员发生伤亡，又能够将灾区的信息实时传输到地面救援指挥中心，为救援决策提供科学依据，以便快速、准确地制定救援方案。

矿用搜救机器人的作用主要有以下七个方面：

(1) 深入矿井灾区采集和测量灾区现场环境参数，如瓦斯浓度、温度、水位高度、风速、风向等，并绘制井下地图；

(2) 进行生命搜索，发现被困或伤亡矿工，并估计灾害性质和等级；

(3) 为被困人员和地面之间提供通信平台;

(4) 为被困人员提供给养、医疗用品和简易急救工具,帮助矿工维持生命和自救;

(5) 营救、转移伤员脱离危险,将其转至安全区域;

(6) 完成一些简单的清障、灭火等作业,降低环境的危险等级,以便后续搜救工作的开展或救护人员的进入;

(7) 将采集到的灾区环境信息回传至地面应急救援指挥中心,用于制定救援决策方案。

矿用搜救机器人按作业任务可以分为探测机器人和救援机器人两种。探测机器人能够在煤矿井下发生瓦斯爆炸、煤尘爆炸、煤与瓦斯突出、矿井火灾、冒顶透水等灾害事故后,进入灾区,探测并回传井巷中的 CH_4、CO、O_2、温度、湿度、水位、风速、风向、灾害场景、呼救声讯以及人员伤亡情况等信息;救援机器人除了具有探测机器人的主要功能外,一般还具有灭火、清障、给养运送、将受伤矿工转移到安全地方等作业功能。根据煤矿灾害事故的类型,也可以分为瓦斯 (或煤尘) 爆炸救援机器人、透水救援机器人、火灾救援机器人等。

为了能够在煤矿灾变环境中有效作业,矿用搜救机器人需要满足以下技术要求。

(1) 高强的非结构环境适应能力和行走能力。移动平台地形适应性好,越障能力强,可靠性高。

(2) 较强的续航能力和作业能力。能源补充次数少,行走距离远,工作时间长,作业效率高。

(3) 一定的自主能力。移动系统对传感、控制系统依赖性小,可以实现自主或局部自主。

(4) 灾变环境下的通信能力。在井下现有通信设施遭到破坏的情况下,机器人需要自身解决通信问题,确保井上井下通信畅通。

(5) 安全性好。为了能在爆炸性环境下工作,并且不引发次生灾害,矿用搜救机器人应具有防爆、阻燃、抗静电等安全性能。

(6) 一定的自我防护能力。具有良好的防水、防尘、耐高温、抗冲击等自我防护性能。

(7) 质量轻、体积小、便于搬运和维护。

1.3　矿用搜救机器人发展现状

对于地面搜救机器人的研究工作,许多国家从 20 世纪 80 年代就已经开始,且发展迅速,技术不断进步,并已迈入实用阶段,日本、美国、澳大利亚、英国等国都开始使用[3]。而关于矿用搜救机器人的研究，美国起步较早并且研究较多，已有多家高校或研究机构研发了针对不同用途的矿用搜救机器人。相对来说，国内针对矿用搜救机器人的研发起步较晚，但也已取得了很大的进展。

1.3.1　国外矿用搜救机器人

世界上第一台矿用搜救机器人是由美国劳工部矿山安全和卫生管理局与 Sandia 的智能系统和机器人中心协作研发的 Ratler 矿井探索机器人[4]，如图 1-1 所示。这个能快速反应的机器人主要用于调查事故后的现场安全情况。矿难发生后，该机器人可以快速进入现场，人们可以通过机器人寻找幸存者，检查危险气体并评估矿井危险级别。Willow Creek 煤矿于 1998 年 11 月 24 日遭受严重火灾后，Ratler 机器人到现场进行了初步的适用性试验。该机器人安装了前视红外摄像机、陀螺仪和危险气体传感器，通过射频进行控制和信息传输，遥控距离大约为 250 英尺 (76.2 m)。但总体来说，Ratler 还远无法满足矿用搜救机器人对机动性和可视性的要求。

图 1-1　Ratler 矿井探索机器人

美国南佛罗里达大学研制了矿井搜索机器人 Simbot[5]，如图 1-2 所示。这个机器人小巧灵活，携带数字低照度摄像机和基本气体监视组件，可通过一个小洞钻进矿井，越过碎石和煤泥，通过其携带的传感器发现受害矿工，并探测氧气和甲烷气体含量，生成矿井地图。但是，由于该机器人体积较小，其续航能力、越障能力以及通信能力等无法真正满足煤矿灾后的救援要求。

美国卡内基–梅隆大学机器人研究中心开发了全自主矿井探测机器人 Groundhog[6]，如图 1-3(a) 所示。该机器人主要用途是探测井下环境，精确绘制井下立体地图。它采用液压方式驱动，差动转向机械结构，可实现零半径转弯，最高速度可达 10 km/h，并装备了激光测距传感器、夜视摄像机、气体探测传感器和陀螺仪，

能够对矿井下的环境进行综合性的测量，建立立体的矿井模型。2003 年，Thrun
等对宾夕法尼亚州的废旧煤矿马蒂斯矿的主巷道进行了探测和三维构图，效果如
图 1-3(b) 所示。但此机器人只是从功能上进行了设计，并没有过多地考虑防爆问
题，只能在废弃的矿井中应用。

图 1-2　Simbot 矿井搜索机器人

(a) Groundhog探测机器人

(b) 马蒂斯矿的主巷道三维地图

图 1-3　矿井探测机器人 Groundhog 及其构建的三维地图

美国卡内基–梅隆大学机器人研究中心还设计了一款矿用搜救机器人平台 Cave
Crawler[7]，如图 1-4 所示。其内部采用类似于 "勇气号" 火星车的齿轮差动机构，

左右的轮子采用摇杆式移动系统,并且通过差动机构连接左右两摇杆与机器人主车体,将机器人左右摇杆的摆角进行线性平均,并转化为机器人主车体的摆角输出,这样可以保持机器人主车体的相对平衡。当某一轮抬起时,整个车体的摆动角度是轮子抬起角度的一半,这样能够有效地减小地形变化对主车体的影响;同时,这种设计可以使机器人较为均匀地向各个车轮分配车体重量,并且各车轮能随着地面的起伏被动地自由调整位置,提高了机器人的运行平稳性、抗颠覆能力和越障能力。该机器人相比 Groundhog 具有更小、更快的特点。

图 1-4　Cave Crawler 矿用搜救机器人平台

Remotec 公司在军用机器人 Andros Wolverine 基础上,针对煤矿环境进行改造,研制了 V2 机器人 [8],如图 1-5 所示。其高约 5 英尺 (1.52m),重量超过 1200 磅 (544 kg),可以穿过不允许矿工通过的地下复杂矿井环境。这种机器人依靠防爆电机驱动履带行走。它配备了先进的导航系统、监视摄像机、照明设备、危险气体探测器、夜视摄像头、双向语音通信系统以及机械臂。这款经特别的防爆设计的机器人造价是 26.5 万美元。V2 可以从一个安全的位置进行远程操作,并能向前探索 5000 英尺 (大约 1.5km),能通过矿用光纤传送重要的现场信息。远

图 1-5　V2 机器人

程控制端可以查看实时信息，包括视频、可燃或有毒气体的浓度。在煤矿中完成救护或回收作业，为矿山救援队提供有力的支持，提高他们的反应能力，保证救护队员的健康和安全。V2 适用于矿井爆炸、水灾、瓦斯突出和其他具有重大风险的情况。

美国 Sandia 实验室和美国职业安全与卫生研究院于 2010 年联合研制了 Gemini-Scout 机器人 [9]，如图 1-6 所示。该机器人高 0.6 m，长 1.2 m，携带了有害气体检测传感器、红外摄像机及防倾斜摄像机，通过无线传输将数据返回，可对井下危险环境做出较为准确的评估。为了提高越障性能，其采用了分段铰接的橡胶履带行走方式以适应苛刻的地形条件。从图中可以看出，该机器人进行了防爆设计。

图 1-6　Gemini-Scout 机器人

澳大利亚联邦科工组织设计了 Numbat 煤矿探测型机器人 [10]，如图 1-7 所示。该机器人的主要任务是探测井下气体环境，通过可视光和红外图像传感器返回井下信息，协助救援队员提前了解井下最新情况，制定救援策略。该机器人由一个 48 V、140 A·h 的镍镉电池提供动力源，两侧各配有一个 750 W 电机构成差速八轮的行走机构，该机器人的外形尺寸为 2.5 m × 1.65 m，最大速度为 2 km/h，

图 1-7　Numbat 煤矿探测型机器人

续航时间为 8 h。但 Numbat 体积过大，在发生灾害后机器人的空间通过性可能
会受影响。

　　捷克奥斯特拉发理工大学 (VŠB-Technical University Ostrava) 等高校联合
研制了一款携带了 3D 激光雷达的煤矿探测机器人 TeleRescuer[11]，如图 1-8 所
示。该机器人除了可以进行常规的环境探测、视频音频传输外，在智能化方面进
行了较大的提升。其采用了开源的 ROS 操作系统，通过 3D 激光雷达对周围环
境进行三维建模，在行走的过程中建立矿井环境地图，并基于 SLAM 算法进行自
主行走。但是，文献 [11] 只给出了其在井下的模拟效果图，并未给出实际应用照
片，因此其是否具备井下使用的相关安全条件不得而知。

图 1-8　TeleRescuer 煤矿探测机器人

　　澳大利亚西澳水务公司研制了管道机器人，如图 1-9 所示。该机器人上有轮
子和方向控制器，可以远程遥控，还装设了摄像头、探照灯和气体检测仪。救援
人员可以通过连接机器人的光纤电缆进行控制。这种机器人非常适合下到大型管
道中进行探测救援工作。该机器人曾在 2010 年 11 月被应用于新西兰派克河煤矿
矿难的搜救工作。

图 1-9　西澳水务公司的管道机器人

　　东京工业大学研制了 Souryu 系列蛇形机器人用于灾后救援[12-14]。图 1-10 为 Souryu-III 机器人，其由能够进行姿势变化的活动关节相互连接组成，具有较强的地形适应性，但是，Souryu 系列蛇形机器人并未考虑防爆设计，因此不能应用于含瓦斯的矿井搜救中。

图 1-10　Souryu-III 机器人

1.3.2　国内矿用搜救机器人

　　中国第一台矿用搜救机器人是由中国矿业大学在 2006 年研制的 CUMT-I 型矿用搜救机器人[15]。该机器人装备有低照度摄像机、相关气体和温度传感器，能够探测灾区的瓦斯、一氧化碳、氧气等气体浓度和环境温度，其采用无线通信方式进行数据传输，并实现对机器人的遥操作。具有双向语音对讲功能，能与受害者快速联络，指挥受伤人员选择逃生路线。能够携带食品、水、药品、救护工具等救助物资，使受害者能够积极开展自救。CUMT-I 型矿用搜救机器人样机如图 1-11 所示。

图 1-11　CUMT-I 型矿用搜救机器人

之后,中国矿业大学在"十一五"863 计划的支持下,又相继研制出了 CUMT-Ⅱ 型 (图 1-12(a))、CUMT-Ⅲ 型 (图 1-12(b))、CUMT-Ⅳ 型 (图 1-12(c)) 系列矿用搜救机器人样机。CUMT-II 型机器人重点针对井下通信不畅问题进行了机器人的通信技术研究,采用了基于 ZigBee 的多中继无线通信方法实现对机器人的远距离控制 [16]。CUMT-Ⅲ 型机器人同样针对通信问题,采用的是基于光纤的有线通信方式实现对机器人的远程遥控操作 [17]。CUMT-Ⅳ 型机器人针对井下复杂路况,创新了机器人的行走机构,采用了基于差动摇杆形式的 W 扩展型履带行走机构,从而使机器人在复杂地形上行走或进行越障时保持机身相对平稳 [18]。CUMT-Ⅳ 型机器人也是采用有线通信方式,通信距离为 500 m。

(a) CUMT- Ⅱ型   (b) CUMT-Ⅲ型   (c) CUMT-Ⅳ型

图 1-12   CUMT 系列矿用搜救机器人

中国矿业大学又在"十二五"863 计划的支持下,由朱华教授带领机器人团队研发了更加接近应用的 CUMT-V 型矿用搜救机器人,包括环境探测和煤矿救援两种机器人 [19,20],如图 1-13 所示。机器人采用弹簧履带式行走机构,四电机驱

(a) 环境探测机器人   (b) 煤矿救援机器人

图 1-13   CUMT-V 型矿用搜救机器人

动方式，续航距离为 8 km；采用有线通信技术，有效通信距离为 1 km。环境探测机器人 (图 1-13(a)) 携带了两个隔爆型红外摄像头、一个矿用浇封兼本安型音箱、一个本安型麦克风以及一套矿用本安型多参数传感器，能探测并回传井巷中的甲烷、一氧化碳、氧气、温度、湿度、风速、风向、灾害场景以及呼救声讯等信息。煤矿救援机器人 (图 1-13(b)) 是在环境探测机器人的基础上增加了一台干粉灭火器和一副载人担架，因而具有灭火消防功能和运送伤员的功能。CUMT-V 型矿用搜救机器人带有无线中继装置，可进行多台机器人之间的无线通信，因而可以实现多机器人协同救援。CUMT-V 型矿用搜救机器人完全按照煤矿防爆要求设计，具有防爆合格证书和煤矿安全标志证书，并进行过矿井救援示范应用。

北京理工大学同样对矿用搜救机器人进行了研究，于 2009 年研发了一款 BIT 型矿用搜救机器人样机 [21,22]，如图 1-14 所示。该机器人采用了分布式控制系统，通过多组 PLC 共同完成控制任务。采用双摆臂式履带行走机构，具有较高的越障性能。该机器人进行了半防爆设计，搭载了相关环境传感器，具有部分环境探测功能。

图 1-14　BIT 型矿用搜救机器人

哈尔滨工业大学研发了 MINBOT-I 型和 MINBOT-II 型两代矿用搜救机器人 [23]，如图 1-15 所示。这两代机器人均进行了防爆设计，带有环境信息探测和现场影像采集功能。其中 MINBOT-I 型机器人采用了单摆臂履带式行走结构，通过拖曳电缆方式进行通信。MINBOT-II 型在 MINBOT-I 型的基础上，采用了双摆臂履带式行走机构，越障性能更好。为了避免拖曳导致的电缆折断问题，MINBOT-II 型机器人自身携带了可以灵活地释放电缆的装置。这两代机器人基本上按照相关标准进行了电气防爆设计，但是并未进行防爆性能的检测检验。虽然摆臂式履带行走机构具有良好的越障性能，但需要摆臂间良好地配合，并不利于操控。

在哈尔滨工业大学研制的 MINBOT-II 型机器人基础上，中信重工开诚智能装备有限公司进行了深入研发，研制了 KQR48 型煤矿探测机器人，并于 2010 年取得了煤矿安全标志证书 [24]。该机器人是中国首个取得煤矿安全标志证书的矿井机器人，这标志着此类机器人由实验室功能样机向实际应用迈进了一大步。该探测机器人具有防爆、越障、涉水、自定位、采集识别和传输各种数据的功能，能进入事故现场采集影像和数据信息，为及时抢险救人提供重要依据和参考，如图1-16 所示。但是，该机器人同样具有 MINBOT-Ⅱ型机器人的缺点，实际操控难度大。虽然该机器人已经取得了煤矿安全标志证书，但至今暂无实际应用报道。

(a) MINBOT-Ⅰ型机器人样机   (b) MINBOT-Ⅱ型机器人样机

图 1-15   哈尔滨工业大学研制的矿用搜救机器人

图 1-16   KQR48 型煤矿探测机器人

沈阳北方交通重工和中国矿业大学救援技术与装备研究所朱华教授于 2013年合作研制了 KCJL4 型矿用两栖救生车，如图 1-17 所示，这是我国首次研发出的集定位、导航、探测、行进轨迹描述、环境数据采集分析、图像处理、信息传输等技术于一体的特种矿用两栖救援装备，主要用于煤矿矿井透水救援。

图 1-17 KCJL4 型矿用两栖救生车

除上述单位以外，山东科技大学、西安科技大学、河南理工大学、中国科学院沈阳自动化研究所、新松机器人自动化股份有限公司等也对矿用搜救机器人进行了研究，并取得了一定的成果 [25−29]。但是，这些机器人仍处于功能样机阶段，与实际应用还有较远距离。

1.4 矿用搜救机器人应用情况

综合国内外矿用搜救机器人的发展现状可以看出，大部分机器人仍处于实验室功能样机阶段，仅有少数机器人样机考虑了防爆设计，进行了正常矿井下的测试，但具体的试验数据以及性能参数并未公布。迄今为止，能够检索到的矿用搜救机器人被实际应用于矿难救援的仅有两次，但均以失败告终。2006 年初，美国西弗吉尼亚 Sago 煤矿发生矿难，救援人员使用 GPS 测定被困矿工的方位，然后从地面上钻了 3 个深孔，通过深孔向井下派出了 V2 机器人 (图 1-5) 以探测井下情况。这是搜救机器人第一次应用于矿难救援，但最终因机器人在中途行进过程中陷入泥潭而不得不放弃 [30]。

2010 年 11 月，在新西兰南岛西部阿塔劳的派克河煤矿瓦斯爆炸事故救援中，由新西兰国防部提供的澳大利亚的管道机器人经过防火花 (防爆) 改装，试图进入矿井内部并对其内部环境进行探测，但由于这台搜救机器人并不防水，行走了仅仅 500 m 左右就发生了电气短路，总工作行程不到它设计行程的 1/4[31]。此后，新西兰政府只好向美国和澳大利亚寻求更先进的机器人的帮助。澳大利亚遂派出了空军 "大力神" 运输机空运先进排爆机器人至新西兰以帮助救援，但也未完全发挥作用 [32]。图 1-18 为上述经过改装的两台用于新西兰派克河煤矿事故救援的搜救机器人。

(a)   (b)

图 1-18   用于新西兰派克河矿难的搜救机器人

在国内，2010 年 4 月 2 日，中国科学院沈阳自动化研究所研制的水下机器人曾被带到王家岭透水事故现场，试图参与透水现场的探测任务，由于该机器人主要用于海上救援，最终因井下水源浑浊且杂物太多、井下巷道地形复杂等而未被应用[33]。

2016 年 8 月 1 日，中国矿业大学研制的 CUMT-V 型矿用搜救机器人在山西大同煤矿集团塔山煤矿进行了示范应用[20]。应用结果表明，机器人地形适应性好，行走能力强，可靠性好，没有发生履带卡堵或掉履带的情况，机器人可以轻松攀爬倾角为 24°、长度为 18 m 的斜坡；机器人的通信效果好，通信中继和通信线缆释放顺畅，可达到 1000 m 的通信距离；机器人能探测并回传井巷中的甲烷、一氧化碳、氧气、温度、湿度、风速等 10 种环境信息，能在机器人操控终端看到井巷场景，能与矿工进行通话，视觉和语音效果好；救援机器人能够携带急救药品、食品、水和小型自救工具，以及灭火装备，并能将受伤矿工转移到安全区域，如图 1-19 所示；由三台机器人组成的多机器人协同救援系统，采用有线和无线相

(a) 机器人模拟灭火   (b) 机器人模拟运载伤员

图 1-19   在山西同煤集团塔山煤矿示范应用的搜救机器人

结合的通信方式，通信距离可达 3000 m，通信效果能满足应用要求，从而显著提升了机器人的探测距离和深入灾区的能力。

从矿用搜救机器人的应用情况看，发达国家虽然用机器人协助过煤矿救援工作，但是未取得成功或明显效果。而在我国，矿用搜救机器人从未经受过实践的考验，还一直停留在样机和试验阶段。究其原因，煤矿灾后环境十分恶劣，要想让机器人在煤矿救援中发挥作用，还有许多关键技术需要解决。

1.5　矿用搜救机器人关键技术

矿用搜救机器人是集机、电、传感、通信、控制等为一体的系统，其系统架构如图 1-20 所示。

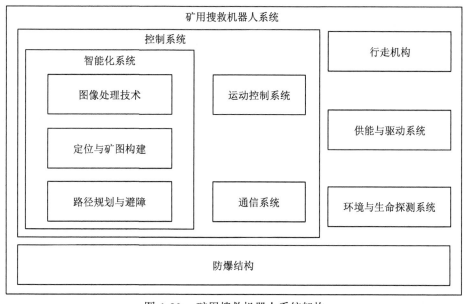

图 1-20　矿用搜救机器人系统架构

在设计研发矿用搜救机器人时，应从应用环境和完成作业任务的需求出发，确定机器人系统的总体设计方案，提出各功能单元的设计方法，重点解决以下几个方面的关键技术问题 [20]。

1. 行走机构

煤矿井下地形复杂、障碍物多，存在斜坡、壕沟、轨道、枕木、泥泞路面等各类复杂路面，灾后环境更是十分恶劣。如何让机器人在井下走得动、走得稳、走得远，是矿用搜救机器人研发首先需要解决的关键技术问题。研发具有地形适应性好、越障能力强、机动灵活、可靠性高的行走机构，是矿用搜救机器人成功的关键。因此，必须结合矿井实际环境，采用先进的设计理论和方法，对机器人行走机构进行创新设计，才能取得满意的效果。

2. 通信方法

矿用搜救机器人在井下行走和作业，需要依靠通信设施来传输数据和图像信息。由于煤矿灾变使得井下原有通信设施遭到破坏，机器人需要自身解决通信问题来实现数据和图像信息的传输。煤矿巷道纵横交错，空间狭窄，并且巷道煤岩对通信信号有极强的吸收作用，使得煤矿井下无论是无线通信还是有线通信都十分困难。因此，如何实现机器人在井下移动作业时的长距离通信，是矿用搜救机器人研发中需要解决的又一个关键技术问题。

3. 环境感知

环境感知包括对矿井内气体和温湿度的感知、对人体的感知和对障碍物的感知等，以满足矿用搜救机器人环境侦测、幸存者搜救和智能行为的需要。井下工作环境存在瓦斯、粉尘、淋水、湿热、照度低、地形复杂、障碍多、地磁干扰、狭窄封闭空间等各类复杂条件，对机器人传感器的感知性能及可靠性造成影响，依靠单一信息来源无法准确描述这类复杂场景，需要通过多种传感器之间的信息互补实现对井下环境的准确描述。同时传感器还必须满足尺寸小、分辨率高、时间响应快、稳定性好和可靠性高等要求。

4. 自主能力

自主能力决定了机器人的智能化程度。对于矿用搜救机器人，希望一定程度上实现自主行走和自主作业。但井下地形复杂，照度低、无 GPS 以及存在信号屏蔽干扰等，加上机器人作业任务具有不确定性，工况变化大，这些不利因素给机器人自主能力的提升提出了严峻的挑战，必须通过不断研发逐步实现。需要综合考虑机器人与环境之间的交互，实现可靠和精确的感知，利用感知的结果实现快速、精准的决策和控制。煤矿井巷地图构建、机器人精确定位、路径规划与避障，以及机器人运动精确控制等是实现机器人自主行走需要重点解决的问题。

5. 能源供给

矿用搜救机器人在井下行走需要充足的能源动力确保其应有的续航距离。目前移动机器人的能源供给有两种形式：有线和无线。有线是在机器人体外提供能源，利用导线给机器人供能，可以采取拖缆或放缆的方式。由于电缆与地面之间存在摩擦力，加上电缆本身的重量，拖缆方式将限制机器人的行走距离。特别是煤矿井下地面障碍物多，尤其是发生灾变以后，拖缆容易被障碍物挂住，使得机器人无法前行。放缆方式存在的问题是机器人能负载的电缆有限，同样限制机器人的行走距离。另外，有线方式还存在导线电压降的问题。无线方式则不受导线的影响，理论上可以任意行走，关键是要找到能集成到机器人本体上的高能蓄电池，或利用微波等其他形式向机器人无线供能。

6. 防爆设计

防爆是机器人下井应用的前提，井下环境对机器人的防爆要求很高，机器人本体的机械结构、材料、电气设备、携带的各种传感器等都必须满足防爆要求。因此防爆设计是矿用搜救机器人的重要内容，包括各主要部件的模块化防爆设计和整机系统的防爆设计。传统的防爆设计方法会造成机器人体积和重量增加，从而导致机器人所需驱动功率增大，这将对机器人动力电池的容量提出更高的要求。而简单增大电池容量，又会进一步增加机器人的整体重量，最终导致机器人动力不足，续航能力变差。要解决这一问题，必须对机器人进行结构优化，对隔爆结构进行轻量化设计。同时试验开发质量轻、强度高的机器人防爆材料。

总之，在矿用搜救机器人的研发应用过程中，需要研究煤矿井下环境和灾变结构特征，根据矿用搜救机器人的应用环境，重点解决机器人的行走机构、通信方法、环境感知、自主能力、能源供给以及防爆设计等关键技术问题。在解决机器人防爆问题时，为了避免机器人过于笨重，需重视轻质、高强的机器人防爆材料的开发。在解决机器人行走难的问题时，可以探索飞行和仿生等机器人移动技术。一般煤矿作业机器人的通信可以利用井下现有的通信设施来实现，但对于矿用搜救机器人，由于现有通信设施遭到破坏，机器人必须自行解决通信问题。机器人的自主问题是一个有较大难度、不易在短时间内能完全解决的问题，只能通过不断研发逐步解决。为此，煤矿井下环境感知、机器人定位与地图构建、路径规划与自主避障，以及机器人运动精确控制等将是矿用搜救机器人研发中需要重点研究的内容。

参 考 文 献

[1] 谢和平, 等. 煤炭开采新理念——科学开采与科学产能 [J]. 煤炭学报, 2012, 37(7): 1069-1079.

[2] 柳玉龙. 煤矿搜救机器人的研究现状及关键技术分析 [J]. 矿山机械, 2013(3): 7-12.

[3] 于振中, 蔡楷倜, 刘伟, 等. 救援机器人技术综述 [J]. 江南大学学报 (自然科学版), 2015, 14(4): 498-504.

[4] Klarer P R. Recent developments in the robotic all terrain lunar exploration rover (RATLER) program[C]. Robotics for Challenging Environments, 1993: 202-209.

[5] Morris A, Ferguson D, Omohundro Z, et al. Recent developments in subterranean robotics[J]. Journal of Field Robotics, 2010, 23(1): 35-57.

[6]　Baker C, Morris A, Ferguson D, et al. A campaign in autonomous mine mapping[C]. IEEE International Conference on Robotics and Automation, 2004: 2004-2009.

[7]　Xiao J, Minor M, Dulimarta H, et al. Modeling and control of an under-actuated miniature crawler robot[C]. IEEE International Conference on Intelligent Robots and Systems, 2001: 1546-1551.

[8]　Murphy R R, Kravitz J, Stover S, et al. Mobile robots in mine rescue and recovery[J]. Robotics & Automation Magazine IEEE, 2009, 16(2): 91-103.

[9]　Qin Y X, Wang Y Q, Chen X J, et al. An overview of coal mine rescue robot and its navigation[J]. Applied Mechanics and Materials, 2013, 365(10): 788-794.

[10]　Ralston J C, Hainsworth D W, Reid D C, et al. Recent advances in remote coal mining machine sensing, guidance, and teleoperation[J]. Robotica, 2001, 19(5): 513-526.

[11]　Babjak J, Novák P, Kot T, et al. Control system of a mobile robot for coal mines[C]. 2016 17th International Carpathian Control Conference (ICCC), High Tatras, Slovakia, 2016: 17-20.

[12]　Masayuki A, Yoshinori T, Shigeo H, et al. Development of "Souryu-IV" and "Souryu-V": Serially connected crawler vehicles for in-rubble searching operations [J]. Journal of Field Robotics, 2008, 25(1/2): 31-65.

[13]　Masayuki A, Takayama T, Hirose S. Development of "Souryu-III": Connected crawler vehicle for inspection inside narrow and winding spaces [C]. IEEE International Conference on Intelligent Robots and Systems, 2004: 52-57.

[14]　Takayama T, Hirose S. Development of Souryu-I connected crawler vehicle for inspection of narrow and winding space [C]. Industrial Electronics Society, 2000: 143-148.

[15]　中新社. 国内首台煤矿搜救机器人在江苏徐州诞生 [EB/OL]. https://www.chinanews.com. cn/news/2006/2006-06-23/8/748223.shtml [2019-12-24].

[16]　Li Y, Ge S, Zhu H, et al. Obstacle-surmounting mechanism and capability of four-track robot with two swing arms [J]. Robot, 2010, 32(2): 157-165.

[17]　Li Y W, Ge S R, Zhu H, et al. Mobile platform of a rocker-type W-shaped track robot [J]. Key Engineering Materials, 2010, 419(20): 609-612.

[18]　Sun G D, Li Y T, Zhu H. Design of a new type of crawler travelling mechanism of coal mine rescue robot [J]. Industry and Mine Automation, 2015, 41(6): 21-25.

[19]　Li Y, Li M, Zhu H, et al. Development and applications of rescue robots for explosion accidents in coal mines[J]. Journal of Field Robotics, 2019, 37(3): 466-489.

[20]　朱华, 由韶泽. 新型煤矿救援机器人研发与试验 [J]. 煤炭学报, 2020, 45(6): 2170-2181.

[21]　Gao J, Gao X, Wei Z, et al. Coal mine detect and rescue robot design and research[C]. IEEE International Conference on Networking, Sensing and Control, 2008: 780-785.

[22]　Zhu J, Gao J, Li K, et al. Embedded control system design for coal mine detect and rescue robot[C]. IEEE International Conference on Computer Science and Information Technology, 2010:64-68.

[23]　Wang W, Dong W, Su Y, et al. Development of search-and-rescue robots for underground coal mine applications[J]. Journal of Field Robotics, 2014, 31(3): 386-407.

[24] 中信重工开诚智能装备有限公司. 灾区侦测机器人 [EB/OL]. http://www.ekaicheng.com/cn/products/show/safety/201479161301023254.html [2018-03-01].

[25] 江浩, 王传江, 张志献, 等. 一种小口径井下救援机器人系统设计 [J]. 山东科技大学学报 (自然科学版), 2014, 33(4): 88-93.

[26] 朱全民. 煤矿救援运载车结构设计及研究 [D]. 西安: 西安科技大学, 2016.

[27] 杜翠杰. 煤矿救灾机器人监测系统设计及无线信道特性分析 [D]. 焦作: 河南理工大学, 2015.

[28] 林茂. 井下救援机器人控制系统的仿真与实现 [D]. 沈阳: 中国科学院沈阳自动化研究所, 2009.

[29] Wang C L, Li X W, Xu F, et al. Application of static positive pressure explosion-proof technology in mine search and rescue robots [J]. Coal Engineering, 2009, 1(11): 96-98.

[30] The New York Times. The sago mine disaster [EB/OL]. https://www.nytimes.com/2006/01/05/opinion/the-sago-mine-disaster.html [2010-05-23].

[31] 任元俊. 新西兰矿难救援再次受阻机器人出故障无法操纵 [EB/OL]. http://news.gd.sina.com.cn/news/2010/11/23/1052724.html [2018-04-01].

[32] 马凌霄. 新西兰钻通井下百米救生孔道找到被困矿工头盔 [EB/OL]. http://news.cntv.cn/world/20101124/107003.shtml [2018-04-01].

[33] 刘鑫焱. 王家岭透水事故抢险正论证启用水下机器人 [EB/OL]. http://www.cs.com.cn/xwzx/14/201004/t20100401_2383766.htm [2018-03-01].

第 2 章 　 煤矿井下环境与灾变特征

2.1 　 引 　 　 言

　　研发矿用搜救机器人需要根据机器人的作业环境和功能要求，重点解决机器人的行走、通信、感知、自主、动力和防爆等关键技术问题。煤矿井下环境和灾变结构特征将影响矿用搜救机器人的整体设计方案以及机器人各个子系统的设计要求。巷道结构、空间尺寸和复杂的地形特征，影响到机器人行走机构形式的选择和尺寸的确定，将决定矿用搜救机器人的力学性能指标。煤矿井下的通信干扰影响到机器人通信方式的选择，它关系到机器人与控制终端之间图像和数据的传输质量，进而影响到对机器人的远程控制。井下危险气体的组分和浓度影响到机器人整体和各单元的防爆设计方法。煤矿井下的视觉环境将影响到机器人视觉传感器的选择、所获取的图像质量以及对图像的处理要求。而当发生灾变事故时，井下环境特征包括巷道的空间结构、障碍物的种类、温湿度、粉尘浓度、气体浓度等都将发生重大变化，这将对机器人的设计产生重大影响。因此对煤矿井下环境和灾变结构特征的认知将决定矿用搜救机器人最终是否能够满足应用需求。

　　本章主要介绍煤矿井下巷道和工作面的结构特征、地面地形特征，巷道内设备和管缆分布特征、井下危险气体、井下视觉特征、井下通信干扰以及井下常见灾变和灾变结构等内容，为矿用搜救机器人设计研发提供科学依据。

2.2 　 井下巷道结构特征

　　煤矿井下巷道布局以及轨道、行人道、设备布置等是根据煤矿地质特点与煤炭生产需要，按照一定标准进行的。因此，正常生产下的煤矿井下存在一些固定形状和结构的结构化环境，如道床、钢轨等。随着煤矿服务年限延长，其地形会发生很大变化，如巷道内道床受积水的侵蚀与冲刷，排水沟盖板的移位与缺失，以及堆放在巷道一侧的建设材料，使煤矿井下存在非结构环境。对于正常使用的巷道，影响矿用搜救机器人行走的参数主要有巷道截面尺寸、道床和钢轨尺寸、巷道倾角、巷道内的设备布置以及巷道地面情况等。对正常巷道的断面特征、坡度特征以及巷道内常见的道床、水沟、行人路面、台阶和管缆分布特征进行分析，为机器人机械系统设计提供依据。

2.2.1 巷道系统结构

巷道系统的常见典型结构有运输大巷、上山或下山轨道、回采回风巷道、回采运输巷道、巷道交叉口、硐室、掘进工作面、风门、封闭的尾巷。运输大巷断面大且巷道底面水平，一般设两条电机车运行轨道，运输大巷直接同井口相连接。上山或下山轨道都是底面倾斜的巷道，断面和巷道表面与运输大巷相同，中间有轨道，一般设有防跑车装置。井下有一些硐室如中央泵房、中央变电所、材料库房，这些主要集中在井底车场附近。在采区也有一些硐室，如运输下山或上山设有人员躲避洞。与采煤工作面直接相连的巷道有运输巷和回风巷，入井的材料通过回风巷进入，回风巷也称上顺槽，设有轨道或其他运料设施。运输巷也称下顺槽，布置在工作面倾斜方向的下侧，最典型的特点是沿整个巷道设有皮带输送机。对于多个工作面，为了保证新鲜空气通过运输巷进入，通过工作面将污浊的空气带入回风巷最后排入风井，顺槽与水平巷之间设有风门。风门结构由两相互闭锁并相隔一定距离的风门构成，正常工作时风门关闭，当有人或送料车通过时，先打开一侧风门关闭另一侧风门，人员或送料车进入风门后关闭该风门随后打开另一侧风门。如果同时打开两个风门就会造成风流系统混乱，发生瓦斯爆炸事故时往往破坏风门。巷道掘进工作面有两种，即岩巷掘进工作面和煤巷掘进工作面。岩巷掘进一般采用钻爆法，煤巷掘进大多采用综掘机，该工作面称为综掘工作面。对于瓦斯涌出量大的矿井，开采时一般采用尾巷排放瓦斯，尾巷与顺槽平行布置，隔一段距离两巷之间有联络巷相连，联络巷一般采用木栅栏隔断。

不同结构的几何特征可以用空间结构几何特征、表面结构几何特征、障碍物结构类型描述。表 2-1 为巷道系统典型结构的几何特征描述。

表 2-1　巷道系统典型结构的几何特征描述

典型结构	空间结构几何特征	表面结构几何特征	障碍物结构类型
平硐	断面大、拱形、壁面光滑	坡度小、地面轨道、排水沟	电机车
斜井	断面大、拱形、壁面光滑	坡度向下、地面轨道、台阶	皮带机或矿车
井底车场	多个巷道的组合，紧接副井井口	坡度小、地面轨道、排水沟	电机车
运输大巷	断面大、拱形、壁面光滑	坡度小、地面轨道、排水沟	电机车
运输上山	断面大、拱形、壁面光滑	坡道向下、地面轨道、台阶	皮带机或矿车、挡车装置
运输下山	断面大、拱形、壁面光滑	坡道向上、地面轨道、台阶	皮带机或矿车、挡车装置
巷道交叉口	壁面不连续、巷道方向交叉	坡度小、地面轨道、排水沟	矿车、皮带机
硐室	壁面不连续、巷道方向交叉、有死头、壁面光滑	坡道小、有单级台阶	水泵、电气开关等
回采回风巷	巷道断面小、壁面粗糙、梯形断面	坡度小、有轨道	矿车、绞车
回采运输巷	巷道断面小、壁面粗糙、梯形断面	坡度小	皮带机
风门	巷道断面有缩小段、有门、成对出现	坡度小、有轨道	矿车、绞车
掘进工作面	巷道断面小、梯形断面、壁面粗糙、有死头	坡度小、有轨道	矿车、交叉、耙斗机或皮带机、掘进机、堆积大量碎石
封闭的尾巷	表面与前段巷道相同	坡度小	前端有栅栏

2.2.2   巷道断面特征

巷道断面特征包括巷道的断面形状、宽度与高度。巷道断面尺寸尤其是宽度尺寸与设备布置决定了巷道断面内机器人可通过的间隙尺寸，从而决定机器人宽度尺寸的选择。我国煤矿井下使用的巷道断面形状，按其构成的轮廓线可分为折线形和曲线形两大类。前者有矩形、梯形和不规则形等；后者有半圆拱形、圆弧拱形、马蹄形、椭圆形和圆形等，如图 2-1 所示。巷道断面形状的选择主要应考虑巷道所处的位置及穿过的围岩性质、巷道的用途及其服务年限、选用的支架材料及支护方式、巷道的掘进方法和采用的掘进设备等因素。

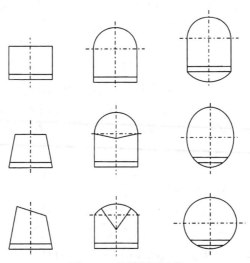

图 2-1   巷道断面形状

《煤矿安全规程》规定：巷道净断面，必须满足行人、运输、通风、安全设施服务、设备安装、检修和施工的需要。因此，巷道断面尺寸主要取决于巷道的用途，存放或通过它的机械、器材或运输设备的数量及规格，行人道宽度和各种安全间隙，以及通过巷道的风量等[1]。

直墙拱形和矩形巷道的净宽度，指巷道两侧内壁或锚杆露出长度终端之间的水平距离。对于梯形巷道，当其内通行矿车、电机车时，净宽度是指车辆顶面水平的巷道宽度；当巷道内不通行运输设备时，净宽度是指从底板起 1.6 m 水平的巷道宽度。一般运输巷道净宽度，由运输设备本身外轮廓最大宽度和《煤矿安全规程》所规定的行人道宽度以及有关安全间隙相加而得；无运输设备的巷道，可根据行人及通风的需要来选取。

如图 2-2 所示，拱形双轨巷道净宽度按下式计算。

$$B = a + 2A_1 + C + t \geqslant 2.4 \text{ m}$$

式中, B 为巷道净宽度, 指直段内侧的水平距离; a 为《煤矿安全规程》规定的非行人侧的宽度, $a \geqslant 0.3$ m; 当巷道内安设输送机时, 输送机距支护或碹墙最突出部分之间的距离 $a \geqslant 0.5$ m; A_1 为输送设备的最大宽度, 几种常见运输设备的宽度和高度 (轨道面以上) 见表 2-2; C 为《煤矿安全规程》规定的行人道的宽度, 从巷道道碴面起 1.6 m 的高度内, $C \geqslant 0.8$ m, 在人行停车地点 $C \geqslant 1.0$ m, 在距地面高度 $1.6 \sim 1.8$ m 不得架设管、线和电缆; t 为《煤矿安全规程》中规定的双轨运输巷道中, 两列对开列车最突出部分之间的距离, $t \geqslant 0.2$ m, 在采空装载点 $t \geqslant 0.7$ m, 在矿车摘挂钩地点 $t \geqslant 1.0$ m。

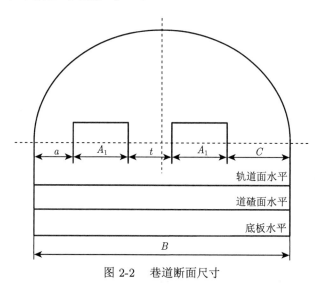

图 2-2 巷道断面尺寸

表 2-2 几种常用运输设备的主要计算尺寸

运输设备类型		宽度 A_1/mm	高度 h/mm
$ZK_{10}^7 - 7/250$ 架线式电机车	6	1060	1550
	9	1360	
$ZK_{10}^7 - \frac{7}{9}/550$ 架线式电机车		1335	1600
$ZK_{10}^7 - 7/550 - 7C$ 架线式电机车	6	1050	1600
		1212	
	9	1350	
XK2.5-6/48A 蓄电池电机车		920	1550
XK8-6/110A 蓄电池电机车		1054	1550
1t 固定式矿车		880	1150
1.5t 固定式矿车		1050	1150
3t 底卸式矿车		1200	1400
TD75 固定式输送机		1515	1200
SPJ-800 吊挂胶带输送机		1200	900

在巷道弯道处，因车辆四角要外伸或内移，上述安全间隙适当加大，加大值与车厢长度、轴距和弯道半径有关。其加宽值外侧一般为 200 mm(20 t 电机车可加宽 300 mm)，内侧为 100 mm，双轨中线距为 300 mm。有的内外侧均加宽 200 mm。巷道除曲线段要全部加宽外，与曲线段相连的两端直线段也需加宽。对于矿车运输巷道，加宽长度一般取 1.5~3.5 m。电机车通行的巷道，一般加长 3~5 m。双轨曲线巷道，两轨道中线距加宽起点也应从直线段开始，用于机车时一般加长 5 m；用于 3 t 或 5 t 底卸式矿车时一般加长 5~7 m；用于 1 t 矿车时一般加长 2 m。为了使双轨巷道对开列车车辆之间有足够的安全间隙，两条平行轨道的中线距可按表 2-3 选取。

表 2-3   双轨巷道轨道中线距数值

输送方式	直线部分/mm	曲线部分/mm
1t 或 0.5t 矿车	1200	1300
1.5t 矿车	1300	1600
3t 矿车	1600	1800
600mm 轨距电机车	1300	1600
900mm 轨距电机车	1600	1900

井下巷道内的运输工具如图 2-3 所示。因矿用搜救机器人的高度较小，可以只需考虑从巷道道碴面起 1.6 m 的高度内的宽度及设备布置。对于有轨巷道，若

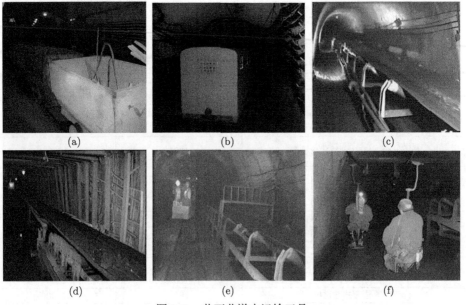

(a)　　　　　　　　　　　　(b)　　　　　　　　　　　　(c)

(d)　　　　　　　　　　　　(e)　　　　　　　　　　　　(f)

图 2-3   井下巷道内运输工具

轨道上车辆 (无矿车或电机车), 或双轨道巷道中只有一侧轨道上有车辆, 则机器人可在钢轨处或行人道上通过; 图 2-3(a) 为双轨道巷道, 其一侧轨道被矿车占据, 因此机器人只能从左侧的行人道或右侧的无矿车轨道上通过。若单轨巷道内有车辆或双轨巷道内同一截面处两轨道上均有车辆, 机器人只能选择巷道两侧的行人道、非行人道或两轨道车辆间隙内通过; 图 2-3(b) 为单轨道巷道, 左侧为有混凝土盖板的水沟, 水沟盖板上可行人, 右侧为非人行侧, 宽度较小且一般有杂物堆积, 因此机器人只能选择在左侧的行人道上通过。对于机器人来说其宽度尺寸应选择适中, 从使用与设计的角度考虑不宜过小, 因此可选择在行人道上通过。对于皮带运输巷, 机器人只能在行人道上通过。图 2-3(c) 和 (d) 为皮带运输巷道, 带式输送机的左侧为行人道,《煤矿安全规程》中规定, 行人道的最小宽度为 0.8 m。有一些巷道内多种运输方式共存, 图 2-3(e) 中轨道运输与皮带运输共存, 若钢轨上有车辆, 机器人可选择在行人道上通过; 图 2-3(f) 中皮带运输与架空乘人装置运输共存, 这种情况下架空乘人装置侧的宽度较大, 但一般采用不封闭的排水沟, 地面不平整。

2.2.3　巷道道床特征

对于轨道运输巷道, 轨道的轨距有 600 mm 和 900 mm 两种。决定道床参数的因素有钢轨的型号、轨枕规格和道砟高度, 钢轨的型号是以每米长度的重量来表示的, 煤矿常用的型号是 11 kg/m、15 kg/m、18 kg/m、24 kg/m、30 kg/m 和 33 kg/m。钢轨型号根据巷道类型、运输方式及设备、矿车容积和轨距来选用, 见表 2-4[2]。

表 2-4　巷道轨型选择及其技术特征

巷道类型		运输方式及设备	矿车容积	轨距/mm	钢轨型号/(kg/m)
井底车场及 主要运输大巷		8t、10t 电机车或 12t、 14t 机车牵引列车	5t 底卸式	900	≥ 30
			3t 底卸式	600	
		<8t 机车	1.0t 固定式	600	18
		≤ 5t 无极绳牵引机车	1.0t 固定式	600	15
采区运 输巷道	上、下山	钢丝绳运输	1.5t 固定式	600(900)	15
				600	15
	运输中巷、 回风顺槽	≤ 5t 机车或钢丝绳运输	1.5t 固定式	600(900)	15
			1.0t 固定式	600	11 或 15

预应力钢筋混凝土轨枕具有较好的抗裂性和耐久性、构件刚度大、造价低等优点, 目前已经被广泛使用; 而木轨枕主要用在道岔处。常用的轨枕规格见表 2-5。

道床一般选用坚硬和不易风化的碎石或卵石作为道砟, 粒度在 20~30 mm, 并不准掺有碎末等杂物, 使其具有适当的空隙率, 以利于排水和有良好的弹性。道砟的高度也应与选用的钢轨型号相适应, 其厚度不得小于 100 mm, 至少要把轨枕 1/3～1/2 的高度埋入道碴内，二者关系如图 2-4 所示。

表 2-5　常用轨枕规格

轨枕类型	轨距/mm	轨型/(kg/m)	全长/mm	全高/mm	上宽/mm	下宽/mm
木轨枕	600	11	1200	100	—	120
		15 或 18		120	120	150
		24		140	130	160
	900	15 或 18	1600	120	120	150
		24 或 30		140	130	160
钢筋混凝土轨枕	600	11 或 15	1200	130	120	140
		18		130	160	180
	900	24 或 30	1700	145	170	200
预应力钢筋混凝土轨枕	600	15 或 18	1200	115	100	140

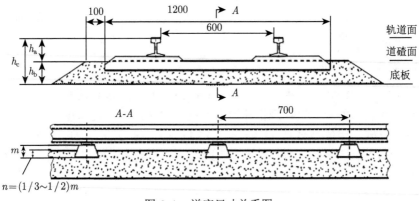

图 2-4　道床尺寸关系图

单位：mm

　　道床宽度一般比轨枕长度大 200 mm，两侧各 100 mm。相邻两轨枕中心线距一般为 700～800 mm，在钢轨接头、道岔和弯道处适当减小。道床有关参数见表 2-6。

表 2-6　常用道床参数

巷道类型		轨型/(kg/m)	道床高度 h_c/mm	道碴高度 h_b/mm	道碴面至轨道面高度 h_a/mm
井底车场及主要运输巷道		≥ 24	360	200	160
		18	320	180	140
采区运输巷道	上、下山	15 或 18	220	可不铺道碴、轨枕沿底板浮放，也可在浮放轨枕两侧充填掘进矸石	
	运输中巷、回风顺槽	15 或 18	220		

　　为了减少维护工作量、降低经营费用和提高列车运行速度，大型矿井的井底

车场和主要运输大巷常采用整体 (固定) 道床。这种道床是用混凝土一次浇灌而成的，也有先在轨道下铺设轨枕再浇灌混凝土的道床。

采用钢筋混凝土轨枕与碎石道碴的道床在主要运输大巷内比较常见，图 2-5(a) 为双轨道运输巷道，巷道分叉与轨道拐弯处空间较为宽阔。但也有一些运输巷道，采用碎石道碴的道床，碎石往往掩盖了轨枕，如图 2-5(b) 所示。井底车场和主要运输大巷采用了整体 (固定) 道床，这种道床是用混凝土一次浇灌而成的，轨道内外比较平坦，如图 2-5(c) 所示。一些非主要运输巷道采用了整体道床，但长期受到涌水的侵蚀，混凝土表面形成了一层碎石、泥质地面，如图 2-5(d) 所示。一些整体道床，采用先在轨道下铺设轨枕再浇灌混凝土的方法做成，混凝土面不平整，轨枕可露出混凝土面，如图 2-5(e) 所示。用绞车进行牵引的轨道运输巷道，坡度较大的巷道一般采用缠绕式调度绞车进行牵引，坡度较小有一定起伏的巷道多采用无极绳绞车牵引。这种巷道在钢轨的内部设有钢丝绳导向地轮，钢丝绳处于钢轨内部，多悬在轨面上约 200 mm 高度，如图 2-5(f) 所示。

(a)	(b)	(c)
(d)	(e)	(f)

图 2-5　井下巷道中的轨道

在巷道分叉处或多条轨道交叉处设有道岔，以便改变车辆运行的方向。扳道器用于改变钢轨的方向。目前，煤矿井下多采用手动的卧式扳道器，该扳道器由底座、曲柄机构、连杆与拉杆构成，其外形结构如图 2-6 所示。安装扳道器处的道岔岔尖处用连接板连接，如图 2-7(a) 所示，扳道器安装在道岔旁的巷道一侧，有的设在非行人道侧，有的设在行人道侧，扳道器的前端拉杆与岔尖连接板连接。为使拉杆能够与从钢轨下方伸出的岔尖连接板连接，在钢轨与扳道器间设有拉杆活动沟槽。该沟槽长度尺寸为钢轨与扳道器间的距离，一般为 600~800 mm，宽度一般在 250~350 mm，深度约 150 mm。在一些巷道里，该沟槽用木板或钢板制作的盖板覆盖；但很多矿井扳道器沟槽未被封闭，其沟槽边缘不分明，且内部充水或泥浆。图 2-7(b) 中的扳道器布置在非行人道侧，沟槽内充满污浊的积水，图 2-7(c) 中扳道器布置在行人道侧的排水沟的一侧，其沟槽完全淹没在积水中。

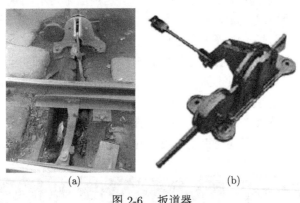

图 2-6　扳道器

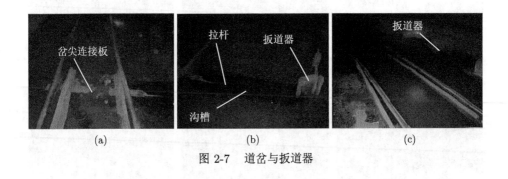

图 2-7　道岔与扳道器

机器人应具有横向爬越钢轨、纵向沿钢轨运动、克服复杂道岔以及爬越扳道器沟槽的移动性能。

2.2.4　巷道坡度特征

煤炭生产中，运输系统会根据煤炭分布的地质条件进行设计，斜巷是不可避免的，如采取的上、下山，有的矿井采用斜巷皮带运输或斜井箕斗提升煤炭。巷道的倾角因煤矿的具体情况而定，在 15° 左右较多，一般在 30° 以下，部分矿井的个别巷道倾角大于 30°。采用绞车牵引运输的斜巷或斜井，在轨道上必须设有防跑车装置，采用一坡三挡的安全措施。目前防跑车装置的形式比较多，其原理、结构及外形尺寸差别也很大。一般在安装防跑车装置的位置，钢轨内部与钢轨边缘会被该装置占据，因此，会对从附近通过的机器人形成阻碍。《煤矿安全规程》规定，煤矿井下上山坡度超过 15°，长度超过 100 m 时，必须铺设行人道。坡度较大的巷道的行人道侧，如带式输送机斜井 (巷) 行人道侧、轨道运输行人道侧，一般设有行人台阶。行人台阶有用混凝土砌成的，也有用预制混凝土板铺设而成的，也有许多简易的台阶。台阶的宽度一般在 400 mm 左右，单级台阶面的跨度多为 180～250 mm，高度多为 130～180 mm。

2.2.5 巷道水沟特征

为了排出井下涌水和其他污水，巷道通常有排水沟。水沟一般布置在行人道一侧，有时也会穿越运输线路，只有在特殊情况下才将水沟布置在巷道中间或非行人道一侧。平巷水沟坡度一般取 0.3%～0.5%，或与巷道的坡度相同，以利水流畅通；运输大巷的水沟用混凝土浇筑，也有的把钢筋混凝土预制成构件，然后送到井下铺设。回采巷道的服务年限短，排水量小，故其水沟不用支护。棚式支架巷道水沟一侧的边缘距棚腿应不小于 300 mm。为了行人方便，主要运输大巷和倾角小于 15° 斜巷的水沟铺放了钢筋混凝土预制盖板，盖板顶面一般与道碴面齐平。只有在无运输设备的巷道或倾角大于 15° 的斜巷以及采区中间巷和顺槽才可不设盖板。有些运输大巷，水沟上铺设预制盖板后作为行人道，且该行人道比道碴面要高，高度一般在 150～300 mm，高度在 220 mm 左右的较多。图 2-5(b) 所示巷道的左侧行人道与图 2-5(d) 所示巷道的右侧行人道，均为预制盖板铺设在水沟上形成的行人道，且行人道高出道碴面一定高度。

常用的水沟断面形状，有对称倒梯形、半倒梯形和矩形几种。各种水沟断面尺寸根据水沟的流量、坡度、支护材料和断面形状等因素确定。矩形水沟断面及尺寸见图 2-8，对称倒梯形与半倒梯形的断面与矩形结构相似，设沟道上口宽度为 B_1，底部宽度为 B_2。常用水沟断面规格如表 2-7 所示。

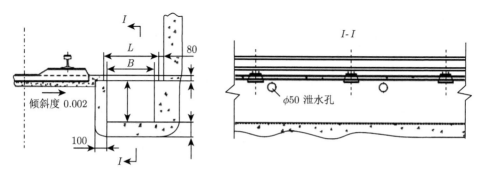

图 2-8　矩形水沟断面
尺寸数据单位：mm

表 2-7　拱形、梯形巷道水沟规格

巷道类别	支护类别	流量/(m³/h)			净尺寸/mm		
		坡度 0.3%	坡度 0.4%	坡度 0.5%	上宽 B_1	下宽 B_2	深 H
拱形大巷	锚喷	0~86	0~97	0~112	300		350
	砌碹	0~96	0~100	0~123	350	300	350
	锚喷	86~172	97~205	112~227	400		400
	砌碹	96~197	100~227	123~254	400	350	450
	锚喷	172~302	205~349	227~382	500		450
	砌碹	197~349	227~403	254~450	500	450	500
	锚喷	302~374	349~432	382~472	500		500
	砌碹	349~397	403~458	450~512	500	450	550
采区梯形	棚式	0~78	0~90	0~100	230	180	250
		78~118	90~136	100~152	250	220	300
		118~157	136~181	152~202	280	250	320
		157~243	181~280	202~313	350	300	350

注：拱形大巷水沟充满系数为 0.75。

　　梯形巷道水沟超高值为 50 mm，即水断面深度按水面低于水沟上面 50 mm。
　　一般情况下，在道床上设有泄水槽，在沿着排水沟的侧壁上设有泄水孔，以便将巷道内的积水泄至排水沟内，泄水孔的直径一般大于 50 mm。道床上的泄水槽因长期积水、淤泥，多次清理后，形成形状不规则、宽度不同、深浅不一致的沟槽，泄水孔处也会形成不规则的孔道，如图 2-9(a) 所示。
　　水沟一般布置在巷道的一侧，在主要运输巷道内，排水沟一般铺设了盖板，有些巷道以铺设了盖板的水沟作为行人道，机器人沿巷道运行时，可以在水沟盖板上运行。若没有混凝土盖板，则机器人可选择其他路线，以避免跌入水沟。但有一些铺设了盖板的水沟盖板缺失、损坏或掀开，形成了长条形缺口，如图 2-9(b)、(c) 所示。一般用的混凝土预制盖板的长宽尺寸为 800 mm×500 mm，一旦标准的盖板缺失，将形成宽度大于 500 mm (含盖板间隙) 的缺口，如图 2-9(c) 所示。

 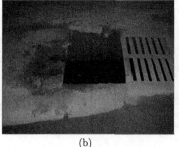 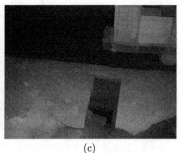

(a)　　　　　　　　　　(b)　　　　　　　　　　(c)

图 2-9　泄水槽与排水沟

　　当巷道发生分支时，排水沟需要横向穿越巷道，并从钢轨下垂直横向穿过或斜向穿过。这种情况下，排水沟很难进行完全封闭，一般情况下排水沟会采用预制的钢筋混凝土盖板进行封闭。但使用较久的巷道，排水沟盖板会部分缺失或者盖板错位。图 2-10(a) 和 (b) 为一段垂直横向穿越钢轨的简易排水沟，图 2-10(a) 中钢轨一侧沟段采用混凝土板掩盖，但并不完整，且盖板移位、错乱；图 2-10(b) 为水沟在两钢轨中间与另一侧沟段没有进行封闭。图 2-10(c) 为一段斜向穿越钢轨的水沟，虽然钢轨内外侧的沟段均进行了覆盖，但覆盖不完整，留有较大的缺口。穿越巷道的排水沟根据排水量的大小，其宽度、深度也不相同。

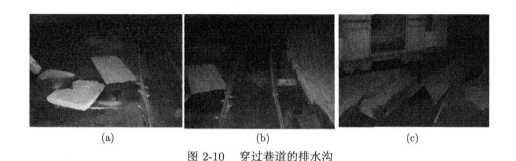

| (a) | (b) | (c) |

图 2-10　穿过巷道的排水沟

2.2.6　巷道管缆分布特征

　　根据生产需要，巷道内敷设有诸如压风管、供水管、排水管、动力电缆、照明和通信电缆等管道和电缆。正常生产的巷道，管缆的布置要考虑行人安全、生产安全以及架设与检修的方便。管道通常设置在行人道一侧，也可设在非行人道侧。管道架设可采用管墩架设、托架固定或锚杆悬挂等方式。若架设在行人道上方，管道下部与道碴或水沟盖板的垂距不应小于 1.8 m，若架设在水沟上，应以不妨碍清理水沟为原则。管缆布置与架设不影响行人与生产，因此，在正常使用的巷道内，管缆不会影响机器人正常通过。

2.2.7　巷道内的杂物

　　巷道的侧边尤其是非行人道侧可能临时堆放一些巷道建设用材料、更换下来的设备配件，有时巷道出现局部片帮形成岩石堆。临时堆放的材料包括圆木、木板、轨枕、金属编织网、管道和废旧铁丝等用于巷道建设的备用或损坏后更换下来的材料。图 2-11(a) 和 (b) 为巷道侧边堆积的杂物照片。图 2-11(c) 为巷道壁片帮堆积的小堆岩石。机器人在巷道内运行时，应尽量避免从该地形上通过，当巷道的钢轨被运输车辆占据或巷道其他区域被设备占据时，机器人需克服上述地形。

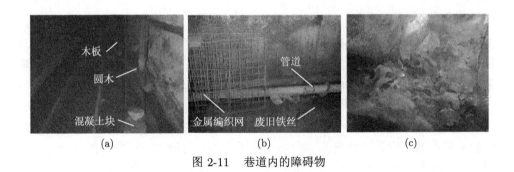

图 2-11　巷道内的障碍物

2.3　采煤工作面结构特征

采煤工作面是地下采煤的工作场所，随着采煤的进行，工作面不断向前推进，原来的采场即成为采空区。长壁工作面采煤的工序为破煤、装煤、运煤、支护及控顶等五项；短壁工作面只有前四个工序。按中国煤矿的地质情况及实际生产状况，将机械化采煤分为以下三级。

普通机械化采煤，简称普采，采煤工作面装有采煤机、可弯曲链板输送机和摩擦式金属支柱、金属顶梁设备，可使前三个工序机械化，但功率较小，一般工作面年产量为 15 万 ∼20 万 t。

高档普通机械化采煤，简称高档普采。采煤工作面装有采煤机、可弯曲链板输送机、液压支柱和金属顶梁，可使前三个工序机械化。由于有液压支柱，因此顶板维护状况良好，支护和控顶虽为手工操作，但劳动强度大为减轻，功率也较大，年产量为 20 万∼30 万 t。该采煤工作面如图 2-12(a) 所示。

综合机械化采煤，简称综采，以滚筒式采煤机为主，采用液压支架支护，组成长壁工作面综合机械化设备，可以完成五个主要工序，年产量可达上百万 t。图 2-12(b) 和 (c) 为综采工作面内的情况。

机械化采煤工作面中，采煤设备、运输设备、支护等大型设备布置紧凑，机器人很难在采煤工作面中通过。在普采工作面中，机器人可选择在液压支柱的间隙内通过；对于综采工作面，机器人则较难进入。机器人可选择在部分采空区内通过，但工作面后方的采空区会出现不同程度的顶板活动，发生冒落，采空区底板地形复杂。

采用爆破落煤的采煤方法也称为炮采。采用爆破落煤，然后采用机械或人工装煤，如图 2-12(d) 和 (e) 所示。对于地质条件复杂的薄煤层，有时还采用人工落煤的方法，如图 2-12(f) 所示。炮采与人工挖掘使用的大型设备少，空间较为狭小，在采煤工作面内部巷道地面堆积着煤炭，地形也相当复杂。

(a)   (b)   (c)

(d)   (e)   (f)

图 2-12 回采工作面

工作面结构分三阶段：上巷端头、工作面中部、下巷端头。下巷端头是工作面与运输巷的交叉部位，上巷端头是工作面与回风巷的连接部位。工作面结构可以用空间结构几何特性、表面结构几何特性、障碍物结构类型来描述。三个阶段的几何特征描述如表 2-8 所示。

表 2-8　工作面结构的几何特征描述

典型结构	空间结构几何特征	表面结构几何特征	障碍物结构类型
上巷端头	回风巷与工作面的交叉部位	坡度小、有浮煤和碎石	单体支柱、头、支架、刮板机机绞车
工作面中部	支架围成的空间、煤壁侧有刮板机、空间变化的	浮煤和碎石、支架底座、向下坡度	液压支架、刮板机、采煤机
下巷端头	运输巷与工作面交叉部位	坡度小、有浮煤和碎石	单体支柱、刮板机机尾

2.4　掘进工作面结构特征

掘进工作面是井巷掘进的工作场所，分为岩巷、煤巷和半煤岩巷三种。掘进工序分破岩、装运和支护三项。掘进方法分两种，一为钻爆法，二为使用掘进机。前者应用范围广，但机械化程度低，后者包括全断面岩巷掘进机及悬臂式掘进机两种。煤矿一般广泛使用悬臂式掘进机，由掘进机、转载机、运输机和支护设备共同组成掘进综合机械化装备，完成三个主要工序，称为综掘。巷道的掘进工作面处要进行破岩掘进、装载运输岩石以及支护处理，因此掘进工作面设备较多，空隙狭小[3]。

2.5　井下危险气体

为了保障煤矿工人的井下生存，井下必须进行通风，将地面空气输入矿井中。另外，井下由煤 (岩) 体涌出和生产过程中会产生各种不利于人体健康的有毒有害气体，如一氧化碳、二氧化碳、二氧化氮、二氧化硫、硫化氢、甲烷等，这些都影响煤矿的安全生产。由于矿井瓦斯和煤尘的存在，煤矿井下是一个易燃易爆的环境。

2.5.1　有毒有害气体

矿井空气中有毒气体一般指：一氧化碳、硫化氢、二氧化硫、一氧化氮、二氧化氮、氨气。矿井空气中有害气体一般指：二氧化碳、甲烷 (沼气)、氢气。

1. 一氧化碳

一氧化碳 (CO) 是一种无色、无味、无臭的气体。它相对空气的密度为 0.97，微溶于水。在一般温度与压力下，一氧化碳的化学性质不活泼。能自燃，不能助燃，浓度为 13%～75% 时遇火能引起爆炸。

主要危害：血红素是人体血液中携带氧气和排出二氧化碳的物质。一氧化碳与人体血液中血红素的亲和力比氧气强 250～300 倍。一氧化碳进入人体后，首先就与血液中的血红素相结合，因而减少了血红素与氧气结合的机会，使血红素失去输氧的功能，从而造成人体血液 "窒息"。

一氧化碳中毒程度与中毒速度和下列因素有关：空气中一氧化碳浓度；与一氧化碳接触时间；呼吸频率和呼吸深度 (劳动强度)。

人处于静止状态时，一氧化碳与中毒程度的关系如表 2-9 所示。

表 2-9　人处于静止状态时一氧化碳与中毒程度的关系

CO 浓度		中毒时间	中毒程度	征兆
按质量/(mg/L)	按体积/%			
0.2	0.0160	数小时		无征兆或有轻微中毒征兆
0.6	0.0480	1 h 内	轻微中毒	耳鸣、头痛、头晕、心跳
1.6	0.1280	0.5～1 h	严重中毒	除有轻微中毒和各种征兆外，并出现四肢无力、呕吐、感觉迟钝、丧失行动能力
5.0	0.4000	短时间内	致命中毒	丧失知觉、痉挛、呼吸停顿、假死

一氧化碳中毒后除有表 2-9 中所述征兆外，其显著特征是嘴唇呈桃红色，两颊有红斑点。当一氧化碳的浓度达到 1% 时，人只要吸入几口即可失去知觉；如果长时间在含有 0.01% 的一氧化碳空气中生活与工作，会产生慢性中毒。

主要来源：煤炭自燃以及煤尘、瓦斯爆炸事故等；爆破工作；矿井火灾。

2. 硫化氢

硫化氢 (H_2S) 无色、微甜、有臭鸡蛋味，它相对空气的密度为1.19，易溶于水。硫化氢能燃烧，当浓度达4.3%～46%时，具有爆炸性。

当空气中硫化氢浓度达到0.0001%即可嗅到，但当浓度较高时，因嗅觉神经中毒麻痹，反而嗅不到。

主要危害：硫化氢有很强的毒性，能使血液中毒，对眼睛黏膜及呼吸道有强烈的刺激作用。当空气中硫化氢浓度达到0.0001%就能嗅到臭味；达到0.01%时，流唾液和清鼻涕，瞳孔放大，呼吸困难；达到0.05%时，数分钟即中毒，半小时即失去知觉；达到0.1%时，短时间即死亡。

井下硫化氢的来源：有机物 (如坑木) 腐烂；含硫矿物 (黄铁矿、石膏等) 遇水分解；矿物氧化和燃烧；从老空区和旧巷积水中放出；爆破工作。

3. 氧化氮：一氧化氮、二氧化氮

一氧化氮 (NO) 是一种极不稳定的气体，在常温下能很快与空气中的氧化合成二氧化氮，所以井下的氧化氮以二氧化氮为主。

二氧化氮 (NO_2) 是一种褐红色的气体，它相对空气的密度为1.57，极易溶于水，对眼睛、鼻腔、呼吸道及肺部有强烈的刺激作用。二氧化氮与水结合形成硝酸，因此对肺部组织起破坏作用，引起肺部的浮肿。

当空气中二氧化氮浓度为0.004%时，2～4 h还不会引起中毒现象；当浓度为0.006%时，就会引起咳嗽、胸部发痛；当浓度为0.01%时，短时间内对呼吸器官就有很强烈的刺激作用，咳嗽、呕吐、神经麻木；当浓度为0.025%时，很快使人中毒死亡。

井下二氧化氮主要来源：井下爆破工作。放炮后生成一氧化氮，一氧化氮遇空气中的氧气、氮气即转化为二氧化氮。

4. 二氧化硫

二氧化硫 (SO_2) 是一种无色、具有强烈的硫黄燃烧味的气体，它相对空气的密度为2.2，易溶于水。由于它对眼睛及呼吸器官有强烈的刺激作用，人们将其称为"瞎眼气体"。

二氧化硫与呼吸道的湿表面接触后能形成硫酸，因而对呼吸器官有腐蚀作用，使喉咙及支气管发炎，呼吸麻痹，严重时会引起肺水肿。

当空气中二氧化硫浓度达到0.0005%时，嗅觉器官能闻到刺激味;达到0.002%时，有强烈的刺激味，可引起头痛和喉痛；达到0.005%时，引起急性支气管炎和肺水肿，短时间内死亡。

井下二氧化硫的主要来源是：含硫矿物缓慢氧化或自燃生成；从煤或围岩中放出；在含硫矿物中爆破生成。

5. 甲烷

瓦斯是井下有毒有害气体的总称，有时单指甲烷（沼气）（CH_4）。甲烷是一种无色、无味、无臭的气体，但有时由于伴生着碳氢化合物和微量硫化氢，会发出一种类似苹果味的特殊气味。它相对空气的密度为 0.554，容易积聚在巷道的顶板处，特别容易积聚在上山巷道的掘进头。它不易溶于水，有迅速扩散的性质。它渗透性很强，较空气强 1.6 倍，容易从邻近煤层经过岩层裂缝与孔隙聚集在采空区内。它本身无毒，但当在空气中浓度较高时，就会相对地降低空气的氧含量，使人窒息。它不助燃，但当它在空气中浓度较高时遇火能够燃烧，当浓度在 5%～16%时，遇火即能爆炸。

6. 氨气

氨气（NH_3）是无色、有浓烈臭味的气体，它相对空气的密度为 0.596，易溶于水。空气中氨气浓度达 30%时有爆炸危险。

主要危害：氨气对皮肤和呼吸道黏膜有刺激作用，可引起喉头水肿。

主要来源：爆破工作，用水灭火等；部分岩层中也有氨气涌出。

7. 氢气

氢气（H_2）无色、无味、无毒，它相对空气的密度为 0.07。氢气能自燃，其点燃温度比沼气低 100～200℃。

主要危害：当空气中氢气浓度为 4%～74%时有爆炸危险。

主要来源：井下蓄电池充电时可放出氢气；有些中等变质的煤层中也有氢气涌出。

瓦斯煤尘爆炸或矿井火灾，会产生大量有毒有害气体；有机物氧化、物体腐烂等生成有毒有害气体；密闭受损的采空区、透水老空区等可能涌出大量的有毒有害气体。以上原因会使灾区存在大量的有毒有害气体。

2.5.2　爆炸性气体

矿井瓦斯和煤尘是构成矿井爆炸性环境的主要原因。矿井瓦斯爆炸和煤尘爆炸是最主要的煤矿事故类型，且造成的危害极其严重。

矿井瓦斯的主要成分是甲烷。甲烷不助燃，但极易燃烧。当空气中具有一定浓度的甲烷并遇到高温时，可引起燃烧甚至爆炸。瓦斯爆炸实际上是其中的甲烷爆炸。甲烷爆炸必须同时具备三个条件：一是要达到一定的浓度；二是具有足够能量，以及能引起甲烷爆炸的点火源或危险温度；三是有足够的氧气。三者缺一不可。

(1) 甲烷浓度。对于甲烷来讲，在新鲜空气中爆炸界限一般为 5%~16%。甲烷浓度低于 5% 或高于 16% 都不会发生爆炸，只能燃烧。矿井中煤尘对甲烷被引爆的界限影响很大。当甲烷-空气混合物中有煤尘时，会使爆炸下限下降。这是因为煤尘在 300~400℃ 时能放出大量可燃气体，所以其混入煤尘可以使甲烷爆炸下限降低。根据测定，当甲烷浓度为 3.5%、煤尘含量为 6.1g/m³ 时就会发生爆炸。

(2) 点火源 (或危险温度)。当火源的温度高于甲烷的点燃温度或发热固体表面温度高于甲烷的自燃温度时，就可以点燃甲烷-空气混合物。点燃时，首先是热源热体引起甲烷-空气混合物局部燃烧，然后扩展开来形成全面燃烧或爆炸。如果热源热体温度低于点燃温度，在气体混合物中只能引起局部燃烧，而不能扩展成全面燃烧或爆炸，当热源热体去除后局部燃烧马上熄灭。点燃温度与甲烷-空气混合物的初始状态有关。煤矿井下导致甲烷点燃的火源有：明火、炮焰、电火花、摩擦撞击产生的火花和发热的物体表面等。引火温度是指点燃瓦斯所需的最低温度，一般认为是 650~750℃。它的高低与瓦斯的浓度有关。瓦斯浓度与引火温度间的关系如表 2-10 所示。

表 2-10 瓦斯浓度与引火温度间的关系

瓦斯浓度/%	引火温度/℃
2	810
3.4	665
6.5	512
7.6	510
8.1	514
9.5	525
11	539
14.7	565

瓦斯与高温热摩擦接触时，并不立即燃烧、爆炸，而是经过一个很短的时间间隔，这种现象称为引火延迟性，间隔的这段时间称为感应期。

(3) 氧气含量。混合气体中氧气的含量在 12% 以上时才有可能引起甲烷-空气混合物爆炸。实验证明，甲烷爆炸范围随混合气体中氧气浓度的降低而缩小，特别是爆炸上限下降很快。当氧气浓度降低到 12% 以下时混合气体即失去爆炸性。

瓦斯爆炸界限不是固定不变的，其大小同混合气体中其他可燃气体、煤尘、惰性气体的多少及混合气体所在环境温度的高低、压力大小等因素有关。主要有以下几个方面。

(1) 可燃气体的混入。当瓦斯和空气的混合气体中混入可燃气体，如 H_2、H_2S、C_2H_6、CO 等，它们本身具有爆炸性，不仅增加了爆炸气体的总浓度，而且也会使爆炸下限降低，从而扩大了瓦斯爆炸的界限范围。

(2) 惰性气体的混入。当 CO_2、N_2 等惰性气体在瓦斯和空气混合气体中时，可缩小瓦斯爆炸界限的范围，降低瓦斯爆炸危险性。如每加入 1% 的氮气，瓦斯爆炸下限就提高 1.017%，上限降低 0.54%，每加入 1% 浓度的 CO_2，瓦斯爆炸下限就提高 0.0033%、上限降低 0.26%。另外，CO_2 还能降低瓦斯爆炸压力和延迟爆炸时间，当 CO_2 浓度增加到 25.5% 时，无论瓦斯浓度多大，都不会发生爆炸。

(3) 煤尘掺入。煤尘能燃烧，有的本身还能爆炸；同时，当温度在 300~400℃ 时，从煤尘之中可以挥发出可燃气体。因此，煤尘混入瓦斯与空气的混合气体中，使瓦斯的爆炸下限降低，爆炸的危险性增加。

(4) 初始温度。温度是热能的体现，温度高说明具有的热能大。瓦斯与空气混合气体起爆时的混合气体温度称为初始温度，该温度的高低影响瓦斯的爆炸界限。实践证明，初始温度越高，甲烷爆炸下限越低，且上限越高，即爆炸范围扩大。爆炸上限、下限还与可燃气体不足或氧气过剩有关，另外，爆炸上、下限在一定程度上也与环境压力、温度等条件有关。当初始温度为 700℃ 时，爆炸界限为 3.25%~18.75%。因此，井下发生火灾或爆炸时，升高的温度会使原来未达到爆炸浓度的瓦斯发生爆炸。

(5) 初始压力。压力本身就是能量，瓦斯与空气混合气体起爆时的混合气体压力称为初始压力，该压力大小影响瓦斯的爆炸界限。实测表明，初始压力越大，瓦斯爆炸浓度范围越大。

2.5.3　矿井气体浓度限值

采掘工作面进风流中的氧气浓度不得低于 20%；二氧化碳浓度不得超过 0.5%；矿井总回巷或一翼回风巷中二氧化碳 (或瓦斯) 浓度超过 0.75% 时，必须立即查明原因，进行处理；采区回风巷、采掘工作面回风巷风流中二氧化碳浓度超过 1.5%(或瓦斯浓度超过 1%) 时，必须停止作业，撤离人员，采取措施，进行处理。

矿井空气中有害气体对井下作业人员的生命安全危害极大，因此，《煤矿安全规程》对常见有害气体的安全标准做了明确的规定，矿井空气中有害气体的最高容许浓度如表 2-11 所示。

表 2-11　矿井空气中有害气体的最高容许浓度

有害气体名称	符号	最高容许浓度/%
一氧化碳	CO	0.0024
氧化氮 (折算成二氧化氮)	NO_2	0.00025
二氧化硫	SO_2	0.0005
硫化氢	H_2S	0.00066
氨气	NH_3	0.004

　　煤尘是指依靠自身重量就可以下落，但也可在空气中悬浮一段时间的、直径小于 1 mm 的煤炭颗粒。它是在煤的开采和运输过程中产生的。随着生产规模的不断扩大和矿井机械化程度的提高，煤尘的生成量也在不断增加。

　　煤尘在一定条件下可燃烧和爆炸，造成重大事故。煤是可燃物质，被破碎成细小颗粒，表面积增大，氧化能力显著提高。煤尘在 300~400℃ 时就能放出可燃气体，这类可燃气体一经与空气混合，在高温作用下即发生燃烧。如果这时放出的热量能够有效地传播给附近的煤尘，这些煤尘迅速受热分解，也跟着燃烧起来。这个过程不断地进行下去，氧化反应越来越快，温度越来越高，达到一定程度便发展为剧烈的爆炸。粒度在 75 μm 以下的煤尘是爆炸的主体。

　　煤尘爆炸必须同时具备四个条件：煤尘本身有爆炸性；煤尘悬浮在空气中形成煤尘云并达到一定的浓度；有能引起煤尘爆炸的热源；有足够的氧气。四个条件缺一不可。

　　灾变事故发生后，井巷通风设施遭到破坏，通风系统损坏；煤壁、采空区仍会不断涌出瓦斯，极可能形成瓦斯积聚；灾区温度升高、煤尘飞扬，煤炭干馏又可产生其他易燃易爆气体，进一步增大了瓦斯爆炸的危险性。灾区可能存在尚未熄灭或次生因素产生的新的火源，随时可能发生次生瓦斯爆炸。矿井气候条件三要素是：温度、湿度和风速。矿井气候条件对工人健康和劳动生产率有着直接的影响。

　　(1) 温度。温度是构成井下气候条件的主要因素，最适宜于人们劳动的温度是15~20℃。《金属矿山安全规程》规定井下采掘地点温度一般不超过 27℃；《煤矿安全规程》规定采掘工作面的空气温度不得超过 26℃，机电硐室的空气温度不得超过 30℃。

　　(2) 湿度。空气湿度指空气中所含水蒸气量的多少。它分为绝对湿度和相对湿度。绝对湿度指每立方米空气中所含水蒸气量 (g/m^3)；相对湿度指空气中所含水蒸气量与同温度下饱和水蒸气量之间的百分比。矿井空气的湿度一般指相对湿度。相对湿度的大小直接影响水分蒸发的速度，因此，能影响人体的出汗蒸发和对流散热。人体最适宜的相对湿度一般为 50%~60%。

　　(3) 风速。风速除对人体散热有着明显影响外，还对矿井有毒有害气体积聚、粉尘飞扬有影响。风速过高或过低都会引起人的不良生理反应。因此，各产业部门的安全规程都对矿井下各主要工作点的风速作了明确规定。

　　当发生煤矿灾变事故后，由于通风设施受损，井巷设施遭受破坏，加以可能存在的热源或淋水等，可能会造成灾区出现高温、高湿；灾区气体也可能导致发生次生火灾事故，使灾区处于浓雾中 [4]。

2.6 井下视觉特征

煤矿井下环境受其所处地质条件影响，高温潮湿，光线暗淡，又受到煤炭生产、运输等各个环节影响，产生大量悬浮于空气中的粉尘颗粒，造成了非常恶劣的视觉环境。影响巷道内视觉环境的主要因素有照度、粉尘含量和潮湿度等。

煤矿井下在自然情况下没有光线，是完全的零照度环境。日常工作中的煤矿除了大巷、工作区外，为了节省电力和设备成本，其余各个工作巷道中照明都比较微弱，如图 2-13 所示，甚至某些区域由于施工等原因关闭了电源造成没有照明。灾后环境，由于安全的需要关闭了巷道中所有的照明灯光，所处环境也是零照度的环境。

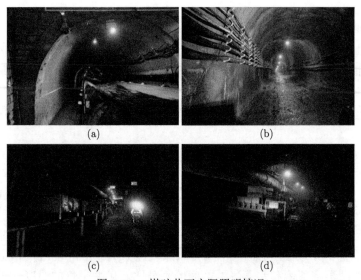

图 2-13　煤矿井下实际照明情况

煤矿在生产过程中会产生大量的各类固体物质和细微颗粒飞扬在空气中，这就是煤矿粉尘，简称煤尘 [5]。煤炭和岩石由于被开采和加工被粉碎成的细微颗粒分别被称为煤尘和岩尘，如图 2-14(a) 所示，除此之外还有某些施工过程中的工程材料在作业中飞扬起来的其他固体物质的粉尘，如图 2-14(b) 所示。煤矿粉尘存在于煤矿的空气中，某些状况下是极其危险的，遇到诱发条件会产生煤尘爆炸，因此，机器人行走在具有煤尘的环境下是具有一定危险性的。

另外，煤尘在巷道漂浮过程中会不断和水滴作用沉降在各种井下物体表面，如图 2-15 中矿工的脸部最为明显，这种现象会对机器人的传感器造成一定的影响，尤其是依靠镜头成像的光学传感器。

(a)　　　　　　　　　　　　　　　　　　(b)

图 2-14　煤矿粉尘的产生

图 2-15　矿工脸部覆盖的煤尘

　　煤矿井下高温、潮湿，与巷道中的湿度和地质条件、通风速度、温度、位置、走向都有很大的关系，总体上，地下开采的深度越深，对应巷道的温度越高，湿度越大。井下不同温度下空气中饱和水分含量如图 2-16 所示[6]，温度越高空气

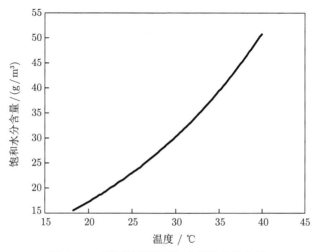

图 2-16　不同温度下空气中饱和水分含量

中水蒸气的饱和度越大，并且在某些地质条件下，巷道内还会不断有地下水渗入，产生滴水现象，地下渗入的这些水由于排水的滞后会造成局部的积水，继而积水和巷道壁上的水分会蒸发，最终使空气中的水分含量达到饱和。另外，为了降低采煤和掘进过程中产生的粉尘含量，常采用喷水方法，如图 2-17 所示，这也将导致巷道内湿度的增加。

图 2-17　掘进过程中喷水降尘

2.7　井下通信干扰

矿井的巷道处于底层深处，是一个狭长的特殊受限空间。矿藏和煤层一般都分布于地壳的沉积岩层中，分布和走向像迷宫一样四处延伸，错综复杂，其形状和截面尺寸也会发生变化，这些都给矿井移动通信系统网络构成和信号有效传输带来极大的影响。地面移动通信系统不能直接延伸覆盖到地下的矿井中，以陆地、海上、空中环境为基础确定的移动通信系统网络架构和信号传输模式、理论均不能适用于井下巷道环境。

国外很早就有人开始研究和探索矿山井下环境中的无线电波传播规律和移动通信特性，20 世纪 60 年代就有较为成熟的产品和系统用于井下巷道；我国有关科研单位也从 20 世纪中后期对煤矿井下非自由空间内的无线电波传播进行理论研究和实际测试，探索其规律性，逐步对此有了较为全面、系统的认识，为后来井下大量使用移动通信设备打下了坚实基础。

大量研究和实验表明，影响井下巷道移动通信网络构成和信号有效传输的主要因素有巷道的结构、形状、设施、线缆、各种金属管道和铁轨、各种动力设备、巷道围岩电参数、粉尘和雾滴等。对井下移动通信设备带来影响的主要因素有井下存在爆炸性气体、环境潮湿、腐蚀性强、使用环境恶劣及设备安装空间受限等。另外，系统本身所使用的频率也与信号在巷道中的有效传输距离有直接关系。

2.7.1 巷道结构影响

巷道截面大小、形状、拐弯、倾斜、道壁表面质量等因素，都会给无线信号传输带来不利影响。无线信号在井下传输时受到巷道截面等效半径 (截面面积相等的等效圆半径) 与信号频率波长的比值影响，比值越大，传输衰减越小，巷道截面面积越大，衰减越小。巷道截面的影响程度与系统使用频率的波长密切相关，矿井巷道截面面积一般是在几平方米到几十平方米变化，因而对中频及中频以下频段的影响较小，对高频频段的影响较大。巷道拐弯会增加信号传输的衰减，拐弯越急、衰减越大，频率越高、衰减越大，这是由信号的频率特性所决定的。表 2-12 所示为不同频率在同一拐弯时的衰减状况。巷道倾斜、分支都会加大无线信号的衰减，频率越高，衰减就越大，表 2-13 所示为巷道倾斜对不同频率的衰减程度。

表 2-12 巷道拐弯对信号传输的影响

频率/MHz	衰减/dB	频率/MHz	衰减/dB
200	47.3	2000	74.1
415	57.7	3000	77.6
1000	67.6	4000	80.2

表 2-13 巷道倾斜对不同频率的衰减程度

频率/MHz	衰减/dB	频率/MHz	衰减/dB
100	5.51	1000	52.4
200	10.6	3000	157
415	21.7	4000	210

2.7.2 巷道设施影响

巷道内设置的风墙、风桥、风门、风窗等设施也会给无线信号传输带来影响，其影响程度取决于设施的构成材料。木柱、木板制成的临时风墙、风门对传输影响较小，用砖、石料、水泥等制成的永久性风墙和钢木混合风门对信号影响大，钢制风门可阻断信号传输。

2.7.3 各种电缆、水管等纵向导体影响

在井下巷道中分布有各种动力电缆、信号电缆、机车架空线、绞车钢丝绳、铁轨、水管等纵向导体，虽然对移动通信设备的安装架设增加了难度，但对低频率无线信号传输能起到波导作用，有利于信号传输。随着使用频率升高，其波导作用减小或消失，到了 UHF 频段其作用可忽略不计，但各种动力电缆、机车架空线火花会对信号传输产生较大的电磁干扰。

2.7.4 各种动力设备电磁干扰影响

井下巷道狭小的空间集中有大量的生产设备，这些设备在生产运行中的开关

电感性负荷较多，如控制综合采煤机、输送机、风机及其他设备的接触器、继电器、电磁开关等，这些设备的开停都会产生电流脉冲，大负荷整流变频电路也会在动力线和信号线内部产生谐波电感电流，其电磁能量瞬间冲击程度大、作用频繁，易给移动通信系统带来干扰。

由井下设备引起的电磁干扰大致可分为电源干扰、设备开关动作产生的脉冲干扰及特殊情况的电磁干扰三种。

(1) 电源干扰。大功率设备的动力线缆在井下交叉铺设，通信连接线路只要与其平行就会受到工频干扰，干扰源的波形失真越大，其产生的高次谐波分量就越多，所引起的干扰就越强。

(2) 设备开关动作产生的脉冲干扰。此类干扰主要来源于各种交流接触器、继电器、晶闸管开关的开关动作产生的电压或电流脉冲。

(3) 特殊情况的电磁干扰。主要由电器绝缘包裹性能下降产生的漏电、接触不良产生的电弧放电、接地屏蔽不良产生的电磁辐射，引起通信电源内部或传输线中的感应电流和脉冲干扰。

2.7.5   不同频率信号在巷道中的传输特性

由于井下巷道的特殊结构和环境，无线信号在传输时易产生折射与反射，而折射与反射又引起信号频率的相扰与合成，破坏载波的幅度、频率和相位，使其传输距离受限和产生严重失真。不同频率受其影响的差异较大，在无金属导体的巷道内实际测试，中频频段在 300~900 kHz 内受影响较小，传输距离可达 500 m；而在高频频段 (3~30 MHz) 受影响最大，有效传输距离只有几十米；在甚高频和特高频频段，随着频率的增高影响变小，传输距离可达 1500 m，这是因为巷道截面远远大于频率的波长，无线信号在巷道内形成了相对自由空间，折射、反射较小，而受影响程度也随之减小。表 2-14 为不同频率信号在巷道中的传输特性。

表 2-14   不同频率信号在巷道中的传输特性

频率/MHz	衰减/dB	频率/MHz	衰减/dB
40	301	900	2
60	217	1700	1.6
150	113	4000	0.7
470	9.8		

2.8   煤矿常见灾变

我国煤炭井工开采矿多，储藏条件差，地质条件复杂，造成煤矿事故多发。随着煤矿开采深度的不断增加，地质条件不断恶化，采煤难度越来越大，井下作业人员增多。煤矿重大灾害事故有以下共同特征。

(1) 突发性。重大灾害事故往往是突然发生的，它给人们心理上造成的冲击最为严重，往往使人措手不及，使指挥者难以冷静、理智地考虑问题，难以制定出行之有效的救灾措施，在抢险的初期容易出现失误，造成事故的损失扩大。

(2) 灾难性。重大灾害事故造成多人伤亡或使井下人员的生命受到严重威胁。

(3) 破坏性。重大灾害事故往往使矿井生产系统遭到破坏，不但使生产中断，井巷工程和生产设备损毁，给国家造成重大损失，同时，也给抢险救灾增加难度。特别是通风系统的破坏，使有毒有害气体在大范围内扩散，造成更多人员的伤亡。

(4) 继发性。在较短的时间里重复发生同类事故或诱发其他事故。例如，火灾可能诱发瓦斯或煤尘爆炸，也可能引燃再生火源；爆炸可能引起火灾，也可能出现连续爆炸；煤与瓦斯可能在同一地点发生多次突出，也可能引起爆炸。

煤矿事故主要包括顶板、瓦斯、水害、火灾等，其中顶板事故发生起数最多，超过一半，其次是瓦斯事故。各类煤矿事故的成因与灾变环境特点不同，因此需要有针对性地制定相应的应急救援方案。

2.8.1 瓦斯爆炸事故

矿井瓦斯是指井下以甲烷为主的各种气体的总称，其主要成分为甲烷，占比约为 80%，其他为二氧化碳、氮气及少量硫化氢、氢气、稀有气体等。甲烷是一种无色、无味、无臭并在一定条件下可以燃烧爆炸的气体，难溶于水，扩散性较空气高。甲烷无毒，但不能供呼吸。当井下气体中甲烷浓度较高时，氧气的浓度则相对降低，人会因缺氧而窒息。甲烷比空气轻，它相对空气的密度为 0.554。因此甲烷易在巷道的顶部、顶板冒落空洞处、由下向上施工的掘进工作面和其他较高地方聚集。

在采掘过程中，采掘空间附近的煤、岩层会受到不同程度的破坏，使原有的瓦斯平衡状态受到破坏，从而沿煤、岩层的孔隙、裂隙涌入采掘空间。矿井瓦斯的涌出可分为普通涌出和异常涌出两种形式。普通涌出是指由采动影响的煤、岩层以及由采落的煤、矸石向井下空间均匀地放出瓦斯的现象，又称瓦斯涌出。这种涌出是均匀的、缓慢的、经常性的，是煤矿主要的瓦斯涌出形式。异常涌出包括瓦斯喷出、煤 (岩) 与瓦斯突出两种形式。瓦斯喷出是指从煤体或岩体裂隙中大量瓦斯异常涌出的现象，简称喷出。瓦斯喷出一般持续时间较短。煤 (岩) 与瓦斯突出事故如图 2-18 所示，是指在地应力和瓦斯的共同作用下，破碎的煤、岩和瓦斯由煤体或岩体内突然向采掘空间抛出的异常动力现象，简称突出。煤 (岩) 与瓦斯突出持续时间极短，一般为数秒或数十秒。它所产生的高速瓦斯流 (含煤粉或岩粉) 能摧毁井下巷道及设施，破坏通风系统，造成人员窒息，煤流埋人，甚至引起瓦斯燃烧和爆炸事故。所以，它是井下最严重的灾害之一。煤 (岩) 与瓦斯突出有以下特点：

(1) 突出的煤向外抛出距离较远，具有分选现象；

(2) 抛出的煤堆积角小于煤的自然安息角；

(3) 抛出的煤破碎程度高，含有大量的煤块和手捻无粒感的煤粉；

(4) 有明显的动力效应，破坏支架，推倒矿车，破坏和抛出安装在巷道内的设施；

(5) 有大量的瓦斯 (二氧化碳) 涌出，瓦斯 (二氧化碳) 涌出量远远超过突出煤的瓦斯 (二氧化碳) 含量，有时会使风流逆转；

(6) 突出孔洞呈口小腔大的梨形、倒瓶形以及其他分岔形等。

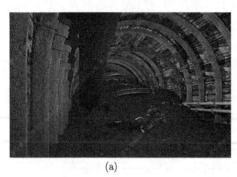 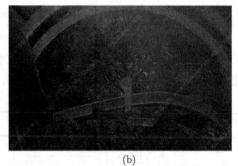
(a)   (b)

图 2-18   煤 (岩) 与瓦斯突出事故

矿井瓦斯爆炸是一种热–链式反应 (也称为链锁反应)。当爆炸混合物吸收一定能量 (通常是引火源给予的热能) 后，反应分了的链即刻断裂，离解成两个或两个以上的游离基 (也称为自由基)。这类游离基具有很强的化学活性，成为反应连续进行的活化中心。在适合的条件下，每一个游离基又可以进一步分解，再产生两个或两个以上的游离基。这样循环下去，游离基越来越多，化学反应速度也越来越快，最后就可以发展为燃烧或爆炸式的氧化反应。所以，瓦斯爆炸就其本质来说，是一定浓度的甲烷和空气中度作用下产生的激烈氧化反应，如图 2-19 所示。引起瓦斯燃烧与爆炸必须具备三个条件：一定浓度的甲烷、一定温度的引火源和足够的氧气。这也是进行瓦斯治理和电气防爆的基本依据。

矿井一旦发生瓦斯爆炸，危害将十分严重，其主要表现在以下几个方面。

(1) 高温高压及冲击。由于瓦斯爆炸是激烈的氧化放热反应，井下爆炸点及其附近的温度可达 1850℃ 以上，压力可达 0.74 MPa 以上，促使爆炸源附近的气体以极快的速度 (每秒数百米以上) 向外冲击，造成人员伤亡、巷道和机电设备严重损坏。此外，爆炸时产生的高温会引燃井下可燃物，造成矿井火灾。爆炸时产生的冲击会将煤尘扬起，使空气中煤尘浓度增加，若煤尘具有爆炸性，煤尘浓度又处在爆炸浓度范围内，且有高温源，则会引起煤尘爆炸，加重灾害程度。

(2) 爆炸后产生大量有毒气体。爆炸后空气中的氧气含量显著减少，并产生大量的一氧化碳，从而使人员窒息及中毒。在瓦斯爆炸所造成的人员伤亡中，绝大部分是因一氧化碳中毒和缺氧窒息所致。

图 2-19 瓦斯爆炸

2.8.2 顶板垮塌事故

顶板垮塌事故是指采掘工作空间或井下其他工作地点顶板岩石发生坠落的事故，通常称为冒顶，也称顶板冒落。该事故是煤矿中最常见、最容易发生的事故，如图 2-20 所示。按工作面顶板冒落范围和伤亡人数分为局部冒顶事故和大冒顶事故两类。

工作面顶部煤体突然冒落

图 2-20　顶板垮塌

局部冒顶一般是由已遭受一定程度破坏的直接顶未被及时支护或支护未能充分发挥作用，甚至失效而造成的。受原生、地质构造、采动等影响，直接顶中会产生许多交错的裂隙，使直接顶的连续性遭受一定程度的破坏，一旦支护不及时或支护支架失去作用，局部范围内的岩块就可能会冒落而发生局部冒顶。直接顶是指直接位于煤层上方的一层或几层性质相近的岩层。局部冒顶事故的特点是：① 范围和冒顶高度较小，每次事故伤亡的人数不多，对生产的影响不是特别严重；② 局部冒顶事故总是在有人工作的部位发生，预兆不明显，极易造成人身伤亡。据统计，每年局部冒顶事故造成的死亡人数占冒顶事故总人数的 60%～70%，而重伤事故则占 80% 以上。

大冒顶事故是指采煤工作面大面积冒顶，也称为落大顶、垮面。其特点是垮落面积大，来势凶猛，时间持久，常导致重大人身伤亡和设备、器材损坏，往往造成生产中断。

2.8.3　矿井涌水事故

我国是受矿井水害最严重的国家之一。矿井涌水事故是指矿井局部或全部被淹没并造成人员伤亡和经济损失的矿井水灾事故，如图 2-21 所示。

在矿井建设和生产期间，大气降水、地表水 (江、河、湖、海、水库等) 和地下水都有可能通过各种通道涌入井下，这些涌入矿井内的水统称为矿井涌水。矿井涌水量的大小及涌入状态直接影响到矿井的建设和生产。通常情况下，矿井涌水是持续地、缓慢地涌入井下，通过井下排水设备将其排至地面，而不影响矿井建设和生产的正常进行。然而，当矿井涌水在短时间内大量涌入井下作业空间时，轻者冲毁设备造成区域生产中断，重者造成人员伤亡，甚至导致淹井事故，造成极为严重的后果。

图 2-21　矿井涌水

根据矿井涌水来源不同，可将矿井水灾分为突水事故和透水事故。突水事故是江河湖泽等地表水或大气降水涌入矿井造成的矿井水灾。透水事故是由含水层积水、断层裂缝水、老空区及废旧井巷积水造成的。

2.8.4　矿井火灾事故

矿井火灾是煤矿主要灾害之一。凡是发生在矿井地下或地面而威胁到井下安全生产，造成损失的非控制燃烧均称为矿井火灾，如图 2-22 所示。矿井火灾有以下特点：

(1) 空间小，场地窄，设备多，防治设施和灭火器材不齐全，灭火工作比较困难；

(2) 井下火灾一般是在空气有限条件下发生的，尤其是采空区的内因火灾更是如此，通常无明显火焰，却生成大量有害气体；

(3) 由于火灾不易发现，持续时间长，燃烧的范围逐渐蔓延扩大，烧毁大量煤炭资源，冻结大量开拓煤量；

（4）井下人员集中，安全出口少，不易躲避和疏散，从而加重了火灾造成的损失；

（5）产生火风压，改变井下风流方向。

(a) 燃烧的煤堆　　　　　　　(b) 冒火的风井　　　　　　(c) 火灾后的巷道

图 2-22　矿井火灾

矿井火灾的危害主要有以下几个方面：

（1）燃烧煤炭资源，烧毁生产设备，消耗大量的材料，造成巨大的经济损失；

（2）为了灭火需要封闭采区，冻结大量开采的煤炭，影响矿井的产量；

（3）矿井火灾能引起瓦斯煤尘爆炸，使矿井事故进一步扩大，造成更大的损失；

（4）矿井火灾产生大量的有毒有害气体，尤其是一氧化碳危害极大，造成大量人员死亡。据统计，在矿井火灾事故中遇难的人员，95％以上是因为吸入有害气体。

综上所述，煤矿事故除了具有突发性、危害性、紧迫性外，还有其所特有的特征[7]。

（1）发生在地下。井工矿占全国煤矿的 90％。井工开采的煤矿重大事故发生在井下，对井下巷道和设施造成严重破坏，但对井上建筑和人员影响较小。

（2）空间狭小。井下空间狭小，却容纳了各种生产设备和器材。井下发生事故后，很多地方会被掩埋，堵住搜救路线，显著增加搜救难度。

（3）事故类型复杂。煤矿事故有瓦斯事故、顶板事故、水灾事故、火灾事故、机电事故、运输事故等。事故发生的原因不同，且由多种因素造成。

（4）容易发生二次事故。井下空间狭小，生产系统复杂，危险源多。煤矿事故的发生，往往会引起其他事故的发生。

2.9　矿井灾后结构特征

灾害发生之后的矿井，灾区附近的巷道和工作面都会受到不同程度的破坏，其中所配置的排水系统、通风系统以及运输设备也都会遭到各种破坏。瓦斯爆炸会造成巷道内各种设备倾覆、散落，或破坏支护发生冒顶。顶板冒落会造成巷道堵塞。火灾会使现场可燃物烧毁，特别是破坏支护造成局部冒顶，堵塞通道。水灾后积水会破坏支护，造成冒顶，对下游破坏严重。

　　煤矿发生瓦斯和煤尘爆炸之后，爆炸冲击波所波及的巷道、工作面和硐室将受到不同程度的破坏。爆炸也会造成井下通风系统及机电和运输设备的破坏，冲击波会造成矿车等设备倾覆、翻转，堵塞巷道。图 2-23 所示为煤矿井下发生灾害后的一些场景。可见灾后巷道内设备受损，巷道垮塌，地形复杂。

图 2-23　灾害后巷道内的情形

　　爆炸也会造成巷道局部发生冒顶，冒落的岩石、煤块或杂乱散布在巷道内，或在局部大量堆积堵塞巷道。冒落的岩石体积、重量的分布范围很大，有的特别巨大，一块或几块岩石可将半个巷道断面甚至整个巷道断面堵塞。

　　如图 2-24 所示，巷道已经被冒落的顶板完全堵塞了；如图 2-25 所示，顶板坍塌严重，支撑巷道结构的各种建材也都塌落；如图 2-26 所示，塌落物相对较少，但也堵塞了部分巷道，地面充满了碎石。如图 2-27 所示，受到爆炸冲击波的影响，

图 2-24　冒顶完全堵塞巷道

巷道中的各种管线掉落，严重影响通过性，只有人能钻过去。另外，巷道里冒落的煤块、岩石，以及巷道断面被杂物堵塞时，造成排水系统的严重损害，会使部分巷道处于积水之中，严重影响可通过性。

图 2-25　冒顶使支护建材塌落

图 2-26　塌落物使部分巷道堵塞

图 2-27　管线掉落影响通过性

参 考 文 献

[1]　国家安全生产监督管理总局. 煤矿安全规程 [M]. 北京: 煤炭工业出版社, 2009.

[2] 东兆星, 吴士良. 井巷工程 [M]. 徐州: 中国矿业大学出版社, 2004.

[3] 李允旺. 矿井救灾机器人行走机构研究 [D]. 徐州: 中国矿业大学, 2009.

[4] 宋晓艳, 邸治乾, 李忠辉. 矿井灾害应急救援与处理 [M]. 徐州: 中国矿业大学出版社, 2013.

[5] 孙博. 矿井粉尘浓度测量技术研究 [D]. 长春: 长春理工大学, 2014.

[6] 苟新宇. 煤矿井下温湿度预测方法研究及应用 [D]. 阜新: 辽宁工程技术大学, 2015.

[7] 薛温瑞, 杜波. 煤矿瓦斯事故应急救援组织管理研究 [C]. 第七届矿山救护专业委员会第二次全国矿山救护学术年会论文集, 北京, 2013: 95-102.

第 3 章 机器人行走机构

3.1 引　　言

矿用搜救机器人的行走机构主要负责将机器人送到所要探测和搜救的区域，其性能的好坏直接决定了机器人执行搜救任务的能力及效率。煤矿井下地形复杂、空间狭小、障碍物多，尤其是灾变后的地形环境更为复杂，因此需要设计研发地形适应性好、越障能力强和可靠性高的机器人行走机构。为此研发人员设计了多种形式的行走机构，以期达到理想的移动效果。本章介绍适用于矿用搜救机器人的具有不同特点的几种行走机构，包括：轮式行走机构、履带式行走机构以及复合式行走机构，其中重点介绍中国矿业大学在实施"十二五" 863 计划项目过程中针对矿用搜救机器人研发与应用而研发的三叶轮式、倒梯形弹簧履带式和 W 形履带式等行走机构，并对每种行走机构进行了运动学分析和应用试验。此外，由于矿用搜救机器人在行走过程中可能会遇到电缆、铁丝等非刚性体阻碍，因此需要设计相应的清障机构，使其具有一定的清障功能，以提高矿用搜救机器人的行走通过能力。因此本章最后还介绍了矿用搜救机器人上装备的防爆型路面清障机械手。

3.2　矿用搜救机器人行走能力要求

在煤矿井下发生瓦斯 (煤尘) 爆炸、煤与瓦斯突出、矿井火灾、冒顶等灾害事故后，矿用搜救机器人必须能够进入灾区，探测并回传井巷中的甲烷、一氧化碳、氧气、温度、湿度、风速、风向、灾害场景以及呼救声讯等信息，因此必然在设计过程中对它的行走能力提出要求。

首先，煤矿井下区域大，巷道长，因此机器人必须有较大的搜索范围、较强的续航能力以及较高的运动速度。结合目前移动机器人技术的发展水平及井下搜救的实际需求，矿用搜救机器人的最大续航能力应不小于 2 km，工作时间不少于 2 h，最高运动速度不低于 1 m/s。

其次，由于井下灾后恶劣的地形情况，要求矿用搜救机器人能够具有较好的空间通过性、较强的越障性能以及对于特殊地面的通过能力。目前要求矿用搜救机器人能通过 800 mm×600 mm(宽 × 高) 的通道，最大上、下坡角度不小于 30°，最大上、下台阶高度不低于 200 mm，最大跨越沟道宽度不少于 400 mm，且至少能够通过 300 mm×10 m(深 × 长) 的积水区和 20 m×2 m(长 × 宽) 的碎石、沙、煤泥构成的特殊路面。

3.3 轮式行走机构及其运动学分析

轮式行走机构是应用最为普遍的行走机构,目前出现的轮式移动机器人主要有双轮、四轮、五轮、六轮、八轮等几种机器人。轮式行走机构特点是结构和控制都比较简单、移动速度较快,且具有较强的陆地机动能力,但是在非结构环境下轮式移动机器人的越障能力和运动平稳性存在缺陷。因此出现了三叶轮式行走机构,它既具备轮式行走机构的高运动效率也具有较好的越障性能。

3.3.1 普通轮式行走机构简介

典型的轮式行走机器人为美国 CMU 大学研制的 Nomad 机器人,如图 3-1 所示,Nomad 机器人具有四个独立驱动和转向轮,其行驶机构由可变形底盘、内部车体均化悬挂系统和自包含轮组成,提高了机器人的机动性、稳定性、操作性和可控性。它有三种转向模式,即差速转向、艾克曼转向和独立转向,根据不同的情况以不同的方式转向。此外科夫罗夫机电工厂生产的多功能超轻反恐机器人"越野车-TM5",如图 3-2 所示,也是比较典型的轮式机器人。

图 3-1　Nomad 机器人　　　　图 3-2　越野车-TM5

3.3.2 普通轮式行走机构运动学分析

轮式机器人一般采用差速驱动平台,其运动学分析模型如图 3-3 所示。在分析之前作以下几点假设。

(1) 平台的机身是刚性的。

(2) 轮与接触面法向垂直,始终接触。

(3) 轮与接触面不会出现轴向平行滑动。

(4) 两个驱动轮尺寸相同，且两轮轴心连线垂直于平台前后运动方向。

(5) 平台运动于二维平面。

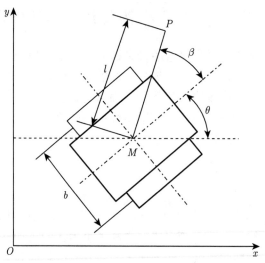

图 3-3　轮式机器人差速运动学分析模型

在上述假设条件下，移动平台的位姿使用广义坐标 $q = [x_P, y_P, \theta]^{\mathrm{T}}$ 表示，其中 (x_P, y_P) 是移动平台参考点 P 在平面上的投影，θ 为航向角，即前进方向与 x 轴夹角。b 为左右轮间距，r 为驱动轮半径，M 点为轴间连线的中心点，其坐标为 (x_M, y_M)；l 为 P 点与 M 点的距离，β 为直线 $|PM|$ 与移动平台中轴线间的夹角。则有下列关系：

$$
\begin{cases}
x_P = x_M + l\cos(\theta + \beta) \\
y_P = y_M + l\sin(\theta + \beta)
\end{cases}
\tag{3-1}
$$

式 (3-1) 对时间 t 求导得

$$
\begin{cases}
\dot{x}_P = \dot{x}_M - l\dot{\theta}\sin(\theta + \beta) \\
\dot{y}_P = \dot{y}_M + l\dot{\theta}\cos(\theta + \beta)
\end{cases}
\tag{3-2}
$$

对于图 3-3 所示的平台模型，可将两个驱动轮简化为居于轴线中点 M 处的单个驱动轮。假设单个驱动轮在地面上的运动为纯滚动，且在滚动过程中始终保持轮体与地面垂直。由于虚拟的驱动轮在地面上做无滑动的纯滚动，接触点的运动速度必然满足

$$
\frac{\dot{y}_M}{\dot{x}_M} = \tan\theta
\tag{3-3}
$$

即

$$\dot{x}_M \sin\theta - \dot{y}_M \cos\theta = 0 \tag{3-4}$$

由式 (3-2) 和式 (3-4) 可得

$$\dot{x}_P \sin\theta - \dot{y}_P \cos\theta + l\dot{\theta}\cos\beta = 0 \tag{3-5}$$

即

$$\begin{bmatrix} \sin\theta & -\cos\theta & l\cos\beta \end{bmatrix} \begin{bmatrix} \dot{x}_P \\ \dot{y}_P \\ \dot{\theta} \end{bmatrix} = 0 \tag{3-6}$$

式 (3-6) 是基于广义坐标系 $\boldsymbol{q} = [x_P, y_P, \theta]^{\mathrm{T}}$ 对系统进行描述的非完整运动约束方程。

设左、右驱动轮的角速度为 ω_{L} 和 ω_{R}，则有下列关系：

$$\begin{cases} \dot{x}_M = \dfrac{1}{2}(r\omega_{\mathrm{L}} + r\omega_{\mathrm{R}})\cos\theta \\[2mm] \dot{y}_M = \dfrac{1}{2}(r\omega_{\mathrm{L}} + r\omega_{\mathrm{R}})\sin\theta \\[2mm] \dot{\theta}_M = \dfrac{(r\omega_{\mathrm{R}} - r\omega_{\mathrm{L}})}{b} \end{cases} \tag{3-7}$$

结合式 (3-2) 和式 (3-7)，可得

$$\begin{cases} \dot{x}_P = \left[\dfrac{r}{2}\cos\theta + \dfrac{rl}{b}\sin(\theta+\beta)\right]\omega_{\mathrm{L}} + \left[\dfrac{r}{2}\cos\theta - \dfrac{rl}{b}\sin(\theta+\beta)\right]\omega_{\mathrm{R}} \\[2mm] \dot{y}_P = \left[\dfrac{r}{2}\sin\theta - \dfrac{rl}{b}\cos(\theta+\beta)\right]\omega_{\mathrm{L}} + \left[\dfrac{r}{2}\sin\theta + \dfrac{rl}{b}\cos(\theta+\beta)\right]\omega_{\mathrm{R}} \\[2mm] \dot{\theta} = \dfrac{r}{b}\omega_{\mathrm{R}} - \dfrac{r}{b}\omega_{\mathrm{L}} \end{cases} \tag{3-8}$$

即

$$\begin{bmatrix} \dot{x}_P \\ \dot{y}_P \\ \dot{\theta} \end{bmatrix} = \begin{bmatrix} \dfrac{r}{2}\cos\theta + \dfrac{rl}{b}\sin(\theta+\beta) & \dfrac{r}{2}\cos\theta - \dfrac{rl}{b}\sin(\theta+\beta) \\[2mm] \dfrac{r}{2}\sin\theta - \dfrac{rl}{b}\cos(\theta+\beta) & \dfrac{r}{2}\sin\theta + \dfrac{rl}{b}\cos(\theta+\beta) \\[2mm] -\dfrac{r}{b} & \dfrac{r}{b} \end{bmatrix} \begin{bmatrix} \omega_{\mathrm{L}} \\ \omega_{\mathrm{R}} \end{bmatrix} \tag{3-9}$$

式 (3-8) 是以 P 为参考点描述下的差动移动平台运动模型，其所受的非完整约束方程为式 (3-9)。当选择 M 点为 P 时，则平台的运动学模型和约束方程为

$$\begin{bmatrix} \dot{x}_M \\ \dot{y}_M \\ \dot{\theta} \end{bmatrix} = \begin{bmatrix} \dfrac{r}{2}\cos\theta & \dfrac{r}{2}\cos\theta \\ \dfrac{r}{2}\sin\theta & \dfrac{r}{2}\sin\theta \\ -\dfrac{r}{b} & \dfrac{r}{b} \end{bmatrix} \begin{bmatrix} \omega_L \\ \omega_R \end{bmatrix} \tag{3-10}$$

$$\dot{x}_M \sin\theta - \dot{y}_M \cos\theta = 0 \tag{3-11}$$

从式 (3-10) 可以看出，差速移动平台的广义坐标向量有三个分量——x、y 和 θ，而平台的控制分量是左右驱动轮的角速度 ω_L、ω_R，属于典型的非完整约束问题。在运动过程中，平台始终满足约束方程式 (3-9) 或式 (3-10)，即平台运动的瞬时速度方向与平台朝向完全相同。平台方向的改变是通过调节两个驱动轮之间的速度差值实现的。

平台的转弯半径 R 的计算如下。

根据式 (3-10) 和式 (3-11) 可知，M 点的线速度与角速度分别为

$$v_M = \sqrt{\dot{x}_M^2 + \dot{y}_M^2} = \frac{r}{2}(\omega_R + \omega_L) \tag{3-12}$$

$$\omega_M = \dot{\theta} = \frac{r}{b}(\omega_R - \omega_L) \tag{3-13}$$

又因为 $v_M = \omega_L R$，所以在 M 点处的转弯半径为

$$R = \frac{v_M}{\omega_M} = \frac{b}{2}\left|\frac{\omega_R + \omega_L}{\omega_R - \omega_L}\right| \tag{3-14}$$

由式 (3-14) 可得，当 $\omega_L = \omega_R$ 时，M 处驱动轮的角速度 $\dot{\theta} = 0$，转弯半径为无穷大，平台的运动方向为直线向前或向后；$\omega_L = -\omega_R$ 时，转弯半径为 0，即平台围绕 M 点做原地旋转运动。该移动平台的转弯半径可以从 0 到无穷大，并且只要设置左右两个驱动轮间差速就可以实现特定半径的转向。

3.3.3 三叶轮式行走机构简介

三叶轮式行走机构的主要优点是可以发挥出轮式机构运动效率高，转弯特性好的优势。同时相比传统轮式行走机构，三叶轮式行走机构具备主动自转、遇障碍后被动公转的性能，因此能够有效地跨越障碍和适应复杂地形，提高了其越障能力。由于在爬越连续台阶时，三叶轮式行走机构的性能受台阶的几何尺寸影响

较大，为减弱此影响，在矿用搜救机器人研发中采取两节铰接车体，六组三叶轮式机构，增强了行走机构的适应能力。图 3-4 所示为三叶轮式行走机构的矿用搜救机器人移动平台。

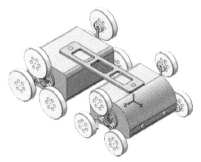

图 3-4　三叶轮式行走机构的矿用搜救机器人移动平台

3.3.4　三叶轮式行走机构运动学分析

当整体框架角速度为 0 时，也就是车体在水平平整路面上行走的时候，动力输入轮和车轮运行方向相同，这样车体就可以根据控制自由运动。当遇到障碍的时候，车轮被限制不动，输入轮与整体框架运行方向相同，车轮就通过整体转动翻越障碍。两种运行方式，如图 3-5 所示。

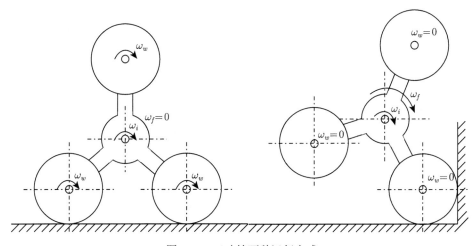

图 3-5　三叶轮两种运行方式

1. 主动自转

主动自转通过在三叶轮的轮叉中设置传动齿轮来实现，图 3-6 所示为三叶轮式行走机构自转传动示意图。如图所示，通过输入转速 ω_i 在齿轮中的传动，实现三个轮子均具有 ω_w 的转速。

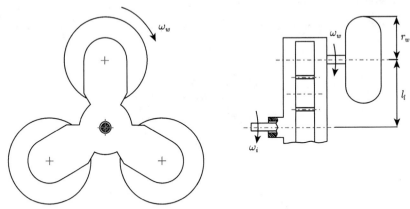

图 3-6　三叶轮式行走机构自转传动示意图

2. 遇障碍后被动公转

三叶轮式行走机构在通常的行驶过程中，三个轮子的转速为 ω_w，同时三叉型的轮叉具有角速度 Ω，如图 3-7 所示。

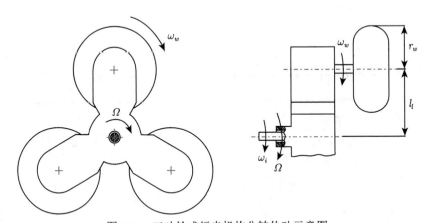

图 3-7　三叶轮式行走机构公转传动示意图

因此，在通常的行驶过程中，三叶轮系统的传动比为

$$k = \frac{\omega_w - \Omega}{\omega_i - \Omega} \tag{3-15}$$

轮叉的转速为

$$\Omega = \frac{k\omega_i - \omega_w}{k - 1}$$

显而易见,当三叶轮式行走机构走平路时 (即 $\Omega = 0$ 时),系统的传动比 $k = \omega_w/\omega_i$,即为输入输出端齿轮的传动比。

而当三叶轮式行走机构遇到障碍时,能够被动公转的前提是轮子不再在障碍表面行进,而是以触障轮的轮心为轴进行翻转,如图 3-8 所示。那么,触障轮的转速 (即三个轮的转速) $\omega_w = 0$。

图 3-8 三叶轮越障示意图

于是,三叉型轮叉翻转转速为

$$\Omega = \left.\frac{k\omega_i - \omega_w}{k - 1}\right|_{\omega_w=0} = \frac{k\omega_i}{k - 1} \tag{3-16}$$

三叉型轮叉的中心翻转速度 $v_{ac} = \Omega l_l = \frac{k\omega_i}{k - 1} l_l$,其中,$l_l$ 为轮叉的长度。

若使三叉型轮叉具有翻转的能力,则 v_{ac} 的值应与运动方向相同,即为正。那么式 (3-16) 为正的前提为:传动比 $k > 1$。

这个传动比就等于三叉型轮叉平动时齿轮间的传动比,所以要求三叶轮轮叉中所设置的传动齿轮必须输入输出同向,而且是一个增速的传动。

为了分析三叶轮式行走机构的动力学性能,应用 Adams 和 MATLAB 对三叶轮式行走机构翻越障碍的过程进行了动力学仿真,仿真结果如图 3-9 所示。

传统三叶轮式行走机构受限于固定的轮叉半径与轮子直径,在跨越某些具有特定几何尺寸的障碍时 (如特定几何尺寸的连续台阶),有可能发生卡死或双轮悬空的现象。对此设计了一种可变形轮叉,通过两节相互铰接的轮叉之间的转动来改变三叶轮叉的半径,以适应不同几何尺寸的障碍。图 3-10 所示为变尺寸三叶轮式结构。

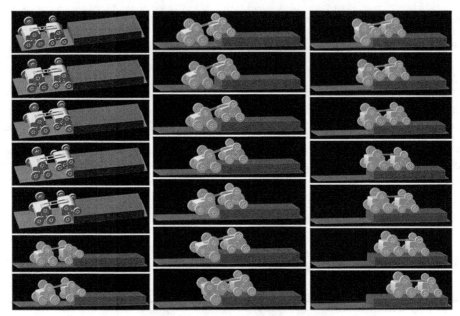

图 3-9　跨越障碍仿真截图

(a) 最大轮叉半径　　　　　　　(b) 最小轮叉半径

图 3-10　变尺寸三叶轮式结构

　　图 3-11 所示为矿用搜救机器人研发参与单位中国科学院沈阳自动化研究所研制的三叶轮式矿用搜救机器人样机。三叶轮式行走机构左右各三组，对称布置，解决了六轮差速原地转向问题；三叶轮式行走机构遇到障碍可自动公转或自转，结合后节箱体的行走驱动可显著提高机器人的越障能力。机器人本体尺寸 1525 mm ×800 mm×460 mm；自重 280 kg；最大速度 0.5 m/s；功率 400 W×6。

　　3. 三叶轮式行走机构运动性能测试

　　为了测试三叶轮式行走机构的运动性能，分别对三叶轮式矿用搜救机器人进行了垂直障碍攀爬、斜坡攀爬、跨越壕沟、复杂地形行走以及连续台阶的攀爬等性能测试，如图 3-12 所示。

传感器　光纤舱　　　　　　　　　　后车厢

前置摄像头

前车厢　　　　　　　三叉轮机构

图 3-11　三叉轮式矿用搜救机器人样机

(a) 跨越壕沟　　　　　　　(b) 复杂地形行走　　　　　　(c)上下连续台阶

图 3-12　三叉轮式行走机构运动性能测试试验

试验结果显示，三叉轮式机器人行走时可以适应路面形状翻转，可做原地转弯动作，因此能够较好地在复杂路面上行走；由于驱动轮组较多，机器人能够保证在单个轮组悬空或遇水打滑的情况下提供足够的动力。该行走机构的机器人能攀爬大于 215 mm 高的单级台阶，攀爬 145 mm×325 mm 的连续台阶，越过大于 450 mm 宽的壕沟，攀爬 20° 的斜坡。实验证明该三叉轮式行走机构能够较好地适应煤矿井下的特殊环境。

3.4　履带式行走机构及其运动学分析

履带式行走机构的优势在于对于地面的适应能力强、适合松软地面行走、具有较好的通过性能，因此履带式行走机构是目前煤矿井下移动机器人行走机构的主要形式。常见的履带式行走机构主要有普通双履式履带行走机构、单摆臂式履带行走机构和双摆臂式履带行走机构等，为了减少履带与地面的接触面积，增加机器人转弯的灵活性，以及提高机器人的越障和在颠簸地形上的通过能力，本课题组研发了更能适应煤矿井下环境的倒梯形弹簧履带式行走机构和 W 形履带式行走机构两种矿用搜救机器人行走机构[1]。

3.4.1　倒梯形弹簧履带式行走机构

倒梯形弹簧履带式行走机构是在履带中引入了弹簧元件，从而显著提高了履带的减震性能，使其具有抗碎石干扰的能力。从而具有高通过性及高减震性能，更加适合井下煤渣碎石较多的情况。此外为了增加履带式行走机构的越障和爬坡能力，在履带机构中增加了自动变速装置，从而使得这种行走机构可以在平坦路面保持高速运动，在崎岖或者坡度路面保持较好的通过能力。

倒梯形弹簧履带式行走机构的传动系统主要是履带单元的传动系统，因此专门设计了一套基于双驱动形式的非独立履带悬架系统[2]，并针对该行走系统设计了基于驱动电机电流的驱动控制系统，可以针对不同地形实现单驱 (前驱动电机工作) 或双驱 (前后驱动电机同时工作)，增加了机器人对灾后地形的适应性[3]。行走机构结构简图如图 3-13 所示[4]。

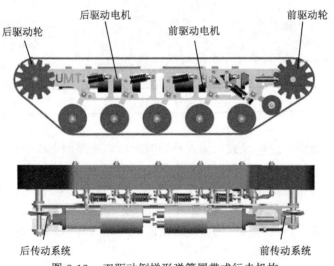

图 3-13　双驱动倒梯形弹簧履带式行走机构

图 3-14 所示为倒梯形弹簧履带式行走机构的矿用搜救机器人移动平台。该移动平台的外形尺寸为 1200 mm×790 mm×500 mm，重量约为 300 kg。

图 3-14 倒梯形弹簧履带式矿用搜救机器人移动平台

3.4.2 履带式行走机构运动学分析

图 3-15 为履带机器人平面运动示意图 [5]，图中表明了大地坐标系 (OXY) 和本体坐标系 (oxy)。左右履带间的中心距为 b，履带的接地长度为 L，机器人的航向角为 θ，以 OX 为基准，逆时针为正方向。假设机器人质心位于机身的几何中心，从本体坐标系到大地坐标系的转换矩阵为

$$A = \begin{bmatrix} \cos\theta & \sin\theta \\ -\sin\theta & \cos\theta \end{bmatrix} \tag{3-17}$$

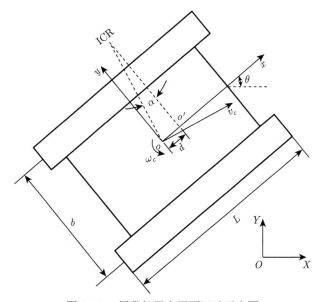

图 3-15 履带机器人平面运动示意图

从整体看，履带机器人的运动可以被视为围绕一个瞬时转动中心 ICR (Instantaneous Centre of Rotation) 做圆周运动，其线速度为 v_c，角速度为 ω_c。不存在滑动效应时，ICR 与 oxy 坐标系中的原点 o 重合。当考虑滑动效应时，ICR 应该相对于 oy 轴有偏移。

用 o' 表示 ICR 在本体坐标系 ox 轴上的投影，d 表示偏移量 oo'，α 表示 ICR 到原点 o 的直线与 oy 轴的夹角，α、d 的符号与 o' 的位置相关。r' 表示 ICR 相对于 o' 的旋转半径，r'' 表示 ICR 相对于 o 的旋转半径。则

$$r'' = \frac{v_c}{\omega_c}, \quad r' = \frac{v_x}{\omega_c} \tag{3-18}$$

o' 在 ox 正半轴上为正，在 ox 负半轴上为负，当 o' 与 o 点重合时为零，即不存在滑动。定义侧向滑动因子 σ 用来描述侧向滑动效应，其定义如下：

$$\sigma = \tan \alpha \tag{3-19}$$

同时，也可以使用 d 作为侧向滑动效应的一种描述，σ 与 d 之间存在如下关系：

$$\sigma = \frac{d}{r^2} = -\frac{v_y}{v_x} = \frac{d\omega_c}{v_x} \tag{3-20}$$

式中，偏移量 d 不能超出履带驱动轮轴线的范围，即 $|d| \leqslant L/2 - r$，否则机器人将沿横向一直滑下去而失去控制。

纵向的滑动可用左、右履带的滑动比 i_L、i_R 表示：

$$i_L = \frac{r\omega_L - v_x}{r\omega_L} \tag{3-21}$$

$$i_R = \frac{r\omega_R - v_x}{r\omega_R} \tag{3-22}$$

履带机器人纵向和横向上的滑动效应用三个参数表示：i_L、i_R、σ (或 d)。当履带机器人在不同材质表面上行驶时，三个滑动参数也将发生变化。滑动参数为零时，表示无滑动效应；大于零为加速滑动；小于零为减速滑动。由于滑动参数的引入，可以忽略复杂地形的材质，地面对履带机器人运动所产生的滑动效应通过简单明了的滑动参数表示，从而简化运动模型[6]。

履带机器人在相对坐标系中的运动学方程可以表示为

$$\dot{x} = v_x \tag{3-23}$$

$$\dot{y} = v_y = -v_x\sigma = -d\omega_c \tag{3-24}$$

$$\dot{\theta} = \omega_c \tag{3-25}$$

以两边履带的转速 ω_{L}、ω_{R} 为输入，其运动学方程为

$$v_x = \frac{r\omega_{\text{L}}\left(1-i_{\text{L}}\right)+r\omega_{\text{R}}\left(1-i_{\text{R}}\right)}{2} \tag{3-26}$$

$$v_y = -v_x\sigma = -\frac{r\omega_{\text{L}}\left(1-i_{\text{L}}\right)+r\omega_{\text{R}}\left(1-i_{\text{R}}\right)}{2}\sigma \tag{3-27}$$

$$\omega_c = \frac{-r\omega_{\text{L}}\left(1-i_{\text{L}}\right)+r\omega_{\text{R}}\left(1-i_{\text{R}}\right)}{b} \tag{3-28}$$

将式 (3-23) ∼ 式 (3-25) 代入式 (3-26)∼ 式 (3-28) 可得相对坐标系中的运动学方程：

$$\dot{x} = \frac{r\omega_{\text{L}}\left(1-i_{\text{L}}\right)+r\omega_{\text{R}}\left(1-i_{\text{R}}\right)}{2} \tag{3-29}$$

$$\dot{y} = -\frac{r\omega_{\text{L}}\left(1-i_{\text{L}}\right)+r\omega_{\text{R}}\left(1-i_{\text{R}}\right)}{2}\sigma \tag{3-30}$$

$$\dot{\theta} = \frac{-r\omega_{\text{L}}\left(1-i_{\text{L}}\right)+r\omega_{\text{R}}\left(1-i_{\text{R}}\right)}{b} \tag{3-31}$$

通过旋转矩阵 $\boldsymbol{A}$，将相对坐标系中的运动学方程转变为全局坐标系方程：

$$\begin{bmatrix} \dot{X} \\ \dot{Y} \\ \dot{\theta} \end{bmatrix} = \begin{bmatrix} \dfrac{r\omega_{\text{L}}\left(1-i_{\text{L}}\right)+r\omega_{\text{R}}\left(1-i_{\text{R}}\right)}{2}(\cos\theta+\sigma\sin\theta) \\ \dfrac{r\omega_{\text{L}}\left(1-i_{\text{L}}\right)+r\omega_{\text{R}}\left(1-i_{\text{R}}\right)}{2}(\sin\theta-\sigma\cos\theta) \\ \dfrac{-r\omega_{\text{L}}\left(1-i_{\text{L}}\right)+r\omega_{\text{R}}\left(1-i_{\text{R}}\right)}{b} \end{bmatrix} \tag{3-32}$$

式中，X、Y 表示机器人在全局坐标系中的位置。

如采用 d 表示侧滑效应，则全局坐标系下的运动学方程为

$$\begin{bmatrix} \dot{X} \\ \dot{Y} \\ \dot{\theta} \end{bmatrix}$$

$$= \begin{bmatrix} \dfrac{r\omega_{\text{L}}\left(1-i_{\text{L}}\right)+r\omega_{\text{R}}\left(1-i_{\text{R}}\right)}{2}\cos\theta+\dfrac{-r\omega_{\text{L}}\left(1-i_{\text{L}}\right)+r\omega_{\text{R}}\left(1-i_{\text{R}}\right)}{2}d\sin\theta \\ \dfrac{r\omega_{\text{L}}\left(1-i_{\text{L}}\right)+r\omega_{\text{R}}\left(1-i_{\text{R}}\right)}{2}\sin\theta-\dfrac{-r\omega_{\text{L}}\left(1-i_{\text{L}}\right)+r\omega_{\text{R}}\left(1-i_{\text{R}}\right)}{2}d\sin\theta \\ \dfrac{-r\omega_{\text{L}}\left(1-i_{\text{L}}\right)+r\omega_{\text{R}}\left(1-i_{\text{R}}\right)}{b} \end{bmatrix} \tag{3-33}$$

式 (3-32) 和式 (3-33) 即为包含滑动效应的运动学模型。

为了测试倒梯形弹簧履带式行走机构的运动性能, 分别对倒梯形弹簧履带式行走机构矿用搜救机器人移动平台进行了水泥路面行走续航、行走速度、上下垂直台阶、上下连续台阶、攀爬斜坡、跨越壕沟、复杂地形行走等性能测试试验, 以下是部分试验内容 [7,8]。

单级台阶的测试过程如图 3-16 所示。该试验测试行走机构攀爬垂直障碍的能力, 同时检测自适应控制程序对于突变信号的有效性。台阶高度为 150 mm, 路面为优质的硬质路面, 机器人不会沉陷。测试过程中, 当机器人前驱动轮接触到台阶后, 前驱动系统所提供的力矩不足以跨越台阶, 从而产生堵转电流, 当堵转电流持续 Δt 时间后, 满足程序所设定的稳定性判断条件, 两个驱动系统同时运行, 机器人成功爬越台阶。

图 3-16　上单级台阶试验

爬坡的测试过程如图 3-17 所示。该试验测试行走机构攀爬斜坡障碍和在松软路面上行走的能力, 同时检测机器人控制程序在一定干扰下对于缓变信号的有效性。斜坡所在的路面为较松软的泥土。机器人在此种路面行走时, 外阻力会不断地波动。机器人行走至斜坡之前, 前驱动系统工作, 电机电流不断地发生变化, 但不足以满足切换条件。当机器人开始攀爬斜坡时, 机器人速度明显放慢, 此时因为惯性作用机器人不会停止前进, 但前电机电流急剧增加, 经过稳定性判断同时满足切换条件后, 两个驱动系统同时运行, 机器人顺利通过斜坡。

石子堆行走的测试过程如图 3-18 所示。该试验测试行走机构对砂石路面的适应能力, 同时用以检测机器人控制程序对于复杂信号的有效性。石子堆相对松散, 而机器人自身质量较重, 当机器人行驶到石子堆上时, 机器人会发生沉陷。机器人在穿越石子堆的过程中, 会不断地重复爬坡与沉陷的状态。因此, 驱动电机的电流会发生较大的变化。但是, 在实际过程中, 机器人在一开始从速度模式转换为扭矩模式后，后面就没有发生驱动模式的改变。虽然在穿越石子堆过程中，电流变化较大，但是持续时间短，不满足稳定性判断条件，因此没有出现切换错乱的现象。

图 3-17 爬坡试验

图 3-18 石子堆行走试验

倒梯形弹簧履带式矿用搜救机器人运动性能测试结果如表 3-1 所示。

表 3-1 倒梯形弹簧履带式机器人运动性能测试结果

性能	参数
最大续航能力	12 km(速度模式)/4.2 km(扭矩模式)
最高运行速度	1.3 m/s
最大上、下坡角度	32°
最大上、下台阶高度	220 mm
上、下连续台阶能力 (高度 × 跨度)	(不小于 150 mm)×(不大于 280 mm)
最大跨越沟道宽度	600 mm

3.4.3　W 形履带式行走机构简介

履带式行走机构与地面的接触面积较大，转弯灵活性欠佳，因此在矿用搜救机器人研发中设计了一种 W 形履带式行走机构，该行走机构与地面接触面积较小，且与台阶、斜坡等障碍物接触面积较大，因此表现出较好的越障能力和较强的地形自适应能力。

图 3-19 所示为 W 形履带机器人行走机构的结构图 [9]，该机构具有独立履带悬架系统 [10]，由左右 W 形履带悬架、差动平衡机构及主车体组成。W 形履带悬架采用了两条固定的履带通过摇架固定支撑，并通过链传动连接而成，每条履带上部均安装了改向张紧轮装置，使得两条履带组合成非对称的 W 形。差动平衡机构采用了连杆式差动机构，其横向摆杆与主车体铰接，横向摆杆的两端通过球面副与两连杆连接，两连杆的另一端与左右 W 形履带悬架通过球面副连接。

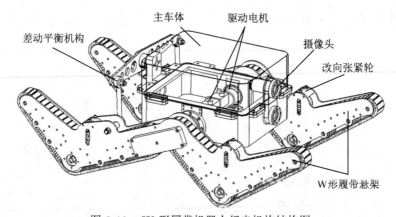

图 3-19　W 形履带机器人行走机构结构图

3.4.4　W 形履带式行走机构运动学分析

W 形履带式行走机构在平地上运动时，其四只触地履带轮着地，采取差分驱动的方式实现转弯等运动。差分驱动的机器人移动平台通常有双轮差分、左右两侧车轮差分、左右两侧履带差分等形式。其运动机制是相同的，通常具有相同或相似的运动学模型。因此，这里仅以双轮差分平台为例对差分驱动的运动机制和运动模型进行分析 [11]。

采用双轮差分驱动方式的机器人移动平台运动分析示意图如图 3-20 所示。对于该平台作如下假设：

(1) 平台具有刚性外壳，且两个轮子不变形；

(2) 轮面与接触面垂直并保持点接触，忽略所有轮的厚度对于平台厚度的影响；

(3) 轮子与接触面间不发生与轴向平行的滑动，只发生绕轮轴方向的纯滚动；

(4) 平台在二维平面内运动;

(5) 两个驱动轮具有相同的尺寸,且两轮轴心连线同平台的前后运动方向相垂直。

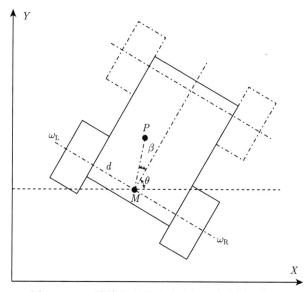

图 3-20 双轮差分驱动移动平台运动分析示意图

在上述假设下,移动平台的位姿可由广义坐标向量 $\boldsymbol{q} = [x_P, y_P, \theta]^{\mathrm{T}}$ 表示,其中 (x_P, y_P) 为平台参考点 P 在二维平面内的投影坐标,θ 为平台的航向角,即平台前进方向同坐标系 X 轴之间的夹角。在图 3-20 中,进一步假设两驱动轮之间的轴间距为 d,驱动轮半径为 r,轴间连线的中心点为 M,其坐标为 (x_M, y_M);参考点 P 到 M 之间的距离为 l,直线 PM 同平台中轴线之间的夹角为 β。则根据图 3-20 可得

$$\begin{cases} x_P = x_M + l\cos(\theta + \beta) \\ y_P = y_M + l\sin(\theta + \beta) \end{cases} \tag{3-34}$$

对上面两个方程的左右两边分别对时间 t 求导得

$$\begin{cases} \dot{x}_P = \dot{x}_M - l\dot{\theta}\sin(\theta + \beta) \\ \dot{y}_P = \dot{y}_M + l\dot{\theta}\cos(\theta + \beta) \end{cases} \tag{3-35}$$

对于图 3-20 所示的移动平台模型,可将两个驱动轮简化为居于轴连线中点 M 处的单个驱动轮,该虚拟单轮系统所受非完整约束为

$$\dot{x}_M \sin\theta - \dot{y}_M \cos\theta = 0 \tag{3-36}$$

结合式 (3-35) 和式 (3-36) 可得

$$\dot{x}_P \sin\theta - \dot{y}_P \cos\theta + l\dot{\theta}\cos\beta = 0 \tag{3-37}$$

即

$$[\sin\theta \quad -\cos\theta \quad l\cos\beta]\begin{bmatrix} \dot{x}_P \\ \dot{y}_P \\ \dot{\theta} \end{bmatrix} = 0 \tag{3-38}$$

式 (3-38) 即为将参考点 P 的坐标和航向角 θ 作为广义坐标对系统进行描述的，系统所受的非完整运动约束方程。

设左、右两轮的旋转速度分别为 ω_{L} 和 ω_{R}，则存在以下关系：

$$\begin{cases} \dot{x}_M = \dfrac{1}{2}(r\omega_{\mathrm{L}} + r\omega_{\mathrm{R}})\cos\theta \\[2mm] \dot{y}_M = \dfrac{1}{2}(r\omega_{\mathrm{L}} + r\omega_{\mathrm{R}})\sin\theta \\[2mm] \dot{\theta} = \dfrac{r\omega_{\mathrm{R}} - r\omega_{\mathrm{L}}}{d} \end{cases} \tag{3-39}$$

结合式 (3-35) 和式 (3-39) 可得

$$\begin{cases} x_P = \left[\dfrac{r}{2}\cos\theta + \dfrac{rl}{d}\sin(\theta+\beta)\right]\omega_{\mathrm{L}} + \left[\dfrac{r}{2}\cos\theta - \dfrac{rl}{d}\sin(\theta+\beta)\right]\omega_{\mathrm{R}} \\[2mm] \dot{y}_P = \left[\dfrac{r}{2}\sin\theta - \dfrac{rl}{d}\cos(\theta+\beta)\right]\omega_{\mathrm{L}} + \left[\dfrac{r}{2}\sin\theta + \dfrac{rl}{d}\cos(\theta+\beta)\right]\omega_{\mathrm{R}} \\[2mm] \dot{\theta} = \dfrac{r}{d}\omega_{\mathrm{R}} - \dfrac{r}{d}\omega_{\mathrm{L}} \end{cases} \tag{3-40}$$

即

$$\begin{bmatrix} \dot{x}_P \\ \dot{y}_P \\ \dot{\theta} \end{bmatrix} = \begin{bmatrix} \dfrac{r}{2}\cos\theta + \dfrac{rl}{d}\sin(\theta+\beta) & \dfrac{r}{2}\cos\theta - \dfrac{rl}{d}\sin(\theta+\beta) \\[2mm] \dfrac{r}{2}\sin\theta - \dfrac{rl}{d}\cos(\theta+\beta) & \dfrac{r}{2}\sin\theta + \dfrac{rl}{d}\cos(\theta+\beta) \\[2mm] -\dfrac{r}{d} & \dfrac{r}{d} \end{bmatrix}\begin{bmatrix} \omega_{\mathrm{L}} \\ \omega_{\mathrm{R}} \end{bmatrix} \tag{3-41}$$

式 (3-41) 即为以 P 为参考点描述下的双轮差动移动平台运动模型，其所受的非完整约束方程为式 (3-38)。当 P 选择为点 M 时，平台的运动学模型和约束

方程可分别简化为

$$
\begin{bmatrix} \dot{x}_M \\ \dot{y}_M \\ \dot{\theta} \end{bmatrix} = \begin{bmatrix} \dfrac{r}{2}\cos\theta & \dfrac{r}{2}\cos\theta \\ \dfrac{r}{2}\sin\theta & \dfrac{r}{2}\sin\theta \\ -\dfrac{r}{d} & \dfrac{r}{d} \end{bmatrix} \begin{bmatrix} \omega_L \\ \omega_R \end{bmatrix} \tag{3-42}
$$

和

$$
\dot{x}_M \sin\theta - \dot{y}_M \cos\theta = 0 \tag{3-43}
$$

由上述运动学模型可知，移动平台的广义坐标向量 (也可理解为状态向量) 有三个分量——x、y 和 θ，而平台的控制分量只有左右两个驱动轮的旋转角速度 ω_L 和 ω_R，这是典型的非完整约束问题。平台在运动过程中，约束方程式 (3-37) 或式 (3-43) 始终满足，这就意味着平台运动的瞬时速度方向同平台朝向完全相同。平台方向的改变只能通过两个轮子之间的速度差值实现，而平台运动轨迹则由一系列绕瞬时圆心旋转的小段圆弧组成。

根据式 (3-39)，M 点的线速度和角速度分别为

$$
v_M = \sqrt{\dot{x}_M^2 + \dot{y}_M^2} = \frac{r}{2}(\omega_R + \omega_L) \tag{3-44}
$$

$$
\omega_M = \dot{\theta} = \frac{r}{d}(\omega_R - \omega_L) \tag{3-45}
$$

因为 $v_M = \omega_M R$，可得平台 M 点处的转弯半径为

$$
R = \frac{v_M}{\omega_M} = \frac{d}{2}\left|\frac{\omega_R + \omega_L}{\omega_R - \omega_L}\right| \tag{3-46}
$$

由式 (3-46) 可以看出：当 $\omega_L = \omega_R$ 时，旋转角速度 $\dot{\theta} = 0$，转弯半径为无穷大，平台做前后方向上的直线运动；当 $\omega_L = -\omega_R$ 时，转弯半径等于 0，平台围绕 M 点做原地旋转运动。转弯半径可以从 0 到无穷大变化，这是双轮独立驱动的一个显著特点。

W 形履带式行走机构运动性能测试 [9] 如下。

1. 在实验室内越障性能测试

在实验室内，利用地形模拟试验架对 W 形履带机器人攀爬台阶、爬越沟道和在起伏地形上行走的性能进行验证性测试，如图 3-21 所示。图 (a) 为机器人攀爬垂直台阶的情形，机器人可以顺利地攀爬过 250 mm 高的独立垂直台阶，实验

室内机器人可攀爬台阶的最大高度为 320 mm。对于图 (b) 所示的有斜坡过渡的短斜坡台阶，机器人也能轻松攀爬。图 (c) 为机器人攀爬不同坡度与跨度的连续台阶的试验。图 (d) 为机器人跨越沟道测试，在实验室内机器人能攀爬 490 mm 宽的沟道。图 (e) 为机器人在模拟起伏地面上的行走试验，机器人可顺利穿过交错布置的两组波浪形试验架，机器人的左右两 W 形履带悬架随地形起伏而摆动，且机器人的主车体平稳性好。

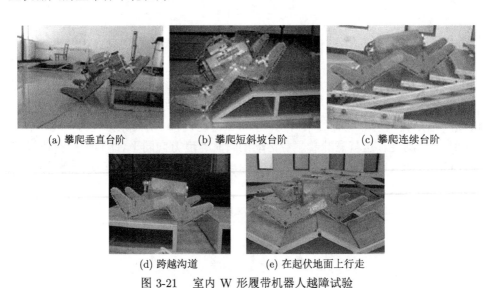

(a) 攀爬垂直台阶   (b) 攀爬短斜坡台阶   (c) 攀爬连续台阶

(d) 跨越沟道   (e) 在起伏地面上行走

图 3-21   室内 W 形履带机器人越障试验

2. 在楼梯、台阶及建筑废墟上运动性能测试

对 W 形履带机器人爬室内楼梯、室外台阶和在建筑工地废墟上行走性能进行测试，如图 3-22 所示。测试结果表明，W 形履带式行走机构的机器人无论对规则结构的台阶还是对非结构地形都表现出良好的运动性能。

(a) 攀爬室内楼梯   (b) 攀爬室外台阶   (c) 在废墟上行走

图 3-22   机器人爬楼梯、室外台阶及在建筑工地废墟上行走试验

3.5 复合式行走机构及其运动学分析

行走机构都有各自的优缺点,因此研究者尝试将不同的行走机构相互结合,从而增加其整体的运动效率和通过性能。包括轮履复合行走机构、摆臂式行走机构以及轮腿复合行走机构等。

3.5.1 轮履复合行走机构

轮履复合行走机构同时拥有轮式和履带式行走机构,两种行走机构能够互相切换或互相辅助,此种结构同时拥有轮式和履带式行走机构的优点。

图 3-23 所示为美国 Remotec 公司研制的 Andros 系列机器人,其行走机构由 4 个车轮和 2 组履带组成,可以快速拆装更换不同部件,组件均采用模块化设计。图 3-24 所示为东北林业大学研制的轮履复合侦察机器人[12],其主要组成为主动轮、被动轮、辅助轮、同步履带等。主动轮和被动轮采用模块化设计,同步履带是一条双面齿同步带,内侧齿用于将主动轮驱动力传递给被动轮,外侧齿增加与地面的摩擦力,提高机器人的越障性能,辅助轮用来支撑和张紧同步带。

图 3-23 Andros 机器人   图 3-24 轮履复合侦察机器人

轮履复合行走机构可根据周围环境切换行走方式,当周围路面状况较好时应采用轮式行走机构,可以保证行走速度,转弯比较灵活。其运动学分析同轮式行走机构。当周围路面状况比较崎岖时,可将轮子抬起,切换为履带式行走机构,以增强其越障和爬坡的能力。其运动学分析与单独履带行走机构的运动学分析相同。

3.5.2 摆臂式行走机构

摆臂式行走机构可以提高履带式行走机构的越障性能,将两段履带拼接在一起,一段是主履带,一段是摆臂履带,摆臂履带平时摆起以降低阻力,在遇到障碍时，摆臂作为延长履带与障碍物接触，增加越障驱动力。摆臂关节一般为单独驱动，并单独控制，通过安装在机器人前端的传感器采集周围环境的信息，反馈给控制系统，控制系统发出指令给驱动电机，电机驱动摆臂运动，通过主动控制的方式变换摆臂的位置，以适应非结构地形环境的变化。

图 3-25 所示为 iRobot 公司研发的 Packbot 机器人，图 3-26 所示为中国矿业大学研发的 CUMT-Ⅱ 型煤矿环境探测机器人，均采用了摆臂式行走机构。

图 3-25　Packbot 机器人

图 3-26　CUMT-Ⅱ 型机器人

摆臂机器人攀爬台阶越障分析 [9] 如下。

建立图 3-27 所示的以机器人后履带轮轴心为坐标原点的坐标系 xO_1y，设机器人主履带部分前后两履带轮 O_1O_2 的间距为 l_0，主体部分质量为 m_1，质心 G_1 的坐标为 (l_1, h_1)，在攀越典型障碍时，需两摆臂同步摆动，因此设两摆臂的质量为 m_2，质心为 G_2，处于摆臂中心线 O_2O_3 上，距离前履带轮轴心 O_2 的长度为 l_2，设摆臂两履带轮轴心 O_2O_3 的间距为 l_3，摆臂的摆角为 θ，且 $\theta \in [0, 2\pi]$，设主体履带轮半径为 R，摆臂前履带轮半径为 r，均含履带厚度，机器人宽度为 b，则机器人的质心 $G(x_G, y_G)$ 的坐标为

$$\begin{cases} x_G = \dfrac{m_1l_1 + m_2l_0}{m_1 + m_2} + \dfrac{m_2l_2}{m_1 + m_2}\cos\theta \\[3mm] y_G = \dfrac{m_1h_1}{m_1 + m_2} + \dfrac{m_2l_2}{m_1 + m_2}\sin\theta \end{cases} \tag{3-47}$$

摆臂履带机器人的质心满足以下关系：

$$\left(x_G - \frac{m_1l_1 + m_2l_0}{m_1 + m_2}\right)^2 + \left(y_G - \frac{m_1h_1}{m_1 + m_2}\right)^2 = \left(\frac{m_2l_2}{m_1 + m_2}\right)^2 \tag{3-48}$$

机器人的质心随着摆臂摆角 θ 变化的轨迹是以 $\left(\dfrac{m_1 l_1 + m_2 l_0}{m_1 + m_2}, \dfrac{m_1 h_1}{m_1 + m_2} \right)$ 为

圆心，以 $r_O = \dfrac{m_2 l_2}{m_1 + m_2}$ 为半径的圆。

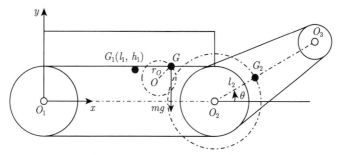

图 3-27　摆臂机器人质心轨迹

摆臂机器人攀爬台阶的过程如图 3-28 所示，机器人借助摆臂的初始摆角，在履带机构的驱动下，使其主履带前端搭靠在台阶的外角线上，机器人继续移动，驱动摆臂顺时针摆动，当机器人质心线越过台阶外角线时，机器人以该外角线为支线向台阶上平面翻转，则机器人成功攀越台阶。

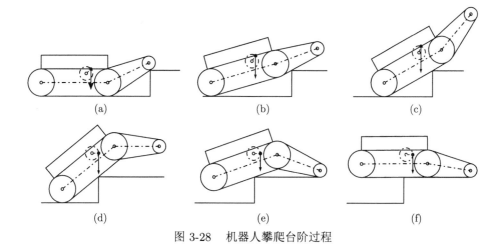

图 3-28　机器人攀爬台阶过程

图 3-29 为机器人质心跨过台阶外角线时的状态图，当机器人的质心位置为过台阶外角线的垂线与机器人的质心轨迹相切时的切点时，最有利于机器人攀爬台阶。因此，机器人摆臂中心线保持水平时，机器人攀爬台阶的高度存在最大值，此时，摆臂的摆角 θ 与机器人仰角 α 存在以下关系：

$$\alpha + \theta = 2\pi \tag{3-49}$$

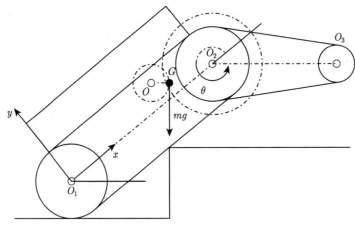

图 3-29   机器人质心跨过台阶外角线

将 $l = x_G$, $h = y_G$, $R = R$ 代入高度求解公式, 可以求出机器人攀爬台阶的最大高度为

$$H(\theta, \alpha)_{\max} = R + x_G \sin \alpha + y_G \cos \alpha - \frac{y_G + R}{\cos \alpha} \tag{3-50}$$

3.5.3 轮腿复合行走机构

轮腿复合行走机构作为复合行走机构的一种, 兼有轮式行走机构和腿式行走机构的优点。根据地形的不同采用不同的行走方式, 当机器人工作在平整地形时主要依靠轮式机构前进, 当机器人在复杂的非结构环境中作业时采用轮腿复合式机构, 显著提高了机器人的地形适应能力。由于其具有适应地形能力强、能耗低、速度快等优点, 近年来得到了迅速的发展, 已广泛应用于排爆救援、监测和外形探测等领域。典型的轮腿复合式机器人包括中国 "祝融号" 火星探测车 [13], 如图 3-30 所示; 巴黎第六大学 (UPMC) 研制的四轮腿机器人 [14], 如图 3-31 所示。其他著名的轮腿复合式机器人有 AZIMUT 机器人与 HYBRID 机器人等。

轮腿复合行走机构运动时要根据各传感器所得移动机器人姿态, 结合质心模型得出质心位置。越障期间, 摆腿与摆箱在不断运动, 直接影响机器人质心位置的变化, 因此需将摆腿与摆箱的运动情况纳入质心运动学模型中。机器人空间运动学模型如图 3-32 所示。通过 RPY(横滚、俯仰和偏转) 坐标变化 [15,16] 可得车体坐标系与地面坐标系之间的变换矩阵为

$$^0\boldsymbol{T}_{01} = \mathrm{RPY}(\alpha_1, \alpha_2, \alpha_3) = \mathrm{Rot}(z, \alpha_1)\,\mathrm{Rot}(y, \alpha_2)\,\mathrm{Rot}(x, \alpha_3)$$

$$= \begin{bmatrix} c\alpha_2 c\alpha_3 & c\alpha_3 c\alpha_1 s\alpha_2 - c\alpha_1 s\alpha_2 & s\alpha_1 s\alpha_3 + c\alpha_1 c\alpha_3 s\alpha_2 & 0 \\ c\alpha_2 s\alpha_3 & c\alpha_1 c\alpha_3 + s\alpha_1 s\alpha_2 s\alpha_2 & c\alpha_1 s\alpha_2 s\alpha_3 - c\alpha_3 s\alpha_1 & 0 \\ -s\alpha_2 & c\alpha_2 s\alpha_1 & c\alpha_1 c\alpha_2 & 0 \\ 0 & 0 & 0 & 1 \end{bmatrix} \tag{3-51}$$

图 3-30 "祝融号"火星探测车

图 3-31 UPMC 机器人

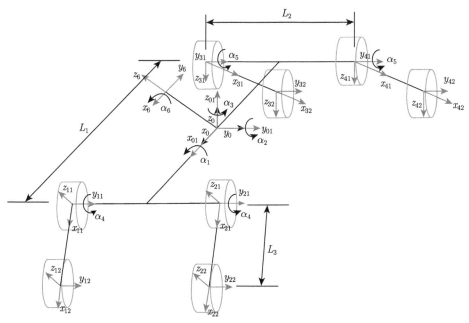

图 3-32 机器人空间运动学模型

机器人质心运动学模型如下：

$$\begin{cases} x_{cm} = \sum_{j=1}^{k} (m_j x_j) \Big/ \sum_{j=1}^{k} m_j \\ y_{cm} = \sum_{j=1}^{k} (m_j y_j) \Big/ \sum_{j=1}^{k} m_j \\ z_{cm} = \sum_{j=1}^{k} (m_j z_j) \Big/ \sum_{j=1}^{k} m_j \end{cases} \tag{3-52}$$

越障期间，机器人前后摆腿同时摆动改变机器人运动姿态通过障碍。机器人攀爬凸台时涉及前后摆腿同时运动，是所有运动姿态中最为复杂的，机器人攀爬凸台时，其姿态运动学公式进行坐标转化后为

$$\begin{cases} {}^0\boldsymbol{T}_4 = {}^0\boldsymbol{T}_1\,{}^1\boldsymbol{T}_2\,{}^2\boldsymbol{T}_3\,{}^3\boldsymbol{T}_4 \\ {}^0\boldsymbol{T}_1 = \mathrm{Rot}\,(z,\alpha_1) \\ {}^1\boldsymbol{T}_2 = \mathrm{Trans}\,(x,L_3)\,\mathrm{Rot}\,(z,\alpha_2) \\ {}^2\boldsymbol{T}_3 = \mathrm{Trans}\,(x,L_1)\,\mathrm{Rot}\,(z,\alpha_3) \\ {}^3\boldsymbol{T}_4 = \mathrm{Trans}\,(x,L_3) \end{cases} \tag{3-53}$$

$$\begin{cases} {}^0\boldsymbol{T}_5 = {}^0\boldsymbol{T}_1\,{}^1\boldsymbol{T}_2\,{}^2\boldsymbol{T}_5 \\ {}^2\boldsymbol{T}_5 = \mathrm{Trans}\,(x,b)\,\mathrm{Rot}\,(y,c) \end{cases} \tag{3-54}$$

前摆腿末端轮轮心位置可表示如下：

$$\boldsymbol{o}_4 = {}^0\boldsymbol{T}_4 \cdot \boldsymbol{o}_o$$

式中，$\boldsymbol{o}_o = \begin{bmatrix} 0 & 0 & 0 & 1 \end{bmatrix}$ 为大地坐标系的原点。

轮腿复合行走机构的轮式行走方式运动分析与轮式行走机构相同，其腿式行走方式的运动学分析如下。

设机器人惯性坐标系为 $\{O_u, X_u, Y_u\}$，机器人坐标系为 $\{O_b, X_b, Y_b\}$，(x_i, y_i) 表示第 i 个滚轮在机器人坐标系中的位置，机器人位姿用 $\boldsymbol{\xi} = [x_b, y_b, \varphi]^{\mathrm{T}}$ 表示，(x_b, y_b) 表示机器人质心在惯性坐标系中的位置，φ 表示轴 O_uX 与轴 O_bX_b 的夹角，θ 为滚轮方向角。

通过以上分析和假设可得出滚轮纯滚动条件：

$$-x_b \sin(\varphi + \theta) + y_b \cos(\varphi + \theta) + (x_i \cos\theta + y_i \sin\theta)\,\varphi - r_i\beta_i = 0 \tag{3-55}$$

无滑动约束条件：

$$x_b \cos(\varphi + \theta) + y_b \sin(\varphi + \theta) + (x_i \sin\theta - y_i \cos\theta)\,\varphi = 0 \tag{3-56}$$

从式 (3-56) 可得出滚轮转动角速度：

$$\beta_i = -x_b \sin(\theta + \varphi) + y_b \cos(\varphi + \theta) + (x_i \cos\theta + y_i \sin\theta)\,\varphi r_i \tag{3-57}$$

从式 (3-57) 可得出滚轮方向角：

$$\theta = \arctan(-x_b)\sin\varphi + y_b\cos\varphi + x_i\varphi x_b\cos\varphi + y_b\sin(\varphi - y_i\varphi) \tag{3-58}$$

机器人运动约束条件是由四个纯滚动约束条件和四个无滑动约束条件组成的，这样四个滚动约束条件写成如下矩阵形式：

$$\boldsymbol{J}_1(\theta,\varphi)\boldsymbol{\xi} - \boldsymbol{J}_2\boldsymbol{\beta} = 0 \tag{3-59}$$

四个无滑动约束条件写成如下矩阵形式：

$$\boldsymbol{K}(\theta,\varphi)\boldsymbol{\xi} = 0 \tag{3-60}$$

式中，$\boldsymbol{\xi}$ 为机器人位姿向量的导数；$\boldsymbol{\beta}$ 为滚轮角速度矢量：

$$\boldsymbol{\xi} = \begin{bmatrix} x_b \\ y_b \\ \varphi \end{bmatrix}, \quad \boldsymbol{\beta} = \begin{bmatrix} \beta_1 \\ \beta_2 \\ \beta_3 \\ \beta_4 \end{bmatrix} \tag{3-61}$$

$$\boldsymbol{J}_1(\theta,\varphi) = \begin{bmatrix} -\sin(\varphi+\theta_1) & \cos(\varphi+\theta_1) & x_1\cos\theta_1 + y_1\sin\theta_1 \\ -\sin(\varphi+\theta_2) & \cos(\varphi+\theta_2) & x_2\cos\theta_2 + y_2\sin\theta_2 \\ -\sin(\varphi+\theta_3) & \cos(\varphi+\theta_3) & x_3\cos\theta_3 + y_3\sin\theta_3 \\ -\sin(\varphi+\theta_4) & \cos(\varphi+\theta_4) & x_4\cos\theta_4 + y_4\sin\theta_4 \end{bmatrix} \tag{3-62}$$

$$\boldsymbol{J}_2 = \boldsymbol{I}_4 \tag{3-63}$$

$$\boldsymbol{K}(\theta,\varphi) = \begin{bmatrix} \cos(\varphi+\theta_1) & \sin(\varphi+\theta_1) & x_1\sin\theta_1 - y_1\cos\theta_1 \\ \cos(\varphi+\theta_2) & \sin(\varphi+\theta_2) & x_2\sin\theta_2 - y_2\cos\theta_2 \\ \cos(\varphi+\theta_3) & \sin(\varphi+\theta_3) & x_3\sin\theta_3 - y_3\cos\theta_3 \\ \cos(\varphi+\theta_4) & \sin(\varphi+\theta_4) & x_4\sin\theta_4 - y_4\cos\theta_4 \end{bmatrix} \tag{3-64}$$

机器人运动约束方程如下：

$$\boldsymbol{J}(q)\dot{q} = 0 \tag{3-65}$$

式中，$\boldsymbol{J}(q)$ 为运动约束方程：

$$\boldsymbol{J}(q) = \begin{bmatrix} \boldsymbol{J}_1(\theta,\varphi) & 0 & 0 \\ \boldsymbol{K}(\theta,\varphi) & 0 & -\boldsymbol{J}_r \end{bmatrix} \tag{3-66}$$

3.6　清障机构

矿用搜救机器人在灾变后的巷道废墟内行走,可能遇到电缆、钢管、钢筋、杂物等障碍挡住通道而无法前进。因此在机器人上安装一个或两个轻型机械手来完成清障功能十分必要。机械手末端安装剪切装置或机械爪手,当机器人遇到电缆、钢筋或煤块、矸石、工具等杂物障碍时,机械手可将其切断或抓取移开,清理通道后再继续前行。在遇到受伤倒地的被困矿工时,机械手可以将机器人携带的食物、药品或急救工具送到矿工面前,对其施救或帮助其逃生。

矿用搜救机器人上使用的机械手不同于传统机械手,需要采用创新的结构设计方案。通常机械手都通过专门的电机给单个关节提供动力,通过控制各个电机来实现对应关节的运动。这种方法比较成熟,在没有特殊要求的作业环境得到广泛应用。缺点是:一方面,对于需要精确控制的机械手来说,各个关节的伺服电机和驱动器都十分昂贵,如果数量多,就会造成很高的成本;另一方面,也是最主要的方面,就是在煤矿、油井和有可燃气体泄漏的灾难环境,这种方法不能满足防爆要求。解决办法是对多关节机械手各个关节的电机、导线和控制设备加装防爆外壳,但厚重的防爆外壳将严重影响机械手的灵活性。

针对这些问题,矿用搜救机器人研发参与单位(北京理工大学)研制了一种新型共用动力的多关节救援机械手,无论有几个关节,都只需要两台电机,因此成本很低;关节部分无通电器件,因此可用于有防爆要求的环境,并且活动自如。

应用在矿用搜救机器人上的机械手由两个电机及其控制设备、一个横向关节、一个纵向关节和一把电缆剪组成。两个电机其中一个为控制电机,另一个为动力电机;横向关节可提供上下摆动的一个自由度,可根据整体所需自由度确定横向关节数量;纵向关节可为电缆剪的转动和剪切提供动力。横向关节、纵向关节和电缆剪都为纯机械结构,不含任何通电部分。电机可固定在远离关节的地方,通过同步带向关节传递动力。若应用在需要防爆保护的场所,只需对电机单独加装防爆壳即可。机械手的各关节无须加装防爆壳,因此可保持其灵活性。图3-33所示为机械手的传动原理图。

机械手的每个自由度都通过一个凸轮机构来控制其运动。对应各个自由度的凸轮工作面有一定的相位差。通过同步带使各凸轮同步转动。当某个凸轮的工作面接触推杆时,该推杆就会被凸轮推动,对应关节就被激活,使该关节产生运动,而其他关节则保持不动。让凸轮转过不同角度,可使不同的关节产生运动。图3-34为机械手的实物图。图3-35所示为安装了机械手的矿用搜救机器人。

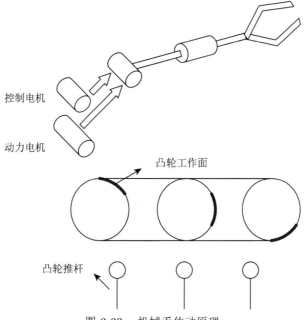

控制电机

动力电机

凸轮工作面

凸轮推杆

图 3-33 机械手传动原理

图 3-34 机械手实物图

图 3-35 带机械手的矿用搜救机器人

机械手主要技术参数如下。

(1) 电机功率：200 W。

(2) 工作电压：48 VDC。

(3) 额定转速：1500 r/min。

(4) 电缆剪剪切力：2200 kg (能剪切直径 13 mm 以下钢丝绳)。

(5) 机械手重量：40 kg。

机械手技术特点如下。

(1) 在整套机械手中，只需要一台动力电机，即可给所有关节提供动力，免去了各个关节都安装电机带来的结构和走线复杂等问题。

(2) 其在同一时间只给一个关节提供动力，因此只需满足一个关节对的功率和扭矩的最高要求即可。现有电机的动力可轻易举起整个纵向关节，并实现电缆剪的转动和剪切，而且有继续添加横向关节的潜力。

(3) 控制电机用于控制同步带轮转动，从而推动凸轮，所需扭矩及功率较小。其成本低于一个动力电机。通过控制电机带动离合器可顺利实现各个自由度之间的切换。

(4) 动力电机和控制电机都可安装在与机械手有一段距离的地方，如机器人壳体内，因此如果该机械手用于需要防爆的环境，只需将电机及相应的控制设备加装防爆壳即可。机械手各关节是纯机械结构，无须做特殊防护，显著提高了其灵活性。

(5) 整个装置结构简单、灵活，成本低廉，可用于矿用搜救机器人等需要防爆作业的环境。

参 考 文 献

[1] 李雨潭, 李猛钢, 朱华. 煤矿搜救机器人履带式行走机构性能评价体系 [J]. 工程科学学报, 2017, 39(12): 1913-1921.

[2] 朱华, 李雨潭, 葛世荣. 二阶非独立履带悬架底盘系统: 中国, CN201310448013.0[P]. 2015.

[3] Li Y, Zhu H, Li M, et al. A novel explosion-proof walking system: Twin dual-motor drive tracked units for coal mine rescue robots[J]. Journal of Central South University, 2016, 23(10): 2570-2577.

[4] 朱华, 李雨潭, 葛世荣. 一种煤矿救灾机器人用履带驱动单元: 中国, CN201410557610.1[P]. 2016.

[5] 周波, 戴先中, 韩建达. 野外移动机器人滑动效应的在线建模和跟踪控制 [J]. 机器人, 2011, 33(3): 265-272.

[6] 李雨潭, 朱华, 高志军, 等. 履带机器人通用地面力学模型分析与底盘设计 [J]. 哈尔滨工程大学学报, 2015, (8): 1126-1130.

[7] 李雨潭. 多驱动煤矿救援机器人行走系统与驱动模式自适应控制研究 [D]. 徐州: 中国矿业大学, 2018.

[8] Li Y, Li M, Zhu H, et al. Development and applications of rescue robots for explosion accidents in coal mines[J]. Journal of Field Robotics, 2019, 37(3): 466-489.

[9] 李允旺. 矿井救灾机器人行走机构研究 [D]. 徐州: 中国矿业大学, 2009.

[10] 朱华, 李雨潭, 葛世荣. 二阶独立履带悬架底盘系统: 中国, CN201310448375.x[P]. 2016.

[11] 徐德, 邹伟. 室内移动式服务机器人的感知、定位与控制 [M]. 北京: 科学出版社, 2008.

[12] 孙鹏. 一种轮履复合式森林巡防机器人平台的研究 [D]. 哈尔滨: 东北林业大学, 2010.

[13] 王煜. "祝融" 探火第一步, 中国航天一大步 [J]. 新民周刊, 2021, (18): 58-61.

[14] Grand C, Benamar F, Plumet F. Motion kinematics analysis of wheeled-legged rover over 3D surface with posture adaptation[J]. Mechanism and Machine Theory, 2010, 45(3): 477-495.

[15] Peiper D L. The kinematics of manipulators under computer control[D]. San Francisco: Stanford University, 1969.

[16] 张海南. 轮腿机器人运动学与越障分析 [D]. 天津: 河北工业大学, 2014.

第 4 章　机器人动力系统

4.1　引　　言

机器人动力系统包括供能系统和驱动系统两个部分，供能系统主要负责为整个机器人系统的正常运行提供能源，而驱动系统则为机器人在煤矿井下环境中的移动行走提供驱动力。

适合为矿用搜救机器人供能的方式有两种：一种是交流电供能方式，另一种是直流电源供能方式。交流电供能方式是较早提出的方案，它的优势在于可以直接利用井下现有已获得安标证书的电气系统，但其需要拖曳较长的供电电缆，因此搜索范围受到限制，且电缆盘本身体积和重量较大，线缆也易与环境障碍发生缠绕，这些都限制了矿用搜救机器人的探测能力；直流电源供能方式则是将电源直接安装在机器人上，可以有效地减小机器人的体积和重量，其续航能力只受电池容量的限制。目前国内外矿用搜救机器人采用的供能系统主要是基于直流电源供能方式的供能系统 [1-3]。本章将对该种供能系统的动力电源设计及检测方法进行具体阐述。

目前用于矿用搜救机器人的驱动系统大多为直流无刷电机加减速器的形式。本章提出一种基于直流无刷电机的低速外转子防爆轮毂电机的设计方法。相较传统电机，该防爆轮毂电机功率密度高、体积小、防爆性能好，并且通过独特的安装结构实现了电机的电气线缆不对危险环境引出，避免了接线腔的设计，进一步降低了机器人相关部件的体积和重量。

在矿用搜救机器人的动力系统设计中会面临供能系统与驱动系统的参数匹配问题，在追求更大驱动能力的同时，也会带来整个动力系统包括供能及驱动系统整体体积及重量的增加，从而增加机器人的行驶阻力，降低续航能力，因此需要对动力系统的整体参数进行匹配优化设计。因此本章将围绕上述几个方面的问题展开讨论。

4.2　机器人供能系统设计

在矿用搜救机器人供能系统设计中，将基于现行矿用动力电源的试行标准对动力电源的电池类型进行选择，并计算电池的容量值，设计动力电池组的规格，并为动力电源选择合适的电源管理系统，对管理系统的硬件进行选型研究，设计符合电机功能需要的电池管理策略。同时对动力电源的辅助电气元件进行选型研究，确定动力电池组、管理系统和辅助电气元件后，绘制动力电源明细表及原理图，组建完整的动力电源。

当完成动力电源的组建后，对该动力电源进行测试，主要检验动力电源的电气安全性能。依据矿用动力电源的试行标准，检验的内容至少包括短路试验、过流试验、过压试验和温度试验等。

4.2.1 动力电源设计

1. 技术要求

我国对煤矿井下电池使用的管理非常严格，任意井下设备动力源的动力电池均必须采用经煤矿安全认证的矿用电池，目前允许在井下使用的电池主要是铅酸电池及锂离子电池。然而经长期测试，锂离子电池被证明较铅酸电池具有更高的安全性及稳定性。2015 年开始，安标国家矿用产品安全标志中心将陆续终止铅酸电池及其成组电源的许可证发放，未来矿用蓄电池将普遍使用锂离子电池。

依据最新发布的《矿用产品安全标志通用安全技术要求–矿用防爆锂离子蓄电池电源 (试行)》(下面简称《矿用防爆锂离子蓄电池电源安全技术要求》)，矿用电源应包含电池及电池管理系统；用作机器人电源的额定容量不超过 100 A·h；电源管理系统必须实现对电源中每一节电池的电压、温度测量，实现对电池组的电流测量、容量测量，且测量误差不得超过表 4-1 所示的规定值。

表 4-1 锂离子蓄电池 (组) 参数测量误差要求

参数	单体电池电压值	单体电池温度	电池组电流	电池组电压	SOC 估算	绝缘电阻
误差	±0.5%F.S.	±2℃	±2%F.S.	±0.5%F.S.	≤ 5%	±10%

注：电池温度测量应选择在电池负极极耳处。

《矿用防爆锂离子蓄电池电源安全技术要求》规定电源管理系统须具有单体电池充电过流及放电过流保护的功能、输出短路保护的功能、温度保护的功能和均衡充电控制功能等各项保护性功能；其中，对所有电源输出短路保护功能的规定动作时间为 50 ms，对动力电源放电过流保护功能的规定动作时间为 2 s。

2. 动力电池

动力电池的选择要素有电池种类及电池容量等。在各种锂离子电池中，磷酸铁锂电池因具有优良的抗爆特性、较好的充放电特性及长使用寿命获得设计人员的青睐，现已经成为井下动力电池的首选电池。以下对动力电池的容量进行设计。

已知蓄电池的容量计算公式为

$$Q_D \geqslant \frac{KIT_f}{\beta[1 + \alpha(t - 25)]} \tag{4-1}$$

式中，Q_D 为蓄电池容量，A·h；K 为安全系数，取 1.25；I 为负荷电流，A；T_f 为放电小时数，h；α 为电池温度系数，单位 1/℃，T_f <1 时，取 0.01，1≤ T_f <10 时，取 0.008，10≤ T_f 时，取 0.006；t 为工作环境的最低温度值，℃；β 为放电容量系数，取 0.6。

依据《爆炸性环境　第 1 部分：设备　通用要求》(GB/T 3836.1—2021) 中的相关规定，电池组只允许串联而成，若以电机的额定工作电压 48 V 为参考，得到其电池组的负荷电流约为 16 A，即 I 取 16。探测机器人的最低工作环境温度为 0 ℃，即 t 取 0；最高设计速度为 1 m/s，但结合现有移动机器人的使用经验，在 0.5 m/s 的状态下，上位机可以获得更为清晰的视觉图像。结合矿用搜救机器人的行驶路程不低于 3 km 的要求，机器人的有效行驶时间将超过 2 h，即 T_f 取 2。计算出所需电池容量 Q_D 约为 64 A·h，取整为 60 A·h，小于 100 A·h。

磷酸铁锂电池具有较好的工作特性，其放电曲线较为平稳，且电池容量的有效利用范围较广。图 4-1 为动力电池的放电曲线，图中 0.3 C 代表放电电流为 30% 的电池容量值。观察各放电曲线可知，放电电流越大，电池电压下降越明显。

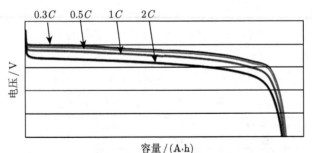

图 4-1　动力电池放电曲线

矿用搜救机器人选用的动力电池容量为 60 A·h，设计的单个直流电机的最大持续工作电流为 30 A，若电机在机器人上采用对称安装的形式，动力电源的最大工作电流会达到 60 A，因而在对动力电池开展选型时，应该特别关注 1 C 放电曲线。

通过对已取得煤矿安全认证的各动力电池开展选型研究，收集了部分合适动力电池的参数信息并比较了几款合适的动力电池，其具体选型参数见表 4-2。

表 4-2　动力电池选型参数

型号	额定电压/V	额定容量/(A·h)	外形尺寸/mm	重量/kg
IFPE60	3.2	60	36×130×207	1.8
CAM72	3.2	72	29×135×217	1.9
LP441	3.2	70	44×147×172	1.9

经过选型比较，IFPE60动力电池具有较小的尺寸和较轻的重量，且其额定容量符合上文的设计要求，因此决定选用该款动力电池，其单节电池的额定电压为3.2 V，容量为60 A·h。由该款动力电池串联形成的动力电池组型号为16LPL1-60。

3. 管理系统

依据矿用电源安全技术要求的规定，动力电源管理系统必须能够测量每一节单体电池的电压和温度，并通过相应的控制策略对动力电源进行有效保护，因而必须对管理系统的安全保护功能进行强化设计。

管理系统不需要事先取得煤矿安全认证，然而管理系统与动力电池组形成的新型动力电源必须经过煤矿安全认证。通过研究不同厂家的电源管理系统，最后选择型号为 C11/16S 的电源管理系统，该电源管理系统由控制盒、数据采集盒、电流互感器、电压传感排线、温度传感排线等构成。所选用的控制盒如图 4-2 所示，电流互感器如图 4-3 所示。

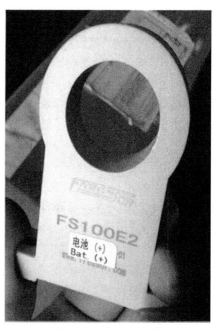

图 4-2　控制盒　　　　　　　　图 4-3　电流互感器

管理系统的硬件确定后，需要设计相应的动力电源控制策略。基于矿用电源安全技术要求对该策略进行设计时需结合电机的实际使用需求，通过研究管理系统的可选控制参数，设计了表 4-3 所示的动力电源控制策略。

尽管该动力电源管理系统可实现对动力电池组的有效监控，但管理系统属于控制部件，无法直接实现动力电源的断开与恢复动作，因此必须对动力电源的辅助电气元件进行选型设计。

表 4-3   动力电源控制策略

功能类别	策略要求	触发条件	电源动作
电压检测	过充报警	> 3.65 V	充电断开
	过充释放	< 3.5 V	充电恢复
	过放报警	< 2.75 V	放电断开
	过放释放	> 2.9 V	放电恢复
电流检测	充电过流保护	> 18 A	充电断开
	放电过流保护	> 60 A	放电断开
温度检测	过温保护	> 45 ℃	充放电断开
	过温释放	< 40 ℃	充放电恢复

4. 辅助电气元件

典型的辅助电气元件包括转换开关、电磁接触器、快速熔断器、漏电保护开关、充电器和导线等。转换开关应实现三挡切换功能，分别对应充电、关断和放电；电磁接触器应通过管理系统控制信号对动力电源实现有效的充放电管理；快速熔断器应能在动力电源发生短路故障时快速切断动力电源的放电路径，保证动力电源对外停止输出电流；漏电保护开关的作用与快速熔断器类似，但其为可重复使用器件，主要用于弱电电路保护；充电器主要用于机器人动力电源的充电；导线应能承受动力电源的大电流。

经选型研究发现，采用 LW6D 型转换开关，该转换开关体积小，触点负载容量较大，适宜用作动力电源的控制开关；采用 AEV140 型电磁接触器，其具有反应速度快，负载容量大的优势，已成功运用于矿用纯电动车辆的动力电源；采用 DZ47 型漏电保护开关，其具有体积小、安装方式灵活等特点；依据动力电源的最大峰值电流，选用 10 mm^2 多芯粗铜线作为动力电源的导线，可承受的最大有效负载电流为 90 A；采用 KP900F 型恒流充电器，充电电流为 15 A。

快速熔断器是动力电源中极为关键的元件，其反应时间的快慢直接影响动力电源的短路保护性能。矿用动力电源试行设计标准中指出，任何井下电气设备的动力电源在发生短路故障时，必须在 50 ms 内切断输出。

基于该项要求，开展了更为详细的选型研究，通过对每一款快速熔断器的熔断曲线进行分析，发现如图 4-4 所示的熔断曲线满足设计标准。

图 4-4 中的横轴代表短路瞬间的预期电流值，纵轴代表不同规格快速熔断器熔断的时间。矿用动力电源试行设计标准中规定，短路标准为动力电源外接负载小于 5 mΩ；动力电源的标称额定电压为 48 V，其预期电流将达到 10000 A。观察图 4-4 可知，若预期电流值大于 500 A，该快速熔断器的反应及熔断时间小于

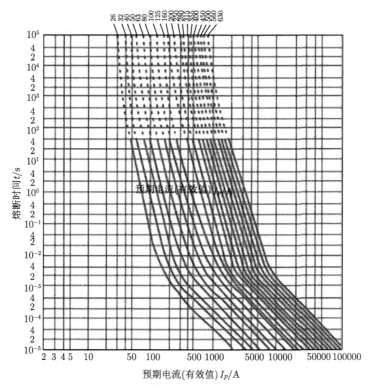

图 4-4　快速熔断曲线

40 ms；因而认为该型快速熔断器可以选用。通过以上选型研究，完成了动力电源的设计工作，动力电源中各元件明细见表 4-4。

表 4-4　动力电源明细表

代号	名称	型号	数量
BA	动力电池组	16LPL1-60	1 组
BCU	主控盒	C11	1 台
BMU	数据采集盒	16S	1 台
BFU	电流互感器	S100	1 个
SA	转换开关	LW6D	1 个
KA	电磁接触器	AEV140	2 个
RGS	快速熔断器	30C/60	1 个
CDQ	充电器	KP900F	1 台
QF	漏电保护开关	DZ47	3 个

将以上元件合理排布，绘制了如图 4-5 所示的动力电源电气原理图[4]。

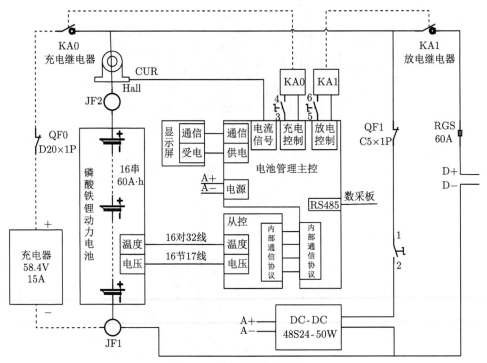

图 4-5 动力电源电气原理图

图中左侧虚线部分表示充电回路，充电器与漏电保护开关和充电继电器串联后并接在动力电池组两端；动力电源管理系统的电压及温度采集信号线排布于动力电池组上，与管理系统的数据采集盒 (从控) 相连，数据采集盒通过 CAN 信号与管理系统控制盒 (电池管理主控) 进行数据通信，控制盒可以外接显示屏用于直接读取动力电源的状态；管理系统通过 KA0 和 KA1 两个电磁继电器实现对动力电源的充放电控制；图中 D+ 和 D− 代表动力电源负载端的正负极。

4.2.2 供能系统测试检验

1. 供能系统检验规范

动力电源的检验是在中国兵器工业集团中国北方车辆研究所 (代号 201 所) 内的国家储能及动力电池质量检验中心完成的，该中心是国家矿用产品安全标志认证中心指定的矿用锂离子电池和电源检测机构。

1) 检验标准

电机动力电源的检验标准就是其设计标准，即最新发布的《矿用隔爆锂离子蓄电池电源安全技术要求》。

2) 检验项目

动力电源的检验项目包括短路试验、过流试验、过温试验和精度试验等。

3) 检验平台

本项目设计的动力电源,其额定电压为 51.2 V,属于中低压电源。检验设备为美国 Arbin 充放电试验仪,充放电试验仪的电路动作由电池检测室的主控计算机控制,由于主控计算机数据不可直接导出,因此,下面所述的检验数据均以照片形式呈现。

从充放电试验仪的数据检测端引出 16 组电压采集线及 16 个温度检测连接到动力电源上,电源试验平台如图 4-6 所示,监控界面如图 4-7 所示。

图 4-6　电源试验平台　　　　　　　　图 4-7　监控界面

图 4-7 所示的监控界面分为两部分。上半部分为状态监测栏,用于检测动力电源的单体电压和单体温度;下半部分为程序设置栏,用于对充放电试验仪进行监控程序设计,程序设置栏可同时设置 A—H 共 8 种程序。

2. 供能系统测试之短路试验

1) 试验条件

对动力电源进行输出短路保护功能测试的条件为:将动力电源中的动力电池完全充满电至过电压保护状态,然后在动力电源的输出端连接上短路器;短路器由起跳电池组、大容量接触器、空气保护开关及粗铜缆组成。动力电源与短路器相连的短路试验回路如图 4-8 所示。

2) 试验步骤

进行短路保护功能的测试时，首先使动力电源正常工作，对外输出工作电压，然后，拨动空气保护开关，使起跳电池组带动大容量接触器工作，造成大容量接触器的负载触点短路，即实现了动力电源负载的短路。此时，动力电源瞬间停止工作，对外输出电压为零，并以红色灯光信号示警。

3) 试验结果

在监控界面中记录了动力电源电池组及负载端的电压变化值，检测人员依据电压的变化值判断短路保护的时间，其结果如图 4-9 所示。从图中可以看到，本动力电源的短路保护时间为 31.24 ms，低于 50 ms 的规定值。经该电池检测中心的检测员判定，此次短路试验的动力电源短路保护时间在矿用动力电源试行标准的容许范围内，即本动力电源的短路保护功能有效。

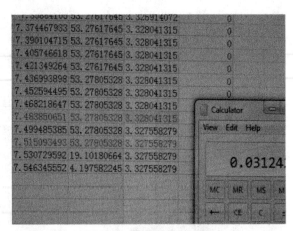

图 4-8　短接回路　　　　　　　　　　图 4-9　短路保护的时间

在实际应用的过程中，短路情况较少发生，所设计的短路保护为一次有效保护，短路发生时主动自毁。若要对自毁后的动力电源进行电路恢复，则必须将矿用搜救机器人一起运回地面才可进行拆盖修复，绝对不允许在煤矿井下开盖维修，以防拆解过程中引起动力电源内的静电释放，避免安全隐患。

3. 供能系统测试之过流试验

过流试验分为两个子试验，分别是放电过流试验和充电过流试验；两个试验的判断标准均为当充放电试验仪的电流超过管理系统控制策略规定值时，动力电源在 2 s 内切断电路。

1) 试验条件

过流试验继续在 Arbin 充放电试验仪上进行，同时在主控计算机上设置了动力电源放电过流和充电过流状态时的电流值。

管理系统的控制策略为在放电状态下，电流大于 60 A 时切断动力电源；或在充电状态下，电流大于 18 A 时切断动力电源。依据矿用电源安全技术要求，为充放电电流各引入 103 % 的容许误差，设定 Arbin 充放电试验仪的放电电流为 61.3 A，充电电流为 18.54 A。

2) 试验步骤

首先进行的是放电过流试验，进行该项子试验时，先将电源充满电，待均衡完成后且处于可放电状态时，启动主控计算机中的放电命令；此时，Arbin 充放电试验仪对动力电源进行 61.3 A 恒流放电，管理系统的显示屏显示放电电流持续变化，直至显示为 61.3 A，如图 4-10 所示；紧接着管理系统执行放电电流的判别条件，通过电磁继电器切断了动力电源的输出，显示屏恢复了正常显示状态，放电过流试验结束，如图 4-11 所示。

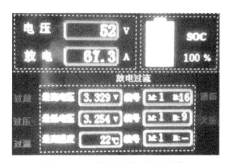 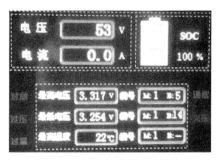

图 4-10　放电过流试验报警　　　　图 4-11　放电过流试验结束

主控计算机记录了从放电过流试验开始至结束这一段时间内动力电源输出端的电压值与电流值，并可依据这些数据绘制放电过流试验中动力电源输出端的电气曲线。

3) 试验结果

在主控计算机上调取了放电过流试验的检测数据，绘制了如图 4-12 所示的放电过流试验电气曲线图。该电气曲线图内包含两条曲线，虚线代表动力电源输出端的电压，实线代表输出端电流。曲线图的左侧纵轴代表放电电流，放电电流的取值为负，代表动力电源向 Arbin 充放电试验仪进行充电；曲线图的右侧纵轴代表动力电源的输出电压；曲线图的横轴代表放电过流试验的时间。

分析图 4-12 可知，当放电过流试验开始时，动力电源的输出端电压维持恒定状态，约为 53 V；同时，电流也维持稳定输出，约为 61.3 A。当管理系统检测到放电电流超过规定的 60 A 时，停止向放电继电器输出有效控制信号，动力电源的放电回路被切断。从 Arbin 充放电试验仪进行 61.3 A 恒流放电至动力电源停

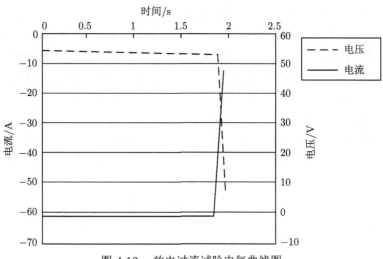

图 4-12   放电过流试验电气曲线图

止输出，时间约为 1.9 s，小于 2 s 的规定值。

充电过流试验的试验条件及步骤和放电过流试验相似，得到的充电过流试验电气曲线图如图 4-13 所示。

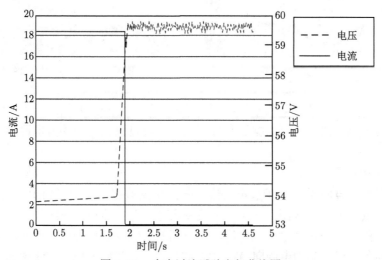

图 4-13   充电过流试验电气曲线图

分析图 4-13 可知，当充电过流试验开始时，动力电源的电压维持恒定状态，约为 53.6 V；同时，电流也维持稳定，约为 18.4 A。当管理系统检测到充电电流超过规定的 18 A 时，停止向充电继电器输出有效控制信号，动力电源的充电回路被切断。从 Arbin 充放电试验仪进行 18.54 A 恒流充电至动力电源充电回路截断，时间约为 1.8 s，小于 2 s 的规定值。

以上两个子试验的过流保护试验均小于 2 s 的规定要求，因而认为电源的过流试验合格。

4. 供能系统测试之精度试验

1) 试验条件

精度试验在 Arbin 充放电试验仪上进行。

2) 试验步骤

进行精度试验时，需收集 Arbin 充放电试验仪与管理系统的测试数据，图 4-14 与图 4-16 显示了单体的电压真值与温度真值，图 4-15 与图 4-17 为测量值。

AuxV1	3.3575 V
AuxV2	3.3570 V
AuxV3	3.3578 V
AuxV4	3.3561 V
AuxV5	3.3574 V
AuxV6	3.3577 V
AuxV7	3.3577 V
AuxV8	3.3558 V
AuxV9	3.3592 V
AuxV10	3.3417 V
AuxV11	3.3568 V
AuxV12	3.3574 V
AuxV13	3.3570 V
AuxV14	3.3564 V
AuxV15	3.3565 V
AuxV16	3.3559 V

图 4-14   单体电压真值

图 4-15   单体电压测量值

T1	24.3270 ℃
T2	24.6780 ℃
T3	24.6333 ℃
T4	24.5898 ℃
T5	25.0325 ℃
T6	24.7961 ℃
T7	25.2358 ℃
T8	24.9085 ℃
T9	24.9534 ℃
T10	24.1203 ℃
T11	24.9371 ℃
T12	25.2048 ℃
T13	24.9110 ℃
T14	24.7686 ℃
T15	24.7384 ℃
T16	24.6016 ℃

图 4-16　单体温度真值

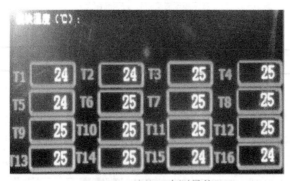

图 4-17　单体温度测量值

同时，采集了动力电源的电流值。由于精度试验用于判定管理系统对动力电源采集信息的准确性，无论动力电源处于充电状态或是放电状态，试验测得的误差都必须在规定范围内，本次精度试验是在充电状态下进行的。图 4-18 显示的是 Arbin 充放电试验仪对电流的测量值，可认为是电流真值。图 4-19 显示了管理系统对电流的测量值。

电压	53.9935 V
电流	14.9994 A
功率	809.8705 W
充电容量	0.2058 A·h
放电容量	0.0000 mA·h

图 4-18　充电电流真值   图 4-19　充电电流测量值

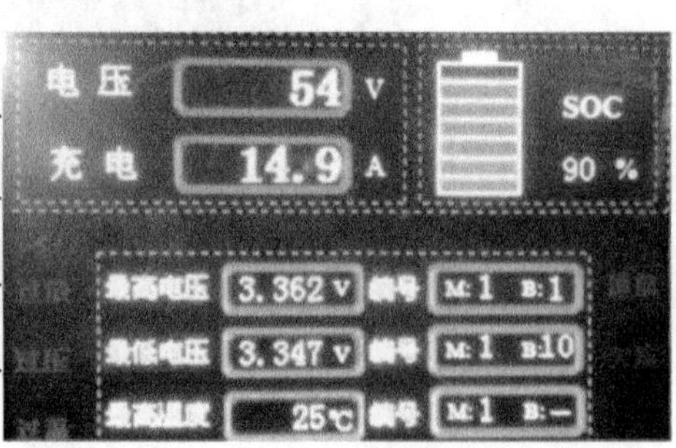

3) 试验结果

首先对动力电源的电流测试数据进行误差计算与分析。Arbin 充放电试验仪测量到的充电电流值为 14.9994 A，管理系统的测量值为 14.9 A；误差值为 0.0994 A，误差百分比为 0.66 %，小于 2 %的规定值。动力电源单体电压的测试数据见表 4-5。表 4-5 中还计算了管理系统对单体电压的测试误差值及误差百分比。

表 4-5　单体电压测试数据及误差分析

电池序号	真实值/V	测量值/V	误差值/V	误差百分比/%
1	3.3575	3.365	0.0075	0.22
2	3.3570	3.365	0.008	0.24
3	3.3578	3.365	0.0072	0.21
4	3.3561	3.365	0.0089	0.26
5	3.3574	3.362	0.0046	0.14
6	3.3577	3.365	0.0073	0.22
7	3.3577	3.365	0.0073	0.22
8	3.3558	3.362	0.0062	0.18
9	3.3592	3.365	0.0058	0.17
10	3.3417	3.347	0.0053	0.16
11	3.3568	3.362	0.0052	0.15
12	3.3574	3.362	0.0046	0.14
13	3.3570	3.362	0.005	0.15
14	3.3564	3.362	0.0056	0.17
15	3.3565	3.362	0.0055	0.16
16	3.3559	3.362	0.0061	0.18

观察表 4-5 可知，管理系统对单体电压测量的误差百分比最大值为 0.26 %，低于 0.5 %的规定值，即认为单体电压测试结果合格。

电源单体温度的测试数据见表 4-6。表 4-6 中还计算了管理系统对单体温度的测量误差值。

观察表 4-6 可知，管理系统对单体温度测量误差的最大值约为 1.03 ℃，满足 ±2 ℃ 的误差允许值，即认为电源单体温度测试结果合格。

5. 供能系统测试之过温试验

1) 试验条件

Arbin 充放电试验仪不具备提供高温环境的功能，因此过温试验没有采用该充放电试验仪。过温试验采用高温试验箱作为试验设备，高温试验箱内的温度可进行数字式精确调控。

2) 试验步骤

将动力电源置于高温试验箱内，引出 48 V 指示灯作为动力电源的负载。若动力电源正常工作，则指示灯应该亮起；若动力电源执行保护措施，则指示灯应

表 4-6　单体温度测试数据及误差分析

电池序号	真实值/℃	测量值/℃	误差值/℃
1	24.3270	24	0.3270
2	24.6780	24	0.6780
3	24.6333	25	0.3667
4	24.5898	25	0.4102
5	25.0325	24	1.0325
6	24.7961	25	0.2039
7	25.2358	25	0.2358
8	24.9085	25	0.0915
9	24.9534	25	0.0466
10	24.1203	25	0.8797
11	24.9371	25	0.0629
12	25.2048	25	0.2048
13	24.9110	25	0.0890
14	24.7686	25	0.2314
15	24.7384	24	0.7384
16	24.6016	24	0.6016

该熄灭。动力电源的管理策略是，当电池组的温度超过 45 ℃ 时动力电源切断充电回路和放电回路。矿用电源安全技术要求对过温试验中高温试验箱的设定温度做出了规定。规定高温试验箱的设定温度与动力电源设定的保护温度值之差不得超过 2 ℃。因而高温试验箱的设定温度选定为 47 ℃。

当进行过温试验时，先正常启动动力电源，动力电源的负载工作，指示灯亮起。设定高温试验箱的预期温度为 47 ℃，同时设定温升速率为 1 ℃/min。

3) 试验结果

当高温试验箱内的环境温度为 44.8 ℃ 时，负载端的指示灯保持亮起状态，如图 4-20 所示。当高温试验箱内的环境温度为 45.5 ℃ 时，管理系统显示屏的左下角显示红色过温警报，同时负载端的指示灯熄灭，如图 4-21 所示。

图 4-20　过温保护前

图 4-21　过温保护后

分析图 4-20 和图 4-21 可知，当高温试验箱内的温度小于 45 ℃ 时，动力电源的负载端保持正常工作，当高温试验箱内的温度大于 45 ℃ 时，动力电源的负载端停止工作。因此认为动力电源管理系统有效执行了过温保护，动力电源的过温试验结果合格。

表 4-7 总结了上述试验的数据及判断结果。

表 4-7　试验数据及判断结果

数据名称	单位	规定范围	试验数据	判断结果
短路保护时间	ms	< 50	31.24	合格
放电过流保护时间	s	< 2	1.89	合格
充电过流保护时间	s	< 2	1.90	合格
单体电压误差百分比	%	< 0.5	0.27	合格
单体温度误差值	℃	< 2	1.03	合格
电流测量精度	%	< 2	0.66	合格
过温保护温度	℃	< 47	45.5	合格

分析表 4-7 可知，短路保护、放电过流保护以及充电过流保护的时间小于规定时间值，单体的电压误差百分比与温度误差值也小于规定范围，电流的测量精度符合规定范围，过温保护温度小于最大规定值。综上所述，各项的试验数据均满足矿用电源安全技术要求的规定，由此认定所设计的动力电源的检验结果合格，可以在矿用搜救机器人上使用。

4.3　机器人驱动系统设计

常用的驱动系统有气动系统、液压系统和电动系统。机器人的驱动系统通常要求能频繁地起动—停车、加速—减速，因而要求驱动系统调速范围宽、转速高、起动扭矩大、体积小、质量轻、效率高[5]，因此，电动系统更加适用于矿用搜救机器人。目前机器人使用的电机主要有直流有刷电机、直流无刷电机、直流伺服电机、交流伺服电机和开关磁阻电机等类型[6]。直流无刷电机结构简单、技术成熟、其可控性、可靠性、成熟性较高，成本较低，且不会产生换向火花，因此煤矿井下移动机器人多以直流无刷电机作为主要的驱动元件。

4.3.1　直流无刷电机研制

直流无刷电机分为内转子型和外转子型。内转子型电机体积重量较小，多为长圆柱体形状。外转子型电机以轮毂电机为典型代表，多为扁圆柱体形状，两种电机如图 4-22 和图 4-23 所示。虽然形状不同，但是两种电机的基本原理相同。

研发矿用搜救机器人时，应该针对具体的设计要求选用不同类型的电机。内转子型电机转速较高，需要配合减速器使用，同时需要联轴器等零件与其他驱动部件连接，这导致传动链较长，传动效率较低。但由于其输出部分仅为一根轴，结

图 4-22　内转子型电机　　　　　　图 4-23　外转子型电机 (轮毂电机)

构十分简单，应用较为灵活，便于增加编码器、制动等元器件。相比于内转子型电机，外转子型电机可以做到低速大扭矩，可以直接将其作为履带驱动轮或者行走轮子，显著简化了传动系统。然而，外转子型电机无法安装减速器，无法获得更大的扭矩和更低的转速，也无法通过电机自身实现制动。

目前，市场上暂无两种类型的小功率防爆型直流无刷电机，均需要进行防爆设计。内转子型电机可以通过在非防爆电机基础上增加防爆壳体的方式实现防爆[7]，该部分内容在第 11 章有详细的阐述。外转子型电机无法通过对非防爆电机增加防爆壳的形式进行防爆，因此我们自主设计了一款防爆型轮毂电机。由于两种类型的电机原理基本相同，以下仅以防爆轮毂电机的设计制造为例阐述机器人驱动系统的设计。

4.3.2　防爆轮毂电机研制

1. 防爆轮毂电机驱动原理

所研制的防爆轮毂电机是以外转子式直流无刷电机为原型。外转子式直流无刷电机与内转子式直流无刷电机的原理相同，利用定子绕组产生与目标永磁体磁极相反的磁场，由磁矩驱动电机旋转。

直流无刷电机由定子绕组、永磁转子、霍尔传感器三部分硬件组成。定子绕组是在堆叠的硅钢片外缘开口槽内铺设线圈绕组而成；永磁转子是在转子的表面粘贴或镶嵌永磁铁而成；霍尔传感器由霍尔元件制成，对外输出开关量信号。依据电磁力学的相关知识，当流经线圈的电流方向不同时，产生的磁场方向不同；电流方向与磁场方向关系符合右手定则，且电磁力的大小与磁场强度、线圈的电流和绕制圈数成正比。当防爆轮毂电机的定子绕组依照特定的顺序进行通电时，在定子绕组周围产生交变的磁场，该交变磁场将驱动电机的永磁转子持续驱动，实现电机的正常工作。

防爆轮毂电机的等效电路图如图 4-24 所示，图中，u_a、u_b、u_c 为轮毂电机三相定子绕组的相电压；i_a、i_b、i_c 为三相定子绕组的相电流。

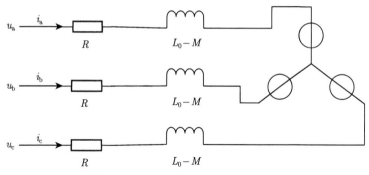

图 4-24　防爆轮毂电机等效电路图

此外，由于轮毂电机的三相定子绕组对称，近似认为轮毂电机三相定子绕组的相电阻 R 相同，即 $R_a = R_b = R_c = R$；同时近似认为轮毂电机三相电阻的相自感 L_0 相同，即 $L_a = L_b = L_c = L_0$；并且假定轮毂电机三相绕组之间的相互感 M 也相同，即 $L_{ab} = L_{ac} = L_{ba} = L_{bc} = L_{ca} = L_{cb} = M$。

记 v 为微分算子 $(\mathrm{d}/\mathrm{d}t)$，则直流无刷电机的电压平衡方程可写为

$$\begin{bmatrix} u_a \\ u_b \\ u_c \end{bmatrix} = \begin{bmatrix} R_a & 0 & 0 \\ 0 & R_b & 0 \\ 0 & 0 & R_c \end{bmatrix} \begin{bmatrix} i_a \\ i_b \\ i_c \end{bmatrix} + (L_0 - M)\boldsymbol{E}v \begin{bmatrix} i_a \\ i_b \\ i_c \end{bmatrix} + \begin{bmatrix} e_a \\ e_b \\ e_c \end{bmatrix} \quad (4\text{-}2)$$

式中，e_a、e_b、e_c 为三相定子绕组的反电动势；$\boldsymbol{E}$ 为三阶单位矩阵。

结合定子绕组的反电动势可得直流无刷电机电磁转矩 T_e 的计算方程为

$$T_e = \frac{[e_a \quad e_b \quad e_c][i_a \quad i_b \quad i_c]^{\mathrm{T}}}{\omega} \quad (4\text{-}3)$$

式中，ω 为轮毂电机的角速度。

结合式 (4-2) 和式 (4-3) 可得直流无刷电机的运动方程为

$$T_e = T_L + B_J\omega + J\frac{\mathrm{d}\omega}{\mathrm{d}t} \quad (4\text{-}4)$$

式中，T_L 为负载转矩；B_J 为阻尼系数；J 为电机转动惯量。

同时考虑轮毂电机电磁转矩 T_e 的能量计算公式为

$$T_e = 9.5\frac{UI}{n} \quad (4\text{-}5)$$

式中，U 为轮毂电机额定电压；I 为实际电流；n 为实际转速。由此可以推导出轮毂电机在额定工作状态下的负载电流 I，其计算公式为

$$I = \frac{nT_e}{9.5U} \tag{4-6}$$

由式 (4-6) 可知，当确定轮毂电机的额定电压、额定转速和额定电磁转矩后即可确定电机的负载电流，并据此对电机的驱动芯片进行选型。

此外，轮毂电机的电磁转矩 T_e 的结构计算公式为

$$T_e = \frac{n_Z F_C D_Z}{2} \tag{4-7}$$

式中，n_Z 为轮毂电机定子绕组的槽数；F_C 为单槽产生的电磁力；D_Z 为轮毂电机定子绕组直径。而 F_C 的结构计算公式为

$$F_C = \frac{N^2 I^2 \mu_0 S}{2l_0^2} \tag{4-8}$$

式中，N 为单槽线圈数；μ_0 为真空磁导率；S 为单槽铁心面积；l_0 为空气隙厚度。

2. 性能参数设计

希望通过获得矿用搜救机器人在各种工况条件下的力学性能参数用以指导轮毂电机参数的选定，然而，准确计算履带机械在不同路面上行走的阻力目前还是一个比较困难的问题。

现阶段，国家对于矿用搜救机器人的设计标准还没有出台，国家安全生产监督管理总局委托中国矿业大学在以往研制矿用搜救机器人的基础上，制定了一个矿用搜救机器人通用技术条件试用标准，这个试用标准中的运动性能和电气性能指标见表 4-8。

表 4-8　矿用搜救机器人性能指标

序号	类别	指标内容	指标要求	单位
1	运动性能	最高运行速度	≥ 1	m/s
2		上下坡角度	≥ 30	(°)
3		越障高度	≥ 200	mm
4		越沟宽度	≥ 400	mm
5		涉水深度	≥ 100	mm
6	电气性能	工作时间	≥ 2	h
7		续航里程	≥ 3	km
8		表面温度	≤ 60	℃

通过观察表 4-8 中运动性能指标要求，发现在平路行驶时的阻力并不是机器人所能遇到的最大负载，最大负载来自机器人在爬上 30° 坡时承受的阻力。在机器人处于爬坡状态时，机器人同时受到自身重力、坡面对机器人的支持力和坡面

对机器人的摩擦力。根据牛顿第一定律,若机器人可实现匀速爬坡,其所受的摩擦力必然和重力的分力相等,由此避开了对摩擦力的准确计算。

机器人的驱动电机经过减速带动履带行走单元,若履带所受张力与匀速爬坡时所受路面摩擦力平衡,可认为履带行走单元中驱动轮提供的力矩与摩擦力在驱动轮上形成的力矩相平衡,即可估算电机爬坡时的最大转矩。

为方便使用矿用搜救机器人,机器人的质量不宜过大,项目研发中设计了多款机器人,其中一款机器人的整机质量为 160 kg。驱动轮的最大外径为 300 mm,估算当机器人在爬 30° 坡时所需的驱动力矩达 120 N·m。机器人采用 4 个相同的轮毂电机同时驱动,则每个轮毂电机所需提供的最大持续扭矩不应低于 30 N·m。

结合机器人最高运行速度不低于 1 m/s 的要求,轮毂电机在运动状态下的持续转速不应低于 400 r/min,考虑电机因负载力矩造成的降速因素,设计时将轮毂电机的额定转速预设为 420 r/min。

电机的实际性能最终取决于定子绕组、永磁转子以及两者之间的相互配合,目前永磁转子普遍采用烧结型永磁体,气隙磁通密度最高可达 0.9 T。电机内气隙圆周的磁通量取决于定子绕组的外径和厚度。

电机极数的选择是考虑了轮毂电机在机器人上运用时的实际情况,即轮毂电机的转速要求不高,扭矩要求较高。查询电机设计手册,选择了 46 片永磁体与 51 个硅钢槽的配合结构。该结构属于分数槽结构,可以有效减小轮毂电机运行过程中的齿槽转矩,且加工的工艺性较好,便于对轮毂电机的定子绕组开展试制。绕组的连接形式采用了星形连接方法,可以有效降低电路中的最大电流。所设计的轮毂电机的参数指标见表 4-9。

表 4-9 轮毂电机参数指标

序号	指标内容	参考值	单位	允许偏差
1	额定电压	48	V	5 %
2	额定转速	420	r/min	10 %
3	最大转矩	30	N·m	5 %
4	定子绕组外径	210	mm	2 %
5	定子绕组厚度	36	mm	5 %
6	总质量	15	kg	10 %

轮毂电机的转子包括永磁铁和轮毂电机壳体。永磁铁通常按规格加工,直接选用即可,根据长度可分为 30、35、40 等规格,单位为 mm。目前在市场上能选用的永磁铁,其气隙磁通密度为 0.7~0.8 T。

3. 防爆轮毂电机制造

以下阐述防爆轮毂电机定子绕组的加工及试验情况[8,9]。

定子硅钢片的直径分为 115、175、205、250 等型号规格，依据轮毂电机参数指标，选用 205 型，其最大外径为 205 mm。

所设计的轮毂电机采用霍尔传感器的形式，3 个霍尔传感器被放入定子绕组内侧；定子绕组的线圈采用紫铜漆包线，7 芯作为 1 股，并在每个槽中绕制 14 圈。定子绕组的现场加工照片如图 4-25 和图 4-26 所示。

图 4-25   定子绕组绕制   图 4-26   定子绕组出线

观察图 4-25 可知，电机定子绕组的线圈采用集中式嵌装布置方式，绕制时以相邻 3 个凸极为 1 组，在完成 U 相线圈绕制后再进行 V 相及 W 相的绕制；图 4-26 显示了加工完成后电机定子绕组电气线缆的引出部分。

由于定子绕组需与外转子壳体配套才能形成完整轮毂电机，因此对定子绕组性能的测试试验借用了民用轮毂电机的钢制壳体，其最大外径为 243 mm。依照设计要求，在钢制壳体的内侧布置 46 块永磁铁，且相邻的两个永磁铁磁极相反；永磁铁的尺寸为 30 mm 长，3 mm 厚，13.65 mm 宽。

参照《旋转电机 定额和性能》(GB/T 755—2019)，对轮毂电机的额定性能参数进行了测试。该标准规定，直流电机的额定负载试验是测试额定电压条件下的直流电机的电枢电压、电枢电流、输出转速和转矩。图 4-27 为电机性能试验的系统示意图。

轮毂电机作为被测电机被安置于一个固定架上，并与试验轮紧密贴合。轮毂电机由模拟量调速器驱动，其动力来自直流稳压电源；直流稳压电源将轮毂电机在测试状态下的输出电压、电流信息传送至主控计算机。试验轮是轮毂电机的被拖动轮，其轮缘的线速度与轮毂电机最外缘的线速度一致。试验轮的中心转轴连接到参数测量仪，参数测量仪可记录试验轮的实际转速及转矩，并将采集的数据信号反馈至主控计算机。

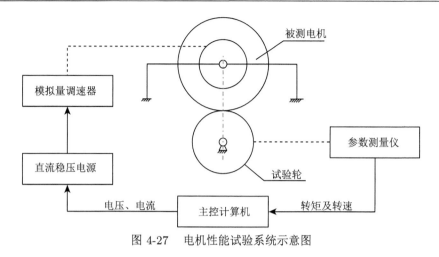

图 4-27　电机性能试验系统示意图

图 4-28 所示为 DX 型直流稳压稳流电源，在本次性能试验中为电机提供稳定的直流电源；图 4-29 所示为 DS901 型参数测量仪，试验中采集试验轮的转矩及转速等信息。

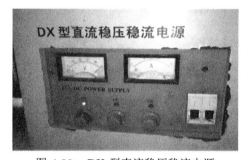

图 4-28　DX 型直流稳压稳流电源

图 4-29　DS901 型参数测量仪

主控计算机记录了电机试验时的负载转矩及电压、电流、转速等数据。由电压及电流计算电机的输入功率，由负载转矩及转速计算电机的输出功率，并由输入输出功率计算电机运行的效率。根据试验得到的系列数据生成如图 4-30 所示的电机定子绕组性能实测曲线。

观察图 4-30 可知，当电源电压保持稳定时，电机输入功率与电流呈一次线性关系，并随着电机负载转矩的增加而增大；电机的转速随负载转矩的增加持续减小，也呈一次线性关系；电机的效率曲线较为特殊，当电机的负载转矩较小时，效率随负载转矩的增加而迅速增加，并在负载转矩为 20 N·m 附近达到最大，当超过这一负载转矩时，效率缓慢下降；当输出功率为 0 W 时，输入功率大约为 70 W，此部分功率消耗主要是克服轮毂电机自身的转动惯量；随着电流的持续增大，输入功率与输出功率之差也逐步增大，这是因为轮毂电机电流增大后，电流产生了热效应，造成了功率损失。

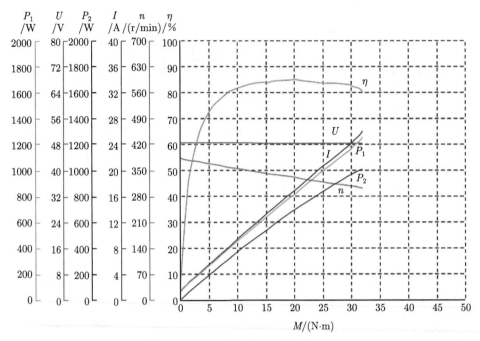

图 4-30　电机定子绕组性能实测曲线

性能实测曲线中一些特征点的参数见表 4-10。

表 4-10　性能实测曲线中特征点参数

参数名称	单位	空载点	最高效率点	最大功率点	保护点
电压	V	48.46	43.38	48.33	48.33
电流	A	1.310	16.91	26.04	26.04
转矩	N·m	0.09	20.12	31.98	31.98
转速	r/min	413.5	370.8	350.7	350.7
输入功率	W	63.52	818.4	1258	1258
输出功率	W	3.92	697.0	1010	1010
效率	%	6.1	85.1	80.2	80.2

　　从表 4-10 可知, 当轮毂电机处于空载状态时, 其效率值很低, 仅为 6.1 %, 此时的实际转速为 413.5 r/min, 接近设计转速 420 r/min。当轮毂电机运行至最高效率点时, 其实际转速为 370.8 r/min, 此时电流并未达到最大值, 电机扭矩也只有 20.12 N·m。轮毂电机的最大功率点即为其最大扭矩点, 并且是本次试验的保护点, 从表中可知, 在最大扭矩点, 转速降至 350.7 r/min, 电机的输入功率为 1258 W, 在最大功率点时, 电机效率仍然有 80.2 %。

　　试制的定子绕组其外接电气线缆采用 2.5 mm² 镀银多芯软铜线, 其电流过载能力可达 35 A,本次试验因测试设备的最大功率限制,仅完成了电流值至 26 A 的测量。尽管如此,从表中数据还是可以认为试制的定子绕组基本符合性能设计的要求,可以用于防爆轮毂电机样机的试制。

设计的防爆轮毂电机最终将以齿形外圈的形状安装至矿用搜救机器人履带行走单元中,因而对轮毂电机定子绕组的性能测试只能作为对电机性能的估计,并不代表齿形防爆轮毂电机的最终表现。

4.4 机器人动力系统匹配与优化

矿用搜救机器人动力系统主要由蓄电池组、电源管理系统、电机驱动器、驱动电机、减速器等部分组成。目前,矿用搜救机器人只能通过动力系统参数的合理匹配解决其在煤矿灾后环境中行驶阻力大、无法随时补充能源以及电池组防爆设计等因素对机器人动力性能影响严重的问题。因此有必要对动力系统各部分的性能进行研究,确定影响动力性能的参数,通过多目标优化方法确定矿用搜救机器人动力系统参数的合理匹配。

4.4.1 动力系统匹配问题

矿用搜救机器人在煤矿发生灾变后深入矿井执行搜救任务,必须具有较强的地形适应性和通过障碍物的能力,同时必须具有较长的续航能力。煤矿井下地形复杂,尤其是发生灾变之后矿井内障碍物增多,机器人行走阻力增加,因此需要机器人的驱动系统能够提供足够的驱动力;同时灾变现场距离安全区域通常较远,机器人进行搜救作业需要运行数小时的时间和行走数公里的行程,因此需要机器人的供能系统能够保证充足的能源供给。因此,为了使矿用搜救机器人发挥优良的移动性能和较强的续航能力,需要解决机器人动力系统的匹配问题。需要对机器人的电机功率和电池容量以及机器人的总质量进行合理配置和优化设计,充分发挥动力系统的高效性。

1. 动力电池容量

供能系统由动力电池和电源管理系统组成。动力电池由单节磷酸铁锂电池串联而成,蓄电池组的电压根据电机的驱动电压确定。因此动力电池组单体电池的个数为

$$N = \frac{U}{U_0} \tag{4-9}$$

式中,U 为蓄电池组电压,V,不小于电机的驱动电压;U_0 为单体电池电压,V。单体磷酸铁锂电池的电压为 3.2 V。

机器人的运行时间 h 根据蓄电池组的能量和机器人的功率确定，即

$$h = \frac{C_B U}{P_R} \tag{4-10}$$

式中，C_B 为电池组中单个电池额定容量，A·h；P_R 为机器人运行时的额定功率。

机器人一次充电续驶时间由蓄电池的能量密度决定，机器人的加速性能和最大行驶速度由蓄电池的功率密度决定。由于磷酸铁锂电池具有工作电压高、比能量大、循环寿命长、自放电小、安全性好、无记忆效应、无污染等优点，逐渐地被应用于矿用设备特别是移动机器人上。根据防爆要求，需要对蓄电池进行隔爆，隔爆腔里的电池只能串联不能并联，因此需要选择大容量的单体电池。目前，高功率型的磷酸铁锂电池的比功率可以达到 1000 W/kg。因此，单体磷酸铁锂电池的输出功率可以满足机器人的使用。

为了达到规定的行驶里程，机器人就需要更多的能源，也就是需要更大容量的电池。同时为了满足防爆要求，电池组必须采用隔爆结构。这就使得电池组的重量和体积都将增大，严重影响机器人的行驶里程，增加行驶阻力。因此需要解决续航能力和电池容量间的矛盾。在动力电池及其他技术没有突破前，优化矿用搜救机器人的动力系统参数匹配，减小防爆电池组对动力性能的影响，是提高矿用搜救机器人续航能力、减小自重的重要手段。

2. 驱动电机性能与功率

驱动电机是经由减速器直接驱动两侧主动轮的动力部件，它的动力输出特性直接决定了机器人的动力性能。机器人的直线和转向行驶全部要依赖电机驱动器以及控制器对驱动电机转矩或转速的控制来实现，因此驱动系统参数的合理匹配非常重要。矿用搜救机器人应当选用机械特性线性度好、效率高、可调速范围宽、控制性能优、体积小以及驱动功率满足行走和越障要求的直流无刷电机作为其驱动电机。

3. 机器人总质量

机器人的总质量包括三部分，即固定质量 m_F、蓄电池组质量 m_B、蓄电池组隔爆壳体质量 m_E。机器人总质量 $m = m_F + m_B + m_E$。

固定质量包括行走机构的质量，电气设备的质量及电气设备隔爆箱体的质量等。这些质量是不会随着功率改变而改变的。

蓄电池组质量和隔爆壳体质量占机器人总质量的比例很大，并且隔爆壳体质量与蓄电池组的体积有关，蓄电池组的容量和电压与驱动功率有关，而驱动功率的确定与机器人的总质量有关。因此，蓄电池组质量和隔爆壳体质量不容易确定。为减小行走阻力，提高续航能力，机器人的总质量应做得尽量小。

目前，纯电驱动的动力系统参数是按照改装传统内燃机车辆的思路来匹配的 [10,11]，以及使用区间优化法确定匹配的合理区间 [12]。但是，这些方法都忽略防爆电池组以及矿井复杂地形对动力系统的影响，不适用于解决矿用搜救机器人动力系统参数匹配问题。动力系统参数匹配优化是典型的多目标优化问题。相对传统多目标优化算法，智能优化算法因其不需将多目标问题化为单一目标而在多目标优化中表现出很大的优势。有学者采用遗传算法对动力系统进行优化，降低了电动车的能耗，表明智能优化算法能够有效地解决动力参数匹配问题 [13]。与遗传算法等进化算法相比，粒子群优化算法不必进行适应度赋值，算法简单，实现容易并且收敛速度快，因此本书研究团队运用多目标粒子群优化算法解决矿用搜救机器人动力系统参数匹配问题 [14]。

4.4.2 动力系统多目标粒子群优化

1. 多目标粒子群优化算法的基本原理及步骤

粒子群优化 (PSO) 算法作为一种仿生进化算法，是由 Kennedy 和 Eberhart 于 1995 年用计算机模拟鸟群寻食的群体行为时受到启发而提出的。该算法作为集体智能算法的一个重要分支得到不断深化和广泛应用，它被有效地应用于连续空间的优化计算中，尤其在多维空间中的寻优。

在粒子群优化算法中，每个优化疑问的潜在解都是寻找空间中的一只鸟，将其称为粒子。所有的粒子都有一个由被优化的函数决定的适应值，每个粒子还有一个速度决定它们飞翔的方向和距离。然后粒子们就追随当前的最优粒子在解空间中搜索。PSO 初始化为一群随机粒子 (随机解)。然后通过迭代找到最优解。在每一次迭代中，粒子通过跟踪两个极值来更新自己。第一个就是粒子本身所找到的最优解，这个解称为个体极值 p_{Best}。第二个是整个种群目前找到的最优解，这个解是全局极值 g_{Best}。另外也可以不用整个种群而只是用其中一部分作为粒子的邻居，那么在所有邻居中的极值就是局部极值。这就是粒子群优化算法的原理。

带有约束条件的极值问题一般描述如下：

$$\begin{cases} \min_{x \in S} F(\boldsymbol{X}), \boldsymbol{X} = [x_1, x_2, \cdots, x_n]^{\mathrm{T}}, \boldsymbol{X} \in \boldsymbol{S} \subset \mathbf{R}^n \\ F(\boldsymbol{X}) = [f_1(\boldsymbol{X}), f_2(\boldsymbol{X}), \cdots, f_n(\boldsymbol{X})]^{\mathrm{T}} \\ \text{s.t.} \begin{cases} g_s(\boldsymbol{X}) \leqslant 0, s = 1, 2, \cdots, p \\ h_t(\boldsymbol{X}) \leqslant 0, t = 1, 2, \cdots, q \\ L_i \leqslant x_i \leqslant R_i, i = 1, 2, \cdots, n \end{cases} \end{cases} \quad (4\text{-}11)$$

式中，$g_s(\boldsymbol{X})$ 和 $h_t(\boldsymbol{X})$ 分别表示问题的不等式约束条件和等式约束条件。

求解多目标优化问题可以看成每个目标函数在满足约束条件下都尽量靠近最小点，其构造函数形式可以表示如下：

$$\varphi_j(\boldsymbol{X}) = f_j(\boldsymbol{X}) - r^{(k)} \sum_{s=1}^{p} \ln g_s(\boldsymbol{X}), \quad j = 1, 2, \cdots, k \qquad (4\text{-}12)$$

采用基于 Pareto 集的带约束条件的多目标粒子群优化算法。该算法对更新方程进行了调整，加强了对粒子飞行方向的引导，避免随机获取 Pareto 最优解。采用内点罚函数法处理约束条件，一旦有不符合条件的粒子，可以重新初始化或者更新粒子的位置和速度；同时，运用罚函数法计算粒子的适应度值 [15,16]。

计算步骤如图 4-31 所示，具体优化计算方法可参见文献 [14]。

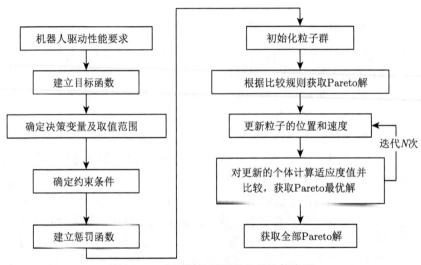

图 4-31　多目标粒子群优化的计算步骤

2. 优化实例

对实验室已研制出的双电机独立驱动的矿用搜救机器人在硬地面直线行驶的驱动性能进行测试，测试结果如图 4-32 和图 4-33 所示。该机器人按照传统设计方法设计完成，使用的电机为普通直流电机，其额定输出功率为 500 W，驱动电压 48 V，电机效率为 67%，电池容量为 80 A·h。通过对图 4-33 的测试数据计算可知，左电机输入电压的平均值为 20.54 V，输入电流的平均值为 25.96 A，其平均输出功率为 357 W；右电机输入电压的平均值为 19.26 V，输入电流的平均值为 25.03 A，其平均输出功率为 323 W。实际消耗的功率远远小于额定功率，造成电机的效率降低，耗能变大，续航时间变短。

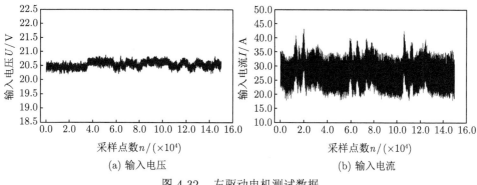

图 4-32 左驱动电机测试数据

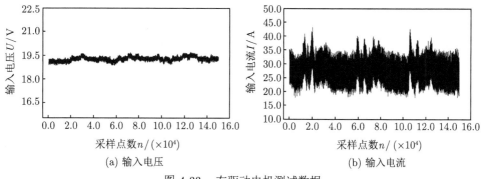

图 4-33 右驱动电机测试数据

根据多目标粒子群优化设计结果,机器人总重量按照 180 kg 计算,选用 150 W 的电机作为驱动电机,驱动电压 48 V,额定转速 8980 r/min,额定转矩 0.168 N·m,转矩常数 44.5 N·m,速度常数 214 (r/min)/V,绕组电阻 1.28 Ω,电机效率 0.79。减速器的减速比为 53,效率 75%。选用磷酸铁锂电池,电池的容量为 60 A·h,由 16 块单体电池串联而成,单体磷酸铁锂电池的电压为 3.2 V,单体电池的外形尺寸为 212 mm×130 mm×36 mm(高 × 长 × 宽)。机器人优化前后的性能指标对比如表 4-11 所示 [17]。

表 4-11 优化前后性能指标对比

参数	传统设计结果	优化结果	效果
总质量/kg	238	180	−24.36%
电机功率/W	500	150	−70%
电机效率	0.67	0.79	+17.91%
电压/V	24	48	—
电池容量/(A·h)	80	60	−25%
续航时间/h	3	6	+100%

　　从表 4-11 可以看出，按传统方法设计的机器人总质量为 238 kg，优化后的机器人总质量为 180 kg，重量减轻 58 kg，减少了 24.36%；电机功率由原来的 500 W 降至 150 W，减小了 70%；而电池容量由原来的 80 A·h 减至 60 A·h，减小了 25%；相反，续航时间由原来的 3 h 增加到了 6 h，增加了一倍。并且，电机可以工作在额定功率附近，工作效率得到明显提高。

参 考 文 献

[1]　Murphy R, Kravitz J, Stover S, et al. Mobile robots in mine rescue and recovery[J]. Robotics & Automation Magazine IEEE, 2009, 16(2):91-103.

[2]　Subhan M A, Bhide A S. Study of unmanned vehicle (robot) for coal mines[J]. International Journal of Innovative Research in Advanced Engineering (IJIRAE), 2014, 10(1): 116-120.

[3]　Morris A, Ferguson D, Omohundro Z, et al. Recent developments in subterranean robotics[J]. Journal of Field Robotics, 2010, 23(1): 35-57.

[4]　刘建, 朱华, 郑之增. 煤矿救援机器人的通信系统设计 [J]. 煤炭科学技术, 2009, 37(8): 87-90.

[5]　孙逢春, 陈树勇. 履带车辆感应电动机驱动系统匹配理论 [J]. 机械工程学报, 2008, (11): 260-266.

[6]　郑金凤, 胡冰乐, 张翔. 纯电动汽车驱动电机应用概述 [J]. 机电技术, 2009, 32(z3): 5-8.

[7]　朱华, 李雨潭, 葛世荣. 一种带有逆止功能的防爆动力箱: 中国, CN201410559569.1[P]. 2016.

[8]　毛杨明. 煤矿井下探测机器人防爆电机与动力电源研究 [D]. 徐州: 中国矿业大学, 2015.

[9]　毛杨明, 王振, 王备备, 等. 井下履带式探测机器人用的齿形防爆轮毂电机: 中国,CN2014 20222755.1[P]. 2014.

[10]　叶敏, 安强, 曹秉刚. 电动汽车动力匹配研究 [J]. 机械科学与技术, 2011, 30(10): 1654-1659.

[11]　查鸿山, 宗志坚, 刘忠途, 等. 纯电动汽车动力匹配计算与仿真 [J]. 中山大学学报 (自然科学版), 2010, (5): 47-51.

[12]　姬芬竹, 高峰, 吴志新. 纯电动汽车传动系参数的区间优化方法 [J]. 农业机械学报, 2006, (3): 5-7.

[13]　尹安东, 杨峰, 江昊. 基于 iSIGHT 的纯电动汽车动力系统匹配优化 [J]. 合肥工业大学学报 (自然科学版), 2013, (1): 1-4.

[14]　刘建, 葛世荣, 朱华, 等. 基于多目标优化的矿用救援机器人动力匹配研究 [J]. 机械工程学报, 2015, 51(3): 18-28.

[15]　张学良, 温淑花, 李海楠, 等. PSO 算法在多目标优化问题中的仿真应用 [J]. 农业机械学报, 2007, (7): 112-115.

[16]　李楠, 王明辉, 马书根, 等. 基于多目标遗传算法的水陆两栖可变形机器人结构参数设计方法 [J]. 机械工程学报, 2012, 48(17): 10-20.

[17]　刘建. 矿用救援机器人关键技术研究 [D]. 徐州: 中国矿业大学, 2014.

第 5 章　机器人运动控制系统

5.1　引　　言

要想控制机器人进入灾害现场探测环境状况，需要有一个完善的运动控制系统，而运动控制系统的好坏是机器人能否自动避开不利因素顺利到达灾害现场的关键。机器人行走的动力输出是电机，因此电机的运转控制是机器人运动控制的关键。对电机的运转控制分为两个层面：第一个层面是给定电机转速，控制电机在负载变化时的稳速运转；第二个层面是根据环境信息，做出相应的运行策略，从而实时控制电机的转速。本章将通过对电机转速引入 PID 闭环控制 [1-3]，实现在负载不变和负载变化两种情况下对电机转速的稳定控制，增加机器人的抗负载能力，并通过电机抗负载性能试验和机器人直线行走稳定性试验验证 PID 调节的效果。

5.2　机器人运动控制硬件系统

机器人的运动控制系统由直流无刷电机、直流无刷电机驱动器、红外测距传感器、倾角传感器、惯性测量单元、运动控制板构成 [4]，其组建形式如图 5-1 所示。

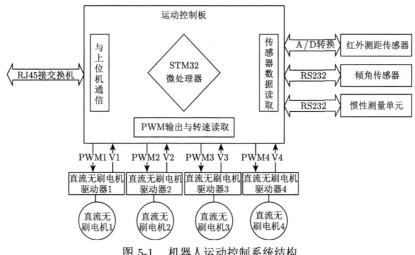

图 5-1　机器人运动控制系统结构

(1) 直流无刷电机：机器人动力输出，将电池的电能转化为机械能。

本章设计的矿用搜救机器人其中一款选用的是国产内转子直流无刷电机，该型号电机性能参数如表 5-1 所示，实物图如图 5-2 所示。

表 5-1   电机性能参数

项目	数值	单位
额定电压	48	VDC
极数	6	POLES
额定电流	15	A
额定转速	3000	r/min
额定功率	500	W
额定转矩	1.6	N·m
空载电流	1	A
空载转速	4.9	r/min

(2) 直流无刷电机驱动器：驱动直流无刷电机。

与该电机配套使用的驱动器选用国产 ZM-6615 直流无刷电机驱动器，如图 5-3 所示。该驱动器的特点如下：高集成度、高可靠性直流无刷电机控制器；三相全桥，PWM 斩波方式；闭环稳速，大负载时电机仍能保持稳定转速；纯硬件设计，高速度，高抗干扰能力；周波限电流方式，保护更加精确快速；低发热，

图 5-2   内转子直流无刷电机   图 5-3   直流无刷电机驱动器

大功率；支持内置电位器、外接电位器、模拟电压和 PWM 调速，其电气特性参数如表 5-2 所示。

表 5-2 驱动器电气参数

项目		最小	额定	最大	单位
环境温度		−30	—	60	℃
输入电压		18	—	60	VDC
输出电流		1	—	15	A
适用电机转速		0	—	20000	r/min
霍尔信号电压		4.5	5	5.5	V
霍尔驱动电流		—	10	—	mA
外接调速电位器		—	10	—	kΩ
模拟调速电压 (V_e)		0	—	5	V
PWM 调速信号电压		4.5	—	5.5	V
PWM 调速信号占空比		0	—	100	%
调制接口电压	H	3	5	24	V
	L	0	0	0.5	V

(3) 红外测距传感器：测量机器人与周围障碍物的距离。

红外测距传感器选用夏普 GP2Y0A02YK0F 红外测距传感器，该传感器由位置敏感探测器、红外发光二极管和信号处理器组成，采用三角测量法测距。它们测得的距离值都是以 0~3.3 V 的模拟电压形式输出，传感器测距范围为 20~150 cm，主要用于机器人前端和两侧的障碍物检测，可以有效测得机器人所处环境的可通行状况。红外测距传感器如图 5-4 所示。

图 5-4 红外测距传感器

(4) 倾角传感器：测量机器人的姿态角，包括俯仰角和侧翻角。

倾角传感器选用德国 POSITAL 可编程双轴倾角传感器，如图 5-5 所示，该传感器测量范围为 ±80°，精度为 0.1°，最小分辨率为 0.01°，通信接口为 RS232，波特率可调。该倾角传感器可满足机器人对姿态角测量的要求以及控制需求。

(5) 惯性测量单元：测量机器人前进的方位角，进而推测机器人所在位置。

选用 MTi-30 AHRS 惯性测量单元，如图 5-6 所示，它是一个陀螺仪增强的姿态和航向参考系统，可输出无漂移的侧翻角、俯仰角和磁北偏航角以及三轴加速度和速率，其动态测量精度为侧翻角 0.5°、俯仰角 2.0°、航向角 1.0°，数据输出接口形式为 RS232，输出频率达 2 kHz，数据延迟小于 2 ms。该惯性测量单元可满足机器人航向测量的需求，并为机器人的巡航提供参考。

图 5-5　倾角传感器　　　　　　　　　图 5-6　惯性测量单元

(6) 运动控制板：运动控制核心单元。

运动控制系统的电机、驱动器、红外测距传感器、倾角传感器和惯性测量单元是分散独立的，需要有一个运动控制核心单元采集各个传感器的数据，并对其计算分析，之后选择相应的运动控制策略。

5.3　机器人运动控制驱动器

5.3.1　运动控制板结构分析

由运动控制系统的硬件组成和各部分作用可以看出，运动控制板是运动控制系统的信息交通枢纽。除了完成信息的双向传输外，运动控制板还是运动控制算法的核心部件[5,6]。运动控制板的功能有以下七个方面：

(1) 从倾角传感器中读取机器人运动过程中的俯仰角和侧翻角；

(2) 从红外测距传感器读取机器人运动过程中与周围障碍物的距离；

(3) 从惯性测量单元中读取机器人的方位角；

(4) 读取电机的转速频率信号，并根据此转速信号实现对电机转速的 PID 闭环控制；

(5) 控制各传感器测量单元开启、关闭、复位、校准等；

(6) 接收来自上位机的遥控指令，并将各传感器测量单元的数据、电机转速和对遥控指令的执行情况往上位机发送；

(7) 根据各传感器测量单元读取的数据，融合运动控制算法，提升机器人的智能化水平，其中包括机器人的自主避障、防倾翻和寻找目的地等。

根据运动控制系统的功能分析，对运动控制板的硬件功能需求如下：

(1) 0~5 V 模拟信号输出或幅值为 5 V 的 PWM 输出功能，通过驱动器间接实现对直流无刷电机转速的控制；

(2) 定时器的输入捕获功能，采集电机驱动器输出的包含电机转速信息的频率信号；

(3) 模拟量采集的模数转换功能，采集红外测距传感器的 0~3.3 V 模拟电压信号；

(4) 通用串行异步通信接口，即 RS232 接口，读取倾角传感器输出的机器人姿态角和惯性测量单元输出的机器人的航向角信息。

(5) 以太网通信接口，接收来自上位机的命令，上传所有采集信息。

针对以上功能需求，选取 STM32F107RCT6 芯片作为运动控制板的主控芯片，该芯片特征如下。

内核：32 位 ARM Cortex-M3 结构微控制器，CPU 运行频率 72MHz。

内存：256KB Flash 和 64KB SRAM。

接口：USB 2 全速设备/主机/ OTG 片上物理层控制器；10 / 100 以太网MAC 专用 DMA 和 SRAM；12 通道 DMA 控制器；2 路 CAN 接口；2 路 12位 ADC(16 通道) ；2 路 12 位 DAC；2 路 I2C；5 路 UART；3 路 SPI；51 个GPIO 引脚。

根据以上运动控制板的硬件功能需求，所研发的运动控制板如图 5-7 所示 [7]。

图 5-7　运动控制板

5.3.2　驱动器控制信号选取

电机的调速信号有两种：模拟电压信号和脉冲宽度调制 (PWM) 信号。

模拟电压信号可以连续变化，输出与输入呈线性关系，使用模拟电压来实现对电机转速的控制既简单又直观，但同时也带来了一些弊端。首先是模拟电路容易随时间漂移，使得无人为干预情况下电机转速也会漂移；其次，模拟电路功耗较大，易发热；再次，模拟电路对噪声很敏感，环境中的噪声干扰容易改变模拟量的数值；最后，采用防漂移和防电磁干扰技术设计的精密模拟电路会比较庞大、笨重和昂贵。

脉冲宽度调制，其本质上是一种周期一定、高低电平占空比可调的方波，实际电路中典型的 PWM 波形如图 5-8 所示。

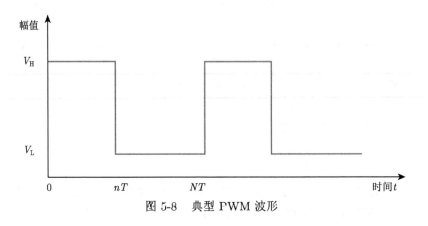

图 5-8　典型 PWM 波形

图 5-8 的 PWM 波形可用分段函数来表示：

$$f(t) = \begin{cases} V_{\mathrm{H}}, & kNT \leqslant t \leqslant nT + kNT \\ V_{\mathrm{L}}, & kNT + nT \leqslant t \leqslant NT + kNT \end{cases} \tag{5-1}$$

式中，T 是计数脉冲的基本周期；N 是 PWM 波一个周期的计数脉冲个数；n 是 PWM 波中一个计时周期内高电平脉冲的个数；V_{H} 和 V_{L} 分别是高电平和低电平的电压；t 为时间；k 为谐波次数。

与模拟量相比，PWM 对噪声的抵抗能力增强，从模拟信号转向 PWM 可以极大地延长通信距离。因此，从经济性和抗干扰性方面考虑，PWM 是代替模拟量控制的最佳选择。表 5-3 所示为模拟电压信号调速与 PWM 调速的比较，对比两种电机调速信号的优缺点，择优选择 PWM 作为矿用搜救机器人电机转速控制的调速信号。

表 5-3 模拟电压信号调速与 PWM 调速的比较

项目	模拟电压信号调速	PWM 调速
稳定性	差	好
功耗	大	小
抗干扰性	差	好
程序难易程度	简单	复杂

5.3.3 PWM 信号输出电路设计

通过对 STM32F107RCT6 芯片 (图 5-9) 中定时器进行配置即可输出幅值为 3.3 V 的 PWM 波, 由于驱动器使用的 PWM 波幅值为 5 V, 因此, 需对主控芯片输出的 PWM 波进行幅值转化。SN74LVCC3245A 芯片是 8 位同向总线收发器, 可实现 5 V 到 3.3 V 的高速转换。

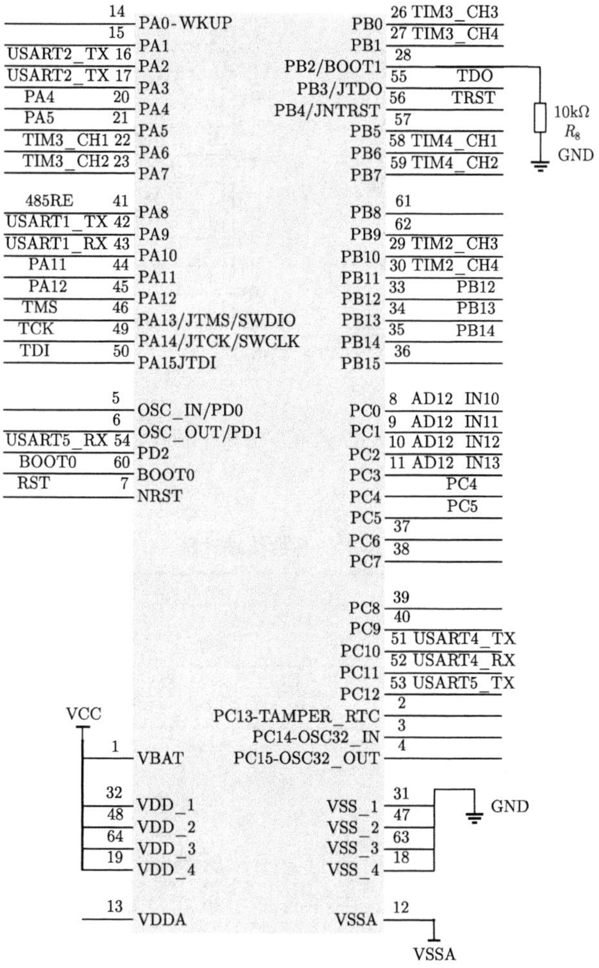

图 5-9 STM32F107RCT6 芯片电路

图 5-10 为 PWM 输出信号的 5 V 到 3.3 V 电平转换电路，其中，VCCA 接
3.3 V 电源，VCCB 接 5 V 电源，A1~A8 引脚接 0~3.3 V 电平信号输入/输出，
B1~B8 接 0~5 V 电平信号输入/输出，DIR 为信号传输方向选择输入端，OE
为信号转换开关使能输入端。当 OE 为低电平时，若 DIR 为低电平，数据从 B
端到 A 端，若 DIR 为高电平，数据从 A 端到 B 端；当 OE 为高电平时，芯片
失能，无论 DIR 为高电平还是低电平，数据不能传输。芯片传输功能如表 5-4
所示。

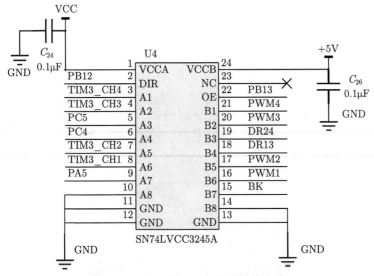

图 5-10   5 V 到 3.3 V 电平转换电路

表 5-4   芯片传输功能

输入		数据传输
OE	DIR	
L	L	由 B 到 A
L	H	由 A 到 B
H	X	不能传输

5.3.4 转速频率采集电路

电机的转速测量是通过电机端部的霍尔传感器来测得，然后经过驱动器转化
为包含有转速信息的频率信号 [8]。主控芯片可以通过定时器的输入捕获功能测量
该频率信号的频率值，由于主控芯片接收的输入信号高电平须为 3.3 V，而从驱
动器输出的频率信号幅值为 5 V，因此，需对频率信号的幅值进行 5 V 到 3.3 V

的转换。另外，驱动器输出的频率信号经过 2 m 左右的电缆传输以及传输过程中各种各样的噪声干扰，波形的上升沿和下降沿已不再陡峭，这对后续的采样测量极为不利，因此需对频率信号进行滤波处理。

转速频率信号采集的转化和滤波电路如图 5-11 所示。其中驱动器输出的频率信号接滤波电路前端 FG，滤波电路后端 F 接电平转换芯片的 A 引脚，经过转换的频率信号从 Y 引脚输出，之后进入主控芯片频率采集引脚 TIM_CH。

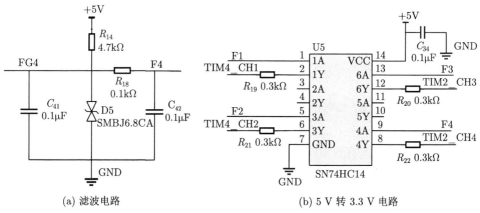

(a) 滤波电路　　　　　　　　　　　(b) 5 V 转 3.3 V 电路

图 5-11　转速频率信号采集的转化和滤波电路

5.3.5　模拟信号采集电路

STM32F107RCT6 内置两个先进的 12 位模拟/数字转换模块，转换时间最快为 1 μs，该 ADC 模块还具有自校验功能，能够在环境变化时提高转换精度。ADC 的误差种类可分为两大类：ADC 模块自身的误差，以及使用环境引起的误差。ADC 模块自身的误差包括偏移误差、增益误差、微分线性误差、积分线性误差、总未调整误差。使用环境引起的误差包括电源噪声、电源稳压、模拟输入信号的噪声、ADC 的动态范围与最大输入信号幅度不匹配、模拟信号源阻抗的影响、信号源的容抗与 PCB 分布电容的影响、注入电流的影响、温度的影响、I/O 引脚间的串扰、EMI 导致的噪声 [9]。

对于已选定的 STM32F107RCT6 主控芯片来说，由于其内置模拟/数字转换模块，而不需要重新设计 AD 转换模块，因此其 ADC 自身模块的误差是基本固定不变的。另外，由于该芯片的两个 ADC 是先进的 12 位模拟/数字转换模块，具有自校验功能，可有效补偿偏移误差和增益误差。微分线性误差和积分线性误差可通过多次转化取平均值的方法来减小 [10]。因此，对模拟信号采集电路而言，其误差来源主要集中在使用环境引起的误差。每一对 VDD 和 VSS 管脚配备一个去耦电容，VDDA 管脚连接两个去耦电容（10 nF 瓷介电容和 1 μF 钽电容）。

图 5-12 所示为模拟信号引脚去耦电路。

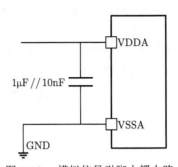

图 5-12　模拟信号引脚去耦电路
VDDA 表示芯片的工作正电压；VSSA 表示芯片的工作模拟负电压

5.3.6　运动控制板的 EMC 设计

运动控制板既有低频输入信号红外测距传感器的模拟电压采集电路，又有高频晶振时钟电路；既有频率时刻变化的 PWM 输出电路，又有频率随电机转速变化的频率信号采集电路；既有高速以太网接口电路，又有中低速的 RS232 接口电路。不同频率的信号会产生电磁干扰，尤其是高频信号发射的电磁波使模拟信号发生变化，从而使测量出现较大误差，因此，需对电路板做好 EMC 设计。对运动控制板的电磁兼容性设计主要针对电路板元件的布置，电源线及地线的设计。电路板布线的设计应从抑制干扰源，切断干扰传播的途径，提高硬件抗干扰性能和软件抗干扰设计四个方面进行 [11-13]。

1. 抑制干扰源

给电路板上的每个芯片的电源并联一个 0.01~0.1 μF 的高频电容；电路板上的电源输入端添加 10~100 μF 的去耦电容；选用线性稳压电源，防止输入电池电压的波动引起电路板供电不稳。

2. 切断干扰传播途径

模拟量和模数转换器件易受外界干扰，在电路设计时，将模拟量部分与数字量部分分开布置；数字电路和模拟电路的地线采用单点接地的方式来避免相互之间的干扰，在数字地和模拟地相连的地方加入 0 Ω 的电阻以降低干扰。晶振对模拟电路有较强的干扰，在电路设计时，晶振应尽量远离模拟量采集电路，同时为了减小辐射干扰，晶振尽量靠近主控芯片；模拟电路的信号电路尽量远离高频元器件。

3. 提高硬件抗干扰性

提高硬件的抗干扰性首先必须减少自身对噪声信号的拾取，当受到干扰时，从异常状态中恢复。设计时考虑如下方面：布线时不要有环形回路，电源线尽量粗；

IC 器件尽量直接焊接在电路板上，且要焊接牢固，不要有虚焊；模拟电路部分的走线尽量短，且不要有交叉；电路板的顶面和底面的走线尽量垂直，避免平行走线。

4. 软件抗干扰设计

软件抗干扰设计主要分为两个方面，一是看门狗的设计，二是传感器数据采样滤波的设计。

电路板的抗干扰能力是有限的，即使对电路板做好了 EMC 设计，面对突发偶然的强电磁干扰，程序也可能出现假死，因此，很有必要在程序中加入看门狗的功能来弥补电磁兼容性设计的不足。看门狗功能要求程序中循环定时进行喂狗操作，一旦程序出现假死，喂狗操作也就停止，而后当喂狗定时时间到，看门狗会自动产生一个复位信号，使系统复位，重新启动程序。

传感器数据采样时，可能会遇到突发性尖脉冲，如果对采集的数据不加处理，会导致异常数据引起的误判，需对采样数据进行滤波处理，将这些偶然性的异常数据过滤掉，以保证测量数据的准确性[14]。本采集采用的滤波方法是防脉冲干扰平均滤波法，首先连续读取 X 个数据，去掉一个最大值，去掉一个最小值，最后求解剩余 $X - 2$ 个数据的算术平均数。在实际运用中，X 可取任何正整数，但为了加快测量计算速度。本研发在数字滤波设计中 X 取 10，即调用 A/D 连续进行 10 次采样，去掉其中的最大值和最小值，计算其余 8 个值的平均值，将计算结果发送给上位机处理器。

5.4 机器人运动控制软件系统

5.4.1 运动控制软件系统结构

目前具有代表性的机器人控制体系结构主要分为三大类，即基于知识的体系结构、基于行为的体系结构和分布式体系结构。

在基于知识的体系结构中，按信息流向将功能模块分解为感知、建模、规划、执行，前者的输出作为后者的输入，由此可见该体系结构是一种由传感器到执行器的串行通路，任何一个环节出现故障都会导致整个系统的瘫痪，这使得该体系结构的可靠性大大降低。

基于行为的体系结构是一种包容式结构。这种结构将机器人依据行为能力划分成在功能上逐层叠加的层次结构，每个层根据自身的目标处理相应的信息，并给出可行的控制命令，每一层都有控制机器人运动的能力，但高层次有对低层次影响的特权。基于行为的体系结构每一层次都有一个从感知到动作的完整路径，且

执行方式是并行的，因此非常利于扩展出更高的层次。图 5-13 为包容式控制结构
示意图。

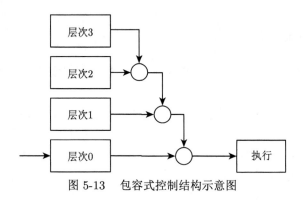

图 5-13　包容式控制结构示意图

　　分布式体系结构主要应用于多机器人系统，地理上分布的多个机器人通过自
身的控制器进行控制，各个机器人之间可以进行信息交换，从而通过协调合作完
成一个复杂的任务。该体系结构对各个机器人的智能化程度要求较高，在机器人
个数增减时不影响系统的工作性能。

　　通过分析各体系结构的特点，结合矿用搜救机器人多传感器实时控制的特点，
单体机器人采用基于行为的包容体系结构，如图 5-14 所示，按优先级的不同分为
四个层：漫游层、趋向目标层、应激避障层和自我保护层。从下到上的各层中，层
数越高优先级就越高。漫游层是优先级最低的层，机器人在执行完一个动作后，在
没有任何外在干扰的情况下，会持续将该行为进行下去，直至其他层起作用。当
接收到上位机的控制指令或传感器信息时，机器人自身运动控制中心通过内部运
算作出相应运动调整。当传感器检测的信息超出预先设定的应激反应数值时，机
器人开启应激避障，完成简单的避障动作。当传感器检测的信息超出预先设定的
安全阈值时，机器人开启自我保护，防止倾翻和碰撞。

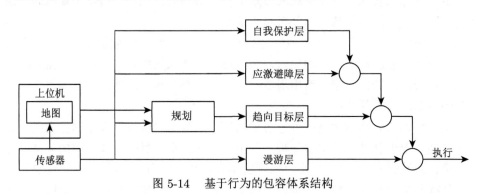

图 5-14　基于行为的包容体系结构

自我保护功能是指在任何状态下，上位机的停止命令享有最高优先级，其次是倾角传感器和红外测距传感器。即在任何状态下，当上位机向机器人发送停止命令时，机器人立即停止当前运行状态，执行停止功能。当遥操作人员未及时发送停止命令时，机器人根据倾角传感器和红外测距传感器的数据超过预先设定安全警戒值时，无论机器人处于何种运行状态，都立即执行停止功能，以防止机器人倾翻和撞击。当由于未知因素导致通信中断时，机器人与上位机之间在设定时间 N 秒内无通信，机器人自动执行停止命令。通过以上功能，实现机器人的多重自我保护。

5.4.2 运动控制程序流程

运动控制程序的功能有：输出 PWM 波，转速频率信号检测、红外测距传感器模拟量采集、倾角传感器数据和惯性测量传感器数据的采集，与上位机通信进行数据和命令的交互。根据运动控制程序的功能，可将软件的设计内容作出如下划分。

主程序设计：程序总体框架设计。

各模块的初始化设计：系统时钟初始化、单片机 I/O 口初始化、定时器初始化、A/D 转换初始化、串口初始化。

中断程序设计：定时器中断程序、串口中断程序。

数据通信端口设计：串口通信发送程序和接收程序。

其他子程序设计：数据滤波处理程序、PID 调节程序、频率采集输入捕获程序、中断优先级设置程序、通信协议解析与数据编码程序。

程序开始，首先进入 main(·) 函数主程序，之后对各模块进行初始化，延时一段时间，待各传感器数据稳定后开启各个中断，等待中断到来。图 5-15 所示为运动控制流程图。

5.4.3 电机转速的 PID 闭环控制

1. PWM 输出

STM32 的通用定时器也能同时产生多达四路的 PWM 输出 [15]，每一个直流无刷电机都需要一路 PWM 来控制，本节设计选用通用定时器 TIM3 的四个通道 CH1、CH2、CH3、CH4 的 PWM 输出来实现对四个电机转速与转向的控制。

TIM3 的功能有很多，在其输出 PWM 之前需对定时器进行初始化设置。其初始化过程主要包括外设时钟的使能、GPIO 引脚的设置、定时器时间基准的设置、定时器输出模式的设置和对定时器的使能。以 TIM3_CH1 通道为例，PWM 输出的初始化设置过程如图 5-16 所示。

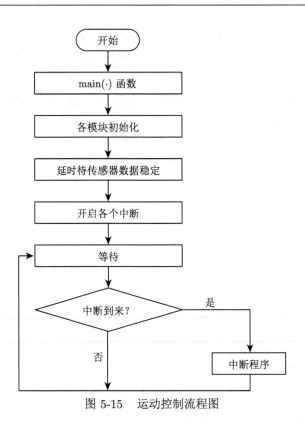

图 5-15　运动控制流程图

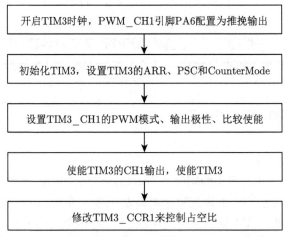

图 5-16　TIM3_CH1 的 PWM 输出的初始化设置过程

　　经过五个步骤的设置，定时器 TIM3 的 CH1 通道已经开始输出 PWM，但是其占空比和频率都是固定不变的。通过 PWM 来调节电机的转速的过程实际上是改变 PWM 信号占空比的过程，修改 TIM3_CCR1 寄存器的值可以改变 CH1 通道 PWM 信号的占空比，继而控制电机的转速。

2. 电机转速的开环控制试验

为了了解该款电机和驱动器的开环控制性能，采用测功机对电机进行转速开环控制性能测试，分别在占空比为 1、0.9、0.8、0.7、0.6、0.5 的情况下，依次对电机加载 3 N·m、8.5 N·m、15.5 N·m、21.5 N·m、27 N·m、32 N·m、38 N·m、46 N·m、51.5 N·m 的负载，测量电机转速，如图 5-17 和图 5-18 所示。试验结果如表 5-5 所示。

图 5-17 电机性能测试

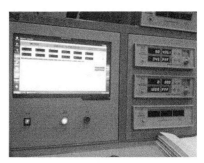

图 5-18 试验数据显示

表 5-5 电机转速开环控制试验结果

负载/(N·m)	占空比					
	1	0.9	0.8	0.7	0.6	0.5
3	3320	2280	1670	1410	1160	910
8.5	3220	2250	1670	1420	1150	875
15.5	3060	2130	1630	1370	1130	820
21.5	3010	2050	1630	1340	1040	790
27	2950	1900	1520	1240	950	650
32	2860	1830	1370	1000	700	500
38	2630	1720	1230	820	420	0
46	2300	1690	1200	795	280	0
51.5	2120	1610	1140	690	0	0

注: 转速单位为 r/min。

以负载为横坐标，以电机转速为纵坐标，根据表 5-5 的数据绘制占空比分别为 1、0.9、0.8、0.7、0.6、0.5 时电机转速与负载的关系曲线，如图 5-19 所示。由图可知，同一占空比下，电机的转速随负载的增加而近似线性减小。

以占空比为横坐标，以电机转速为纵坐标，根据表 5-5 的数据绘制负载分别为轻负载 3 N·m、中负载 21.5 N·m、32 N·m、近额定负载 38 N·m、过载 46 N·m 时电机转速与占空比的关系曲线，如图 5-20 所示。由图可知，同一负载下，电机的转速随占空比的增加而非线性增加。

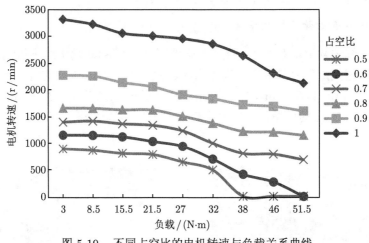

图 5-19　不同占空比的电机转速与负载关系曲线

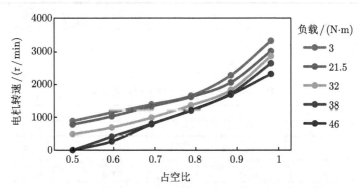

图 5-20　不同负载下的电机转速与占空比关系曲线

由图 5-19 和图 5-20 可知，负载和占空比的变化都将引起电机转速的变化，而且无论改变占空比还是负载，这种变化的线性度都不太好，因此通过单纯的对 PWM 占空比的改变来达到电机转速的调节是不稳定的，需要额外的电机转速调节机制。

矿用搜救机器人所面对的地形是凸凹不平复杂多变的，每一个地形导致机器人所受阻力不同，即电机的负载不同，从而导致电机的转速时刻波动而不能稳定在期望转速。机器人的运动需要四个电机的驱动，要想机器人行走顺利，必须协调好四个电机的转动，而要协调四个电机的转动，首先必须在变负载情况下稳定单个电机的转速。解决办法是，对电机进行速度反馈闭环控制，最常用的就是 PID

调节，即比例积分微分调节。

3. PID 调节原理

PID 控制系统的原理图如图 5-21 所示。PID 调节器是一种线性调节器，它将给定值 $r(t)$ 与实际输出值 $c(t)$ 的偏差的比例项、积分项和微分项相加发送给执行机构，最终实现对被控对象的控制。在控制过程中，通过对 K_P、K_I、K_D 这三个参数进行调整，以达到最优控制的效果。

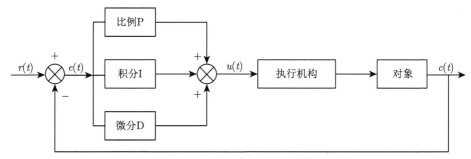

图 5-21　PID 控制系统原理图

PID 调节的方程为

$$u(t) = K_P \left[e(t) + \frac{1}{T_I} \int_0^t e(t)\mathrm{d}t + T_D \frac{\mathrm{d}e(t)}{\mathrm{d}t} \right] \tag{5-2}$$

$$e(t) = r(t) - c(t) \tag{5-3}$$

PID 调节的传输函数：

$$D(S) = \frac{U(S)}{E(S)} = K_P \left(1 + \frac{1}{T_I S} + T_D S \right) \tag{5-4}$$

在数字计算机中，PID 调节采用的数字采样，因此需对其进行离散化，离散 PID 控制器的控制规律为

$$u(n) = K_P \left\{ e(n) + \frac{T}{T_I} \sum_{i=0}^{n} e(i) + \frac{T_D}{T} [e(n) - e(n-1)] \right\} \tag{5-5}$$

式中，$u(n)$ 为第 n 个采样时刻控制器输出量；$e(n)$ 为第 n 个采样时刻控制器输入量与上一时刻输出量的偏差；T 为采样周期。

离散化的 PID 控制器的积分项需要对过去的每个时刻的偏差 $e(i)$ 进行累加计算，由于测量本身具有一定的误差，累加的过程不仅运算量巨大，同时造成误差的累积，给后面的调节带来更大的误差。鉴于离散化 PID 控制器调节的缺点，在工程实际应用中通常采用增量式调节，相应的增量表达式为

$$\Delta u(n) = u(n) - u(n-1) = K_{\mathrm{P}}\Big\{[e(n) - e(n-1)] + \frac{T}{T_{\mathrm{I}}}e(n)$$
$$+ \frac{T_{\mathrm{D}}}{T}[e(n) - 2e(n-1) + e(n-2)]\Big\} \tag{5-6}$$

在实际应用中, PID 控制器无须包含全部比例、积分和微分项, 通常使用的组合形式有: 比例控制、比例–积分控制、比例–微分控制和比例–积分–微分控制。显然微分项的加入可以降低最大动态误差, 但也容易受到外界高频信号的干扰, 电机的 PID 调节控制大多选择比例–积分的形式进行调节, 即 PI 调节。增量式 PI 控制的表达式为

$$\begin{cases} \Delta u(n) = K_{\mathrm{P}}[e(n) - e(n-1)] + K_{\mathrm{P}}\dfrac{T}{T_{\mathrm{I}}}e(n) \\ u(n) = \Delta u(n) + u(n-1) \end{cases} \tag{5-7}$$

常用的 PID 参数整定方法有理论计算法和工程整定法。理论计算法是通过建立数据模型, 直接计算出参数, 然后在工程应用中进行调整和修改。工程整定法根据工程经验, 直接修改控制器的参数, 通过试验使效果达到最佳, 这种方法简单易学, 因此被广泛采用。PID 控制器参数选择的工程整定法主要有临界比例法、衰减法和反应曲线法。

为了确保安全, 在实际应用中, 需要对调节器的输出进行限幅设置。位置式算法需要同时考虑积分的限幅和输出的限幅, 而增量式算法只需要考虑输出限幅, 其具体表达如式 (5-8) 所示, 其中 $u(n)$ 表示调节器的输出, u_{min} 表示输出下限, u_{max} 表示输出上限。

$$u(n) = \begin{cases} u_{\mathrm{min}}, & u(n) \leqslant u_{\mathrm{min}} \\ u(n), & u_{\mathrm{min}} < u(n) < u_{\mathrm{max}} \\ u_{\mathrm{max}}, & u(n) > u_{\mathrm{max}} \end{cases} \tag{5-8}$$

5.5　机器人多驱动自适应控制方法

为了使矿用搜救机器人既具有较高的速度又具有较大的扭矩, 采用多驱动协同工作系统, 并针对具体的工况条件采取速度与扭矩两种工作模式。针对多驱动系统所带来的驱动模式切换问题, 提出了基于电流的多驱动模式自适应控制方法。该方法集合了决策树与神经网络的部分思想, 通过感知各驱动电机电流大小的方法进行路况识别 [16]。为了消除干扰因素对于电机电流变化的影响, 使用均值滤波的方法对所得到的电流值进行滤波。

5.5.1 基于电流的驱动模式自主切换理论

实现机器人行走系统不同驱动模式自主切换理论的核心是基于机器人对不同路面的识别。机器人对于环境的识别更多的是对周围障碍物的识别，其目的是辅助遥操作或者用于机器人的自主导航。本节所指的对不同路面的识别本质上是辨识机器人在不同地面行走时的阻力矩。影响阻力矩变化的情况很多，如机器人在爬坡时、越障时阻力矩均会增大，在泥泞的路面上行走、转弯时阻力矩也会增大。不同的是，当爬坡或者越障时，机器人的位姿会发生改变。因此，李伟建[17]采用倾角传感器对机器人的位姿进行识别，进而识别不同的路况。但是，此方法对于倾角不发生改变的情况不适用。

驱动电机的电流可以直接反映阻力矩，基于电流的阻力矩识别方法在采煤机煤岩识别方面已有应用。王育龙[18]提出了基于电流信号的煤岩识别方法，建立了"截割阻力矩–截割电机电流"的模型。屠世浩等[19]提出了一种薄煤层煤岩界面识别及滚筒自动调高的方法，通过记录示范刀割到煤层与岩层后各自的电流值作为煤层与岩层电流限值识别，通过对煤与岩层的判断调整采煤机采高。曹庆春等[20]针对井下无人化、自动化的目标，提出了对于截割电机输入电流信号渐变的分析，通过 Hilbert 变换–主成分分析–多分类相关向量机对煤岩进行识别，从而满足复杂的开采需求。

基于此，借鉴电流识别方法在采矿工程中的应用，提出基于电流的多驱动行走系统不同驱动模式的自主切换理论。

对于由两个双驱动履带单元组成的多驱动机器人行走系统，需要对四个驱动电机进行控制。令 n_{lf} 代表左侧履带单元前驱动电机转速控制量，n_{lb} 代表左侧履带单元后驱动电机转速控制量。同理，右侧驱动系统分别用 n_{rf}、n_{rb} 表示。n 代表电机额定转速，i_f 和 i_b 分别代表前驱动系统和后驱动系统的传动比。机器人运动控制策略如表 5-6 所示。

表 5-6 机器人运动控制策略

模式	驱动源			
	n_{lf}	n_{lb}	n_{rf}	n_{rb}
高速直行	n	0	n	0
大扭矩直行	$n \cdot (i_f/i_b)$	n	$n \cdot (i_f/i_b)$	n
后退	$-n \cdot (i_f/i_b)$	$-n$	$-n \cdot (i_f/i_b)$	$-n$
左转	$-n \cdot (i_f/i_b)$	$-n$	$n \cdot (i_f/i_b)$	n
右转	$n \cdot (i_f/i_b)$	n	$-n \cdot (i_f/i_b)$	$-n$

机器人的转弯过程阻力矩较大，因此主要以扭矩模式运行。不同驱动模式的切换主要发生在机器人直行过程中。因此，本节将重点讨论直行过程中，如何基于驱动电机电流使机器人能够根据地形自动切换不同的驱动模式。由于在直行过程中两侧履带单元控制策略相同，故以一侧履带单元进行研究。

当通过截割电流进行煤岩识别时，需要记录示范刀的电流值，且截割深浅不一致，煤层性质不一致时电流均会发生改变，这就增大了煤岩识别的难度。但机器人通过电流进行路况的识别则相对简单，不需要考虑不同路况可能对应不同的电流值，只需要判断电流值是否已经达到额定电流 (或最大电流)。

设前驱动系统经驱动轮输出的转速为 $v_f(t)$，输出的驱动力矩为 $T_f(t)$，最大值为 T_{fm}，比较电流值为 I_f，输入转速控制量为 $N_f(t)$，最大值为 N_{fm}；后驱动系统经驱动轮输出的转速为 $v_b(t)$，输出的驱动力矩为 $T_b(t)$，最大值为 T_{bm}，比较电流值为 I_b，输入控制量为转速 $N_b(t)$，最大值为 N_{bm}；外阻力为 $f_r(t)$；前驱动系统传动比与后驱动系统传动比的比值为 i。

当 $f_r(t) < T_f(t)$，即后驱动电机电流 $i_b(t) < I_b$ 时，采用速度模式运行，此时给予控制量 $N_f(t) = N_{fm}$，$N_b(t) = 0$；当 $T_f(t) \leqslant f_r(t) \leqslant T_b(t) + T_f(t)$，即前驱动电机电流 $i_f(t) > I_f$ 时采用扭矩模式运行，此时给予控制量 $N_f(t) = N_{bm}/I$，$N_b(t) = N_{bm}$。

参照决策树与神经网络控制理论的基本思想，结合均值滤波的数据处理思路，提出了驱动模式自主切换控制方法，其结构如图 5-22 所示。

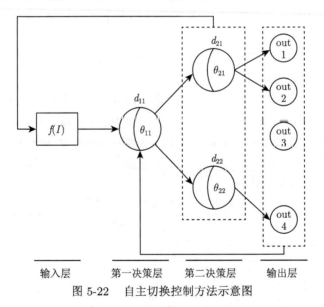

图 5-22 自主切换控制方法示意图

该控制系统共有两个决策层、一个输入层以及一个输出层。其中输入层以及决策层均有相应的数据处理函数或决策函数，决策函数引入神经网络中的阈值思想。

如何判断电流的变化是因为地形的持久变化而不是一些干扰因素的影响，是能够实现该控制方法的关键。因此，提出稳定性判断条件。

稳定性判断定理:设电机的电流为 $i(t)$，如果 $i(t), i(t-a), \cdots, i(t-n \cdot a), (a, n \in$

N) 均处在比较电流 $I_1 (I_2)$ 一侧，则认为此时系统处于稳定状态。

对于 a、n 的选取，可以根据经验或者对系统的要求而定，a、n 取值越大，系统的稳定性判断越准确，但实时性越差。

输入层的输入为前驱动电机或后驱动电机的电流矩阵，电流矩阵具体值由第一决策层的输出决定。电流矩阵的具体形式如式 (5-9) 所示，其意义为：i_{ab} 为电流矩阵 I 的元素，若系统的采样时间为 Δt，i_{ab} 代表第 $[(a-1) \times n + b] \Delta t$ 时刻的电流值。对矩阵的行值进行均值处理，经过 $f(I)$ 运算，得到电流的均值矩阵 I_{ave}。矩阵的列值用于电机稳定状态判断。

$$
I = \begin{bmatrix} i_{11} & i_{12} & \cdots & i_{1n} \\ i_{21} & i_{22} & \cdots & i_{2n} \\ \vdots & \vdots & & \vdots \\ i_{m1} & i_{m2} & \cdots & i_{mn} \end{bmatrix} \tag{5-9}
$$

输入层的均值处理过程如式 (5-10) 所示：

$$
\begin{aligned}
I_{\text{ave}} = f(I) &= \begin{bmatrix} i_{11} & i_{12} & \cdots & i_{1n} \\ i_{21} & i_{22} & \cdots & i_{2n} \\ \vdots & \vdots & & \vdots \\ i_{m1} & i_{m2} & \cdots & i_{mn} \end{bmatrix} \cdot \begin{bmatrix} 1 \\ 1 \\ \vdots \\ 1 \end{bmatrix} \cdot \frac{1}{n} \\
&= \begin{bmatrix} i_{\text{ave1}} \\ i_{\text{ave2}} \\ \vdots \\ i_{\text{avem}} \end{bmatrix}
\end{aligned} \tag{5-10}
$$

对于第一决策层，其输入为电流的均值矩阵 I_{ave} 和输出层结果 (电机的控制量矩阵 N)。将两种输入组合，第一决策层的输入矩阵为

$$
IN_1 = \begin{bmatrix} I_{\text{ave}} & N \end{bmatrix}^{\text{T}} = \begin{bmatrix} i_{\text{ave1}} & \cdots & i_{\text{avem}} & N_1 & N_2 \end{bmatrix}^{\text{T}} \tag{5-11}
$$

对于所设计的双驱动履带单元，默认采用速度模式运行，即只有前驱动电机工作。因此，对于第一决策层的数据 (电流的均值矩阵 I_{ave}) 流向，只需要判断后驱动电机是否工作即可。

因此，定义其决策函数如式（5-12）所示（通过判断后驱动电机转速是否为

0），取阈值 $\theta_{11} = 0$。

$$y = f(t) = f\left(\left[\underbrace{\begin{array}{ccccc} 0 & \cdots & 0 & 0 & 1 \end{array}}_{m+2}\right] \cdot \boldsymbol{IN}_1 + \theta_{11}\right) \tag{5-12}$$

第一决策层的数据流向和输出结果为

$$\mathrm{OUT}_1 = \begin{cases} \boldsymbol{I}_{\mathrm{ave}}, & y = 0, & d_{21} \\ \boldsymbol{I}_{\mathrm{ave}}, & y \leqslant 0, & d_{22} \end{cases} \tag{5-13}$$

式中，I_{ave} 为输出结果；$y = 0$ 为判断条件；d_{21} 为数据流向。

对于第二决策层，其输入为第一决策层的输出。定义其决策函数为

$$\boldsymbol{y} = f\left(\boldsymbol{I}_{\mathrm{ave}} + \boldsymbol{\theta}_{2i}\right) \tag{5-14}$$

式中，θ_{2i} 为一系列比较电流值构成的矩阵。对于 d_{21} 单元，θ_{2i} 中的元素值应为 I_1，即由速度模式切换为扭矩模式的临界电流值，元素数量与 $\boldsymbol{I}_{\mathrm{ave}}$ 中元素数量相同；对于 d_{22} 单元，θ_{2i} 中的元素值应为 I_2，即由扭矩模式切换为速度模式的临界电流值，元素数量与 I_{ave} 中元素数量相同。

定义第二决策层决策单元 d_{21} 数据流向和输出结果为

OUT_{21}

$$= \begin{cases} [N_2/I \quad N_2]^{\mathrm{T}}, & y_i \geqslant 0 \& y_{i+a} \geqslant 0 \& \cdots \& y_{i+n \cdot a} \geqslant 0 \ [(i+n \cdot a) \leqslant m], & \mathrm{out}_1 \\ [N_1 \quad 0]^{\mathrm{T}}, & \text{其他}, & \mathrm{out}_2 \end{cases}$$

$$\tag{5-15}$$

定义第二决策层决策单元 d_{22} 数据流向和输出结果为

OUT_{22}

$$= \begin{cases} [N_1 \quad 0]^{\mathrm{T}}, & y_i \leqslant 0 \& y_{i+a} \leqslant 0 \& \cdots \& y_{i+n \cdot a} \leqslant 0 \ [(i+n \cdot a) \leqslant m], & \mathrm{out}_3 \\ [N_2/I \quad N_2]^{\mathrm{T}}, & \text{其他}, & \mathrm{out}_4 \end{cases}$$

$$\tag{5-16}$$

5.5.2　自主切换理论仿真与台架试验

使用 MATLAB 软件中的 Simulink 工具箱建立单侧履带驱动单元的仿真系统，如图 5-23 所示。

使用 80BL-48V-500W 直流无刷电机相关参数作为仿真系统驱动电机的参数，其相关参数如表 5-7 所示。

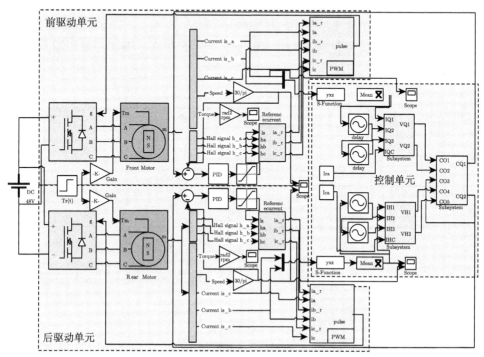

图 5-23   单侧履带驱动单元仿真系统

表 5-7   电机相关参数

项目	单位	数值
额定电压	V	48
额定转矩	mN·m	1800
终端电阻时相	Ω	1.03
终端电感时相	mH	0.82
转矩常数	mN·m/A	178
转度/转矩常数	(r/min)/(mN·m)	0.457
转动惯量	g·cm^2	831

根据仿真系统的相关参数值，设定比较电流 I_1 的值为 10 A，与前驱动电机的额定电流相同。设定比较电流 I_2 的值为 4 A，为当速度模式下前驱动电机达到额定电流时所对应工况下，采用扭矩模式时后驱动电机的电流值。上述比较电流值的确定方法也应为实际使用时比较电流值的确定方法。对于该仿真系统，外阻

力为 18 N·m 时为两种工作模式的切换阈值。速度模式下，前后驱动电机所对应的转速应分别为 $N_1 = 3000$ r/min 与 $N_2 = 0$ r/min。扭矩模式下，前后驱动电机所对应的转速应分别为 $N_1 = 1000$ r/min 与 $N_2 = 3000$ r/min。

分别使外阻力矩从 5 N·m 变为 23 N·m 和从 23 N·m 变为 5 N·m，观察外阻力矩变化过程中前后驱动电机转速的变化。运行仿真，得到结果如图 5-24 和图 5-25 所示。

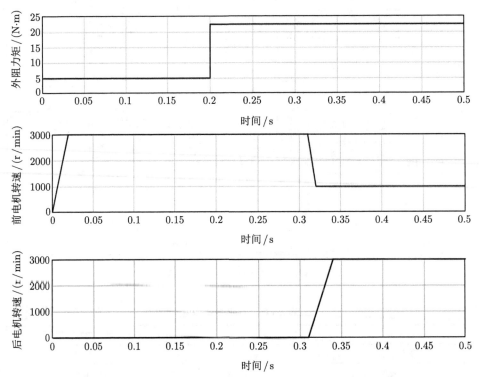

图 5-24　外阻力矩从 5 N·m 变为 23 N·m 时的电机转速变化

图 5-24 中，当外阻力矩从 5 N·m 变为 23 N·m 时，前驱动电机转速从 3000 r/min 变为 1000 r/min，后驱动电机转速从 0 r/min 变为 3000 r/min。在图 5-25 中，当外阻力矩从 23 N·m 变为 5 N·m 时，前后驱动电机的转速变化规律与图 5-24 相反。图 5-24 和图 5-25 中的电机转速变化过程很好地模拟了驱动模式的变化过程，也证明了自适应控制技术的有效性。但是，在图 5-24 与图 5-25 中，电机转速的变化相对于外阻力的变化有一个延迟，该延迟是控制系统对电流进行均值运算与稳定状态判断所致。该延迟的存在并不影响实际使用，但可以作为系统实时性的一个度量。

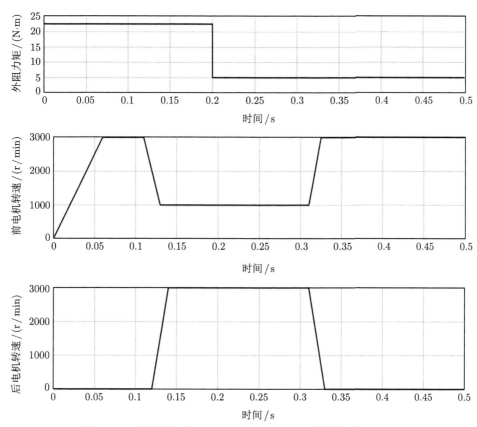

图 5-25　外阻力矩从 23 N·m 变为 5 N·m 时的电机转速变化

仿真试验后，进行台架试验以进一步验证控制方法的有效性，如图 5-26 所示。

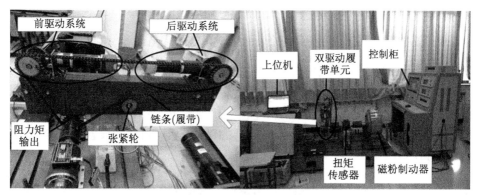

图 5-26　自适应控制方法台架试验

该台架试验对双驱动履带单元进行了简化处理，只保留了最核心的结构。控制柜可以控制磁粉制动器输出不同的扭矩，并显示和记录扭矩传感器传回来的最终速度值与扭矩值。上位机与前后驱动系统的控制器连接，用来执行控制策略。基于此台架测试系统的硬件，设置速度模式下的输出转速为 62 r/min，扭矩模式下的输出转速为 20 r/min。两种驱动模式的切换阈值为 25 N·m。最终得到如图 5-27 所示的试验结果。

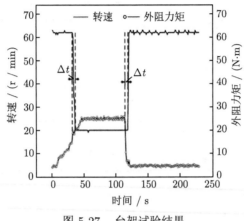

图 5-27　台架试验结果

图 5-27 中，外阻力矩由 5 N·m 变到 25 N·m 再到 5 N·m 的过程中，最终扭矩传感器记录的转速由 62 r/min 变为 20 r/min 再到 62 r/min，意味着随着外阻力矩的增加，由速度模式转换为扭矩模式，然后随着外阻力矩的减小又转换为速度模式，与预期结果相符。其中 Δt 表示力矩变化与速度变化之间的时间延迟，这与仿真结果相同。

5.6　运动控制系统性能测试

5.6.1　电机抗负载变化性能试验

1. 试验方法

PID 调节前试验：将电机装夹在测功机上，通过测功机的控制器设置电机负载为 32 N·m。通过运动控制板，将电机驱动器的 PWM 控制信号占空比设置为 1，电机开始转动，待转速稳定，给电机增加负载，将电机负载设置为 38 N·m，通过运动控制板采集驱动器输出的转速信号，记录并保存电机转速信息。

PID 调节后试验：将电机装夹在测功机上，通过测功机的控制器设置电机负载为 32 N·m。通过运动控制板，将电机转速设置为 2860 r/min，电机开始转动，待转速稳定，给电机增加负载，将电机负载设置为 38 N·m，通过运动控制板采集驱动器输出的转速信号，记录并保存电机转速信息。

2. 试验结果与分析

将加载试验过程中采集的电机转速信号绘制成转速曲线。图 5-28 所示为 PID 调节前加载时电机转速曲线，图 5-29 所示为 PID 调节后加载时电机转速曲线。

通过图 5-28 和图 5-29 所示的 PID 调节前后加载过程中电机转速曲线可以看出：

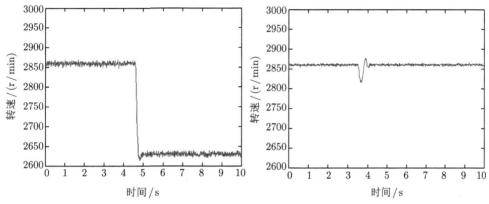

图 5-28　PID 调节前加载时电机转速曲线　　图 5-29　PID 调节后加载时电机转速曲线

(1) PID 调节前，在负载稳定在 32 N·m 时，电机转速波动较大，波动约为 10 r/min；

(2) PID 调节后，在负载稳定在 32 N·m 时，电机转速波动较小，波动小于 5 r/min；

(3) PID 调节前，在负载由 32 N·m 增大到 38 N·m 时，电机的转速由约 2860 r/min 减小到 2630 r/min，之后电机转速趋于稳定，在 2630 r/min 上下波动；

(4) PID 调节后，在负载由 32 N·m 增大到 38 N·m 时，电机的转速由约 2860 r/min 经过三次减小和增加的振荡后恢复至约 2860 r/min，且振荡过程中最小转速不小于 2800 r/min，最大转速不大于 2900 r/min。

通过上述试验结果可以看出，对直流无刷电机的 PID 调节起到了很好的效果，主要表现在两个方面：一是在负载不变时，电机转速波动变小，即经过 PID 调节后，电机的转速更加稳定；二是在负载发生变化时，电机的转速几乎不发生变化，即经过 PID 调节后，电机的抗负载变化能力变强。

5.6.2　机器人直线行走稳定性试验

1. 试验方法

PID 调节前试验：将运动控制板输出的 PWM 控制信号的占空比由 1 到 0.5 逐渐减小，直至机器人速度约为 1.0 m/s。在试验场地上测量直线距离为 50 m 的两地点 A 和 B，其中 A 为起始地点，B 为终止地点。将机器人停放在 A 地点，

并正对着 B 地点，启动机器人，通过程序给定机器人速度为 1.0 m/s 时的占空比，机器人向 B 地点方向前进，通过运动控制板采集驱动器输出的左前方电机和右前方电机的转速，并根据电机到驱动轮的传动比和驱动轮直径，计算出左履带和右履带的线速度。

　　PID 调节后试验：将机器人停放在 A 地点，并正对着 B 地点，启动机器人，通过程序设置机器人的期望速度为 1.0 m/s，通过 PID 调节程序，运动控制板输出相应占空比的 PWM 信号，机器人向 B 地点方向前进，通过运动控制板采集驱动器输出的左前方电机和右前方电机的转速，并根据电机到驱动轮的传动比和驱动轮直径，计算出左履带和右履带的线速度。

　　2. 试验结果和分析

　　根据采集的电机转速信息，绘制机器人左右履带的线速度曲线。图 5-30 所示为 PID 调节前左履带的线速度曲线。图 5-31 所示为 PID 调节前右履带的线速度曲线。图 5-32 所示为 PID 调节后左履带的线速度曲线。图 5-33 所示为 PID 调节后右履带的线速度曲线。图 5-34 为 PID 调节前两侧履带线速度差曲线。图 5-35 为 PID 调节后两侧履带线速度差曲线。

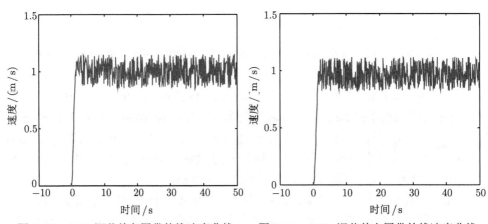

图 5-30　PID 调节前左履带的线速度曲线　　　图 5-31　PID 调节前右履带的线速度曲线

　　由 PID 调节前后的左右履带线速度曲线可以看出以下几个方面。

　　(1) PID 调节前，机器人速度由静止启动到速度增大到设定速度 1 m/s 的时间较长，而 PID 调节后，机器人速度由静止启动到速度增大到设定速度 1 m/s 的时间较短，即经过 PID 调节后，机器人速度响应更快。

　　(2) PID 调节前，左右履带的线速度波动较大，PID 调节后，左右履带线速度波动较小，即经过 PID 调节后，机器人两侧履带线速度波动性变小，机器人速度更加稳定。

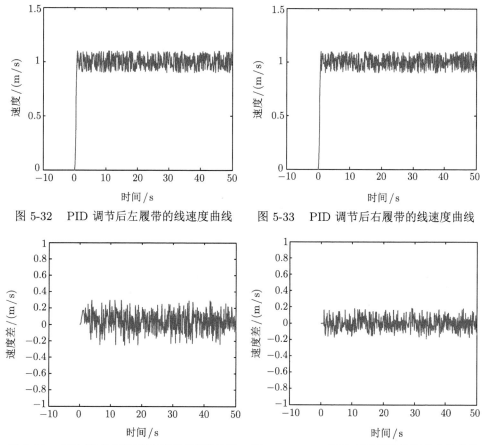

图 5-32　PID 调节后左履带的线速度曲线　　图 5-33　PID 调节后右履带的线速度曲线

图 5-34　PID 调节前两侧履带线速度差曲线　　图 5-35　PID 调节后两侧履带线速度差曲线

由 PID 调节前后的左右履带线速度差曲线可以看出：PID 调节前，机器人左右履带线速度差较大，在 ±0.3m/s 范围内波动；PID 调节后，机器人左右履带线速度差较小，在 ±0.2 m/s 范围内波动。因此，经过 PID 调节，机器人两侧履带速度更加稳定。

通过对机器人两侧履带线速度差求算术平均值，可得 PID 调节前，机器人两侧履带线速度差的算术平均值 $\Delta \overline{V}_{前} = 0.038$ m/s，PID 调节后，机器人两侧履带线速度差的算术平均值 $\Delta \overline{V}_{后} = 0.003$ m/s。由 $\Delta \overline{V}_{前} > \Delta \overline{V}_{后}$ 可得，经过 PID 调节之后，机器人的左右两侧履带的线速度更加稳定，机器人直线行走能力得到有效提高。

5.6.3　自适应控制技术的野外试验

虽然已经通过台架试验验证了控制方法的有效性，但是，磁粉制动器只能缓慢地增加阻力，所能模拟的地形条件有限。经过上述一系列的优化设计，多驱动矿用搜救机器人样机已经基本研制完成，因此对实物样机进行野外试验。依据试验的难易程度，依次为机器人选择单级台阶、斜坡与石子堆作为测试场地。

单级台阶的测试过程如图 5-36 所示，用以检测自适应控制程序对于突变信号的有效性。台阶高度为 150 mm，路面为优质的硬质路面，机器人不会沉陷。测试过程中，当机器人前驱动轮接触到台阶后，前驱动系统所提供的力矩不足以跨越台阶，从而产生堵转电流，当堵转电流持续一定时间后，满足程序所设定的稳定性判断条件，两个驱动系统同时运行，机器人跨越台阶。

图 5-36　单级台阶试验

斜坡测试过程如图 5-37 所示，用以检测自适应控制程序在一定干扰下对于缓变信号的有效性。斜坡所在路面为较松软的泥土。机器人在此种路面行走时，外阻力会不断地波动。机器人行走至斜坡之前，前驱动系统工作，电机电流不断发生变化，但不足以满足切换条件。当机器人开始攀爬斜坡时，机器人速度明显放慢，此时因为惯性作用机器人不会停止前进，但前电机电流急剧增加，经过稳定性判断同时满足切换条件后，两个驱动系统同时运行，机器人顺利通过斜坡。

图 5-37　泥土斜坡试验

石子堆的测试过程如图 5-38 所示，用以检测自适应控制程序对于复杂信号的有效性。石子堆相对松软，而机器人自身质量较重，当机器人行驶到石子堆上时，机器人会发生沉陷。机器人在穿越石子堆的过程中，会不断地重复爬坡与沉陷的状态。因此，驱动电机的电流会一直发生较大的变化。但是，在实际过程中，机器人在一开始从速度模式转换为扭矩模式后，后面就没有发生驱动模式的改变。这是由于虽然在穿越石子堆过程中，电流变化较大，但是持续时间短，不满足稳定性判断条件，因此没有出现切换错乱的现象。

图 5-38　石子堆试验

三组不同的试验表明，基于电流的多驱动模式自适应控制方法很好地实现了机器人行走系统不同驱动模式的相互切换。

参 考 文 献

[1] 陶永华. 新型 PID 控制及其应用: 第二讲　自适应 PID 控制 [J]. 工业仪表与自动化装置, 1997, (5): 50-53.

[2] Le M D, Nguyen S H, Nguyen L A. Study on a new and effective fuzzy PID ship autopilot[J]. Artificial Life and Robotics, 2004, 8(2): 197-201.

[3] 徐湘元. 自适应控制与预测控制 [M]. 北京: 清华大学出版社, 2017.

[4] Siciliano B , Khatib O . Springer Handbook of Robotics[M]. New York: Springer-Verlag, 2008.

[5] 王志飞. 基于 PID 驱动控制算法的智能车远程闭环控制的研究与实现 [D]. 长春: 吉林大学, 2015.

[6] 朱华, 马西良, 刘健, 等. 煤矿井下救援机器人控制系统及控制方法: 中国, CN2013100729-93.9[P]. 2015.

[7] 高志军. 煤矿救援机器人环境探测与运动控制研究 [D]. 徐州: 中国矿业大学, 2015.

[8]　赵树磊, 谢吉华, 刘永锋. 基于霍尔传感器的电机测速装置 [J]. 电工电气, 2008, (10): 53-56.

[9]　邓涛, 李栋, 金鑫. 高精度 ADC 系统的接地及信号降噪方法 [J]. 大地测量与地球动力学, 2017, 37(增 1): 184-188.

[10]　庞晓晖, 胡修林, 张蕴玉, 等. 高速数据采集系统的设计与实现 [J]. 仪器仪表学报, 2000, (3): 297-299.

[11]　俞海珍, 冯浩. 电磁兼容技术及其在 PCB 设计中的应用 [J]. 计算机工程与科学, 2004, (4): 80-82.

[12]　王岗岭, 李秀敏. 电子线路的抗干扰设计 [J]. 电子制作, 2004, (5): 44-45.

[13]　徐小明, 李芹. 浅谈用单片机进行电子线路的抗干扰设计 [J]. 职业, 2010, (20): 175.

[14]　任克强, 刘晖. 微机控制系统的数字滤波算法 [J]. 现代电子技术, 2003, (3): 15-18.

[15]　董昊, 石九龙, 刘锦高. 基于 STM32F103 的贴片机控制系统的设计与实现 [J]. 电子设计工程, 2014, (4): 158-161.

[16]　Li Y T, Zhu H, Li M G, et al. A novel explosion-proof walking system: Twin dual-motor drive tracked units for coal mine rescue robots [J]. Journal of Central South University, 2016, 23(10):2570-2577.

[17]　李伟建. 煤矿救援机器人姿态检测与控制研究 [D]. 西安: 西安科技大学, 2011.

[18]　王育龙. 基于电流信号的煤岩识别方法研究 [D]. 西安: 西安科技大学, 2013.

[19]　屠世浩, 袁永, 张村. 一种薄煤层煤岩界面识别及滚筒自动调高的方法: 中国, CN201310121939.9[P]. 2015.

[20]　曹庆春, 刘帅, 王怀震, 等. 基于渐变信号的 HHT-PCA-MRVM 煤岩辨识算法 [J]. 传感器与微系统, 2017, 36(8): 138-140.

第 6 章　机器人井下通信

6.1　引　言

矿用搜救机器人的主要功能是探测灾区环境、搜寻遇难人员，并将灾区的环境信息发送至远程控制端，为救护队员开展救援工作的科学决策提供依据。由于非结构环境中智能移动机器人技术还不成熟，目前矿用搜救机器人的控制大多采用遥操作控制方式，因而机器人系统对通信系统的性能与可靠性依赖很强。理想情况下，机器人可以反馈实时的视频流，用于机器人本体运动的监视和控制，同时将机器人与环境的交互信息实时传输给控制端，供救援人员使用。但由于井下弯曲绵延的巷道限制了无线链路的构建和无线信号的传播，降低了通信带宽，不仅直接影响遥操作，而且通信延时导致对机器人状态及周围环境的监控也变得困难。随着机器人智能化程度的提高，研发具备自主功能的矿用搜救机器人成为可能。煤矿自主搜救机器人不需要提供实时的视频和传感器数据流，仅需要给控制端反馈机器人当前的位置和感知的目标等信息，可以一定程度降低对带宽的需求，即通过低带宽、可靠的通信链路实现自主机器人的交互控制。

当前关于煤矿井下通信方法的研究主要集中在井下正常工况的人员与装备、装备与装备、人员装备与地面基站间的通信链路构建，通常研究室内或地面常规的无线通信技术在井下应用的方法和效果。Yarkan 等 [1] 研究了当前井下常用的通信方式，归纳为以下五大类：有线通信系统、无线电通信系统 (透地通信、无线网络、超宽带系统)、载波电流通信系统、混合系统、其他系统。Forooshani 等 [2] 从井下通信信息建立机制方面将通信方式归类为透地通信、有线通信、空间通信。Bhattacharjee 等 [3] 以及 Moridi 等 [4] 探讨了 Bluetooth、UWB、WLAN 和 ZigBee 组建无线传感网络在井下的应用情况及各自的优势和缺陷。Walsh 等 [5] 研究了 WiFi 信号在山洞环境中的传播过程影响因素，认为不同山洞几何环境对信号传播有不同的影响，并利用仿真建模进行了数值分析。上述研究都是针对井下正常环境，可以利用基础设施供电、提前部署。但对于无基础设施可用的灾后环境，如何依靠机器人自身携带通信设备搭建通信链路的研究尚不充分。

本章针对目前井下灾后恶劣环境对通信系统的挑战，提出适用于不同智能化程度的矿用搜救机器人通信系统。对于远程遥操作的搜救机器人，提出采用有线-无线结合的多机器人中继通信方案，能够将机器人携带传感器的感知信息通过有线–无线组成的混合以太网传输到远程控制终端。该方案既包含有线通信的稳定、高效的特性，也具有无线通信灵活、降低机身负载、弯曲巷道适应性强的优点，从而实现灾区环境信息的采集，并使机器人具有超过 3 km 的工作范围；对于自主化程度更高的搜救机器人，提出采用无线中继抛投自组网的通信方案，该系统具有高带宽、低延时、自组网的特点，可以在直线距离 300 m 以上的巷道中维持无线通信 100 Mbit/s 以上的高带宽，同时利用可自由抛投的中继，拓展了巷道拐弯、巷道上山下山等复杂工况的应用，具有通信灵活、不受环境障碍物羁绊等优势。

6.2   矿用搜救机器人现有通信方式

6.2.1   井下通信特点与通信系统性能需求

煤矿巷道属于典型的长距离、半封闭、狭窄空间，多径效应明显，对于无线通信质量的稳定性影响大；灾后巷道环境复杂，存在大量碎石、轨道、散落的设备、电缆、塌方路段等复杂地形，机器人采用有线通信线缆容易被障碍物缠绕、割裂，以及被机器人碾压，导致通信可靠性较差，也缩短了有线通信的实际距离。尤其是当机器人在遭遇分叉巷道需要拐弯进入新的巷道、工作面区域后，机器人运行方向发生明显变化，会导致有线通信持续剐蹭拐角处或遇到的其他障碍，容易造成通信中断。采用无线通信在进入新的巷道后，由于巷道墙体的屏蔽、设备的遮挡等因素，无线信号会极具衰减，导致无线通信也不可靠。设计和选择合理的通信方式，对于矿用搜救机器人在执行救援任务中的实用性起到了至关重要的作用。

灾害发生后，机器人需要将探测到的甲烷、一氧化碳等有毒有害气体浓度、视频和音频、三维场景等环境信息，以及速度、位置、姿态等机器人自身状态监测信息实时回传到救援指挥中心，辅助救援方案的制定和机器人的控制。井下巷道长度通常达到数公里甚至数十公里，机器人与地面指挥中心的可靠、低延时、大带宽通信能力至关重要。

根据矿用搜救机器人执行任务的特点，可以分析出搜救机器人需要使用的传感器类型和执行的任务类型，进而判断机器人对于通信质量的需求。表 6-1 列举了井下机器人执行任务时，应用类型及对应的网络需求。对于仅依赖工业图像执行探测救援遥操作的任务，带宽只需达到 20 Mbit/s，延时小于 20 ms 即可满足使用需求。对于需要实时传输高清视频流和点云流的应用，建议带宽需要达到 100 Mbit/s 以上。对于具备自主导航功能的搜救机器人，带宽没有特定的要求，维持 10 Mbit/s 以上带宽即可回传定位信息、各类探测传感器信息，但是为了实现监控和建图信息的回传，仍然建议保证 50 Mbit/s 以上的带宽。

表 6-1 应用类型及网络需求

应用类型	网络需求	
监控高清视频传输	带宽 >100 Mbit/s	延时 <20 ms
探测救援遥操作指令, 工业图像	带宽 >20 Mbit/s	延时 <20 ms
测绘稀疏点云	带宽 >100 Mbit/s	延时 <20 ms
自主导航	带宽 >50 Mbit/s	延时 <20 ms

6.2.2 井下机器人有线通信

1. 电缆通信

电缆通信是最早应用于井下的通信方式, 通常采用铝、铜等金属导体做同轴电缆来传输信息, 包括声音、图像及视频等, 通过转换、采样、量化等方式转化为电信号加载在电缆之上, 实现信息的发送, 在接收端通过接收设备的反向调制实现信息接收, 完成信息从发送到接收的全过程。电缆通信技术在生活中比较常见, 但因其对环境的适应性较差, 在井下进行基础设施搭建时易受环境条件的限制。哈尔滨工业大学研发的 MINBOT-I 型矿用搜救机器人, 如图 6-1(a) 所示, 采用了通信介质为同轴电缆的通信方案[6], 通信速率可达 10 Mbit/s。采用电缆的好处是救援人员可以沿着电缆直接进入灾区, 将电缆作为绳索将机器人从灾区拖曳出来, 同时可以避免采用机器人携带电池供电, 大幅度减小机器人的体积。采用电缆的主要问题是随着机器人移动距离的增加, 拖动长度增长的电缆变得困难, 同时由于随着距离增大电压衰减较快, 因此不适合长距离通信使用。

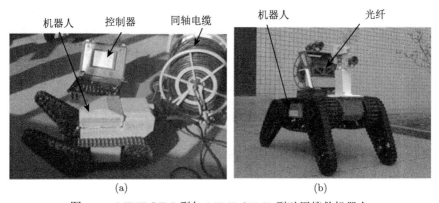

机器人　控制器　同轴电缆　机器人　光纤

(a)　(b)

图 6-1 MINBOT-I 型与 MINBOT-II 型矿用搜救机器人

2. 光纤通信

相比于电缆通信, 光纤通信有许多明显的优势, 表现在以下几个方面。

(1) 通信容量大。光纤的传输频带理论带宽可达 30 亿 MHz, 满足机器人高清视频、点云等大数据量的实时传输。

(2) 传输距离远。由于光纤的衰耗系数很低,信息传输距离可达几十公里以上。

(3) 高信噪比,信号串扰小,传输质量高。

(4) 电磁绝缘性能好,满足防爆要求。光纤电缆中传输的光束不受外界电磁场的干扰与影响,而且本身也不向外辐射信号,因此它适用于长距离的信息传输以及要求高度安全的场合。

(5) 保密性能好。光波在光纤中传输时只在其芯区进行,基本上没有光"泄露"出去,因此其保密性能极好。

(6) 适应能力强。光纤耐化学腐蚀,可挠性强,使用环境温度范围宽。

(7) 体积小、重量轻、便于施工维护。

(8) 光纤通信不带电,使用安全,可用于井下易燃易爆场所。

(9) 价格低廉。

光纤通信的以上特点满足远程、大容量和实时性的要求,因此是合适的井下信息传输方式。在国内外研究的探测救援机器人中,光纤通信是常用的通信方式。图 6-1(b) 为我国唐山开诚集团与哈尔滨工业大学联合研发的第二代矿用搜救机器人 MINBOT-II 型 [6]。该机器人采用了光纤通信,通信速率可达 1 Gbit/s;设计了独立的光纤释放装置,采用拖缆方式进行释放。图 6-2(a) 为 Remotec 公司设计的 V2 机器人,采用矿用光纤传输井下救援现场的信息如图 6-2(b) 所示,探测距离接近 1.5 km[7]。采用光纤的主要问题是不够灵活,对于煤矿巷道转弯、杂乱地面的适应性差。

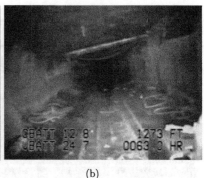

(a)   (b)

图 6-2　V2 机器人

目前井下搜救机器人主要采用有线传输方式进行通信,主要原因是相较于无线通信,有线通信方式对于巷道中频繁出现的拐弯、上下山等工况的适应能力更强,通信质量更加稳定,可以实现井下长距通信的需求。缺点是为了实现长距通信需要背负质量较大的同轴电缆,通信速率较低;采用光纤通信时,光纤释放过程中容易受到环境中障碍物的羁绊,拖缆较长时巷道拐弯处容易折断,而且光纤回收困难, 被机器人履带碾压后容易损坏。因此采用有线通信仍然无法满足搜救机器人长距离探索、大带宽、易部署的通信需求。

6.2.3 井下机器人无线通信

井下无线通信种类较多, 包括 UWB、ZigBee、蓝牙、WiFi、无线 Mesh 网络等。

1. UWB

UWB(ultra wide band) 是指超宽带技术, 采用宽的频带实现高速传送。相比于其他无线通信技术, 其具有以下特点。

(1) 传输速度高, 即使发射功率很低, 也能够达到 $100\sim500$ Mbit/s 的信息速率。

(2) 功耗低, 因为 UWB 采用了非常简单的传输方式, 脉冲的时间宽度为纳秒级, 电路功耗可降到几十毫瓦以下。

(3) 抗多径衰落能力强。由于 UWB 通信采用持续时间极短且占空比极低的窄脉冲信号, 则直达波和多径反射或折射波时间上不易重叠, 即多径信号在接收时易于分辨, 抗多径干扰能力很强。

(4) 系统结构简单。传统的 UWB 技术通常采用无载波传输, 无须进行射频调制和解调, 不需要上、下变频等, 显著降低了系统的复杂性。

UWB 极宽的频谱和极低的发射功率, 使 UWB 系统具有数据传输速率高、系统相对简单、成本和功耗低等优点, 特别是无载波 UWB 通信方式更使系统的成本和功耗进一步降低。目前 UWB 技术用于井下定位已经得到较多的研究[8,9], 但是用于信息传输的研究仍然较少。

2. ZigBee

ZigBee 是一种面向自动控制的低速率、低功耗、低价格的无线网络方案。假设通信标准距离为 75 m, 具体数值取决于射频环境以及特定应用条件下的输出功耗, 根据采集的数据分析, 设备可自动调整发射功率, 在保证通信质量的条件下, 最低限度地消耗能量。ZigBee 技术有以下特点。

(1) 低功耗。ZigBee 的传输速率低, 发射功率仅为 1 mW, 采用休眠模式, 功耗低。

(2) 时延短。通信时延和从休眠状态激活的时延都非常短, 标准搜索设备时延为 30 ms, 休眠激活的时延为 15 ms, 活动设备信道接入的时延为 15 ms。

(3) 井下的电磁信号存在多径反射的问题, 使得 ZigBee 模块间的信号出现相互串扰, 造成混乱, 显著降低其可靠性。

Liu 等[10] 利用 ZigBee 与 IEEE 802.15.4 技术研究了一种基于多机器人的无

线传感器通信网络，将机器人作为节点建立了链式通信网络，提出了节点部署策略，但是只进行了仿真试验，未在井下得到实际应用。

3. 蓝牙

蓝牙技术的主要特点是采用跳频技术，数据包短，抗信号衰减能力强；采用快速跳频和前向纠错方案以保证链路稳定，减小同频干扰和远距离传输时的随机噪声影响，可同时支持数据、音频、视频信号。目前在煤矿井下，蓝牙技术主要应用在矿井瓦斯检测系统以及采煤机的遥控器。蓝牙的优点是低延时，能够同时管理数据和声音传输，缺点是传输距离有限。德国弗莱堡大学研发的煤矿救援机器人 [11] 如图 6-3 所示，利用 WiFi 和蓝牙结合进行机器人本体与控制器的通信，但是通信距离只能达到 10 m 以内。

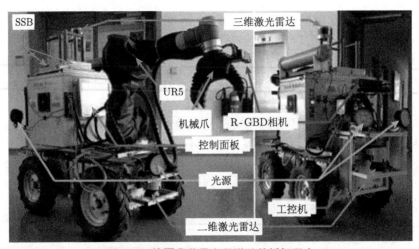

图 6-3　德国弗莱堡大学煤矿救援机器人

4. WiFi

在煤矿井下 WiFi 技术主要用在以下三个方面：一是对井下实时数据的采集，通过 WiFi 将煤矿井下作业过程中的各种信息和数据有效地发射与传输，保证井下作业的顺利开展；二是语音通信系统，方便井下作业人员与现场外的作业人员之间的交流；三是井下人员定位系统，实现对井下工作人员的精准定位，提高作业人员的安全性。

WiFi 的优点主要体现在以下三个方面。

(1) 成本低。只需要安装较少的节点，就能够覆盖较大的面积。

(2) 传输速度较快。在保证信号强度的前提下，最大传输速度能够达到 11 Mbit/s，满足通信要求的带宽和延迟。

(3) 覆盖面积广。利用 WiFi 的技术覆盖半径可以达到 50 m 左右，但是会受到环境影响，穿透力不强，在实际应用中会受到遮挡物的影响使得传输速度和传输距离都下降。

基于 WiFi 技术设计矿用搜救机器人通信模块中继，实现机器人的远距离多中继器接力通信，是一种可行的方案，对于提高搜救机器人对拐弯巷道的适应性有明显的提高。缺点是由于依赖的是中继器之间的桥接，信号中继过程可靠性较差，一旦一个中继器失效，可能导致后续中继通信中断的问题。Nüchter 等[12] 利用 WLAN 和其他无线设备构建了可以传输井下三维模型数据的机器人通信网络。Hu 等[13] 构建了基于多跳 WLAN 通信系统，设计了阻塞控制算法用于传输视频信息，并应用于搜救机器人上。CTUCRAS 队[14] 在 2019 DARPA SubT 挑战赛中采用的轮式、履带式机器人和无人机结合的方案，通过建立包括短距离 WiFi、中距离 Mobilicom 以及长距离抛投中继三种方式结合的通信方式实现多机器人的大范围协同作业。图 6-4 为 CTUCRAS 队 SubT 比赛现场机器人部署情况，其中图 (a) 为无人机，图 (b) 为履带式机器人，图 (c) 为轮式机器人，图 (d) 为协同救援现场。

(a)   (b)

(c)   (d)

图 6-4 CTUCRAS 队 SubT 比赛现场机器人部署情况

5. 无线 Mesh 网络

无线 Mesh 网络采用的是多跳路由、对等网络结构，可以实现动态自组网、自管理、自修复、自平衡功能，通信带宽可达数百兆，支持多路视频的高速传输。通过机器人携带 Mesh 模块并抛投中继，可以实现井下灾后的通信自组网，扩展搜救机器人工作范围，是较为有前景的井下灾后通信方式。在 2019 DARPA SubT 挑战赛中，美国 NASA JPL 带领的 CoSTAR 队 [15] 采用了无线 Mesh 网络的方案解决井下多机器人协同搜索时的通信问题，通信方案如图 6-5(a) 所示。使用无线 Mesh 网络连接机器人和基站，无线 Mesh 网络包含基站节点、机器人节点、抛掷节点三类，利用自组网能力实现了环境变化条件下的稳定通信。抛掷节点的策略是通常将其抛投到交叉点，或者由距离或者急转弯导致的信噪比低于设定的阈值。图 6-5(b) 为 CoSTAR 队比赛现场情况。

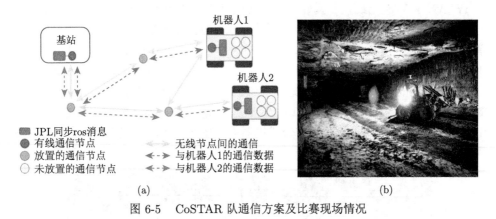

图 6-5 CoSTAR 队通信方案及比赛现场情况

6.3 基于有线与无线相结合的矿用搜救机器人通信系统

目前煤矿中使用的通信方式包括有线通信和无线通信两种。尽管对于无线网络通信的研究较多，实际得到应用的搜救机器人方案中，目前尚未有完全依赖无线通信方式的方案，仍然主要依靠有线通信方式。

有线通信介质有光纤、同轴电缆、电话线、网线等。在有线通信方式中，光纤具有通信容量大、传输距离远、干扰小、信号传输质量高、电磁绝缘性能好和保密性能好等一系列优点。尤其是光纤重量轻、容量大和传输距离远的优点特别适合临时通信系统的搭建。但是，即使选用 16 kg/km 的矿用单芯单模光纤，在通信直线距离 3 km 的情况下，机器人也需背负 48 kg 的光纤。如果需要更长的通信距离，机器人需背负更加沉重的光纤负载。为此，机器人需在电机功率、电池容量和体积上做相应的增加，这将使其在狭窄的巷道中行走面临诸多困难。从无线通信方面考虑，机器人无须背负沉重的有线通信介质，只需背负无线发射和接收模块即可。但是，在巷道中使用无线通信也会遇到一些问题，如回波干扰和信号衰减，尤其在拐弯处，无线信号衰减将更加严重，影响通信系统的稳定性。因此，单纯的有线通信和无线通信都无法完全满足矿用搜救机器人的通信需求。

为此，本节提出有线和无线相结合的通信方式，充分利用两种通信方式的优点，以满足通信需求。

6.3.1 矿用搜救机器人有线–无线结合通信原理

在开放环境中，实现 3 km 以上的无线通信是很容易的，但是在井下尤其是灾后环境中却非常困难。无线通信在狭窄和转弯的巷道会产生回波干扰和信号衰减。采用 3 km 的光纤、电缆、电话线、网线等有线传输方式，对于机器人来说质量过重。通过有线和无线结合的方式，克服了单独采用有线或无线时的缺点，兼具两种方式的优势。

在长距离巷道中，可采用三台机器人以纵向编队方式协同前进，采用有线–无线相结合的方法来实现长距离通信。在机器人启动前，三台机器人呈纵向"1"字排开，机器人出发顺序编号依次为 3 号、2 号、1 号，每一台机器人通过 1 km 光纤与各自的中继器物理连接并通信，中继器的编号与机器人相对应依次为中继 3、中继 2、中继 1，中继器和光纤均由机器人自身背负。系统上电之后，上位机主控制器通过无线网络搜索与中继 1 连接建立通信，1 号机器人与中继 2 连接建立通信，2 号机器人与中继 3 连接建立通信，实现了多机器人通信系统的搭建。启动前，1 号机器人将中继 1 释放，启动后，在前行的过程中 1 号机器人释放背负在身上的光纤，当三台机器人共同前进 1 km 时，1 号机器人的光纤释放完毕停止前进，2 号机器人释放中继 2，并跟随 3 号机器人继续前进，当继续前进 1 km 时，2 号机器人的光纤释放完毕停止前进，3 号机器人释放中继 3 并继续前进，当 3 号机器人继续前进 1 km 时，光纤释放完并停止前进，此时 3 号机器人前进至最远处，即共前进了 3 km，也就是三台机器人协同探测的最远距离。如图 6-6 所示为多机器人有线–无线结合通信的原理图。

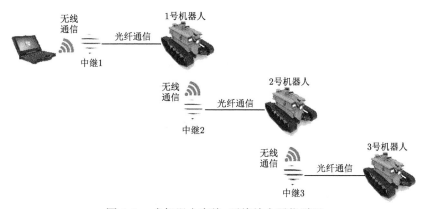

图 6-6　多机器人有线–无线结合通信原理

　　实际应用中，可以根据现场情况酌情取消中继 1，直接将上位机控制器与 1 号机器人连接，以更好地保障通信的可靠性。图 6-7 所示为有线–无线通信系统结构图，其中 1 号机器人光纤直接与控制终端相连接。

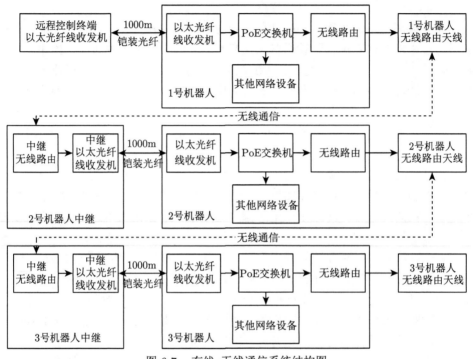

图 6-7　有线–无线通信系统结构图

6.3.2　通信系统相关机构设计

1. 光纤盘

　　机器人采用有线或有线–无线相结合的通信方式，要求机器人能够携带一定长度的通信光纤，光纤需要随着机器人的移动不断释放。常规的方法是通过转轴式光纤盘释放，如果光纤重量较大，则需要光纤盘轴具有主动释放能力，而当光纤重量较小时，可采用被动拖动释放的方法。光纤主动释放需要克服机器人移动距离与光纤释放长度不一致的问题，被动释放则由于光纤盘轴的摩擦问题可能导致光纤的拉扯磨损等。图 6-8 所示为先后研发的三种被动式光纤盘，分别为横轴式、无轴式和立轴式。

2. 隔爆中继模块

　　研发的满足隔爆要求的中继模块用于信号传递，与机器人电气主箱体关联后，可实现数据信号的传输。采用的防爆类型为矿用隔爆型，相关参数如下。

 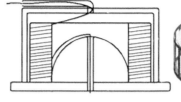 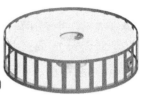

(a) 横轴式光纤盘　　　　　(b) 无轴式光纤盘　　　　　(c) 立轴式光纤盘

图 6-8　三种被动式光纤盘

1) 工作条件

(1) 气压：80~106 kPa；

(2) 环境温度：0~+40 ℃；

(3) 平均相对湿度：不大于 95%(+25℃)；

(4) 无显著振动和冲击的地方；

(5) 有瓦斯和煤尘爆炸危险的煤矿井下，无滴水、无破坏绝缘的腐蚀性气体的场合。

2) 电源参数

(1) 额定工作电压：6 VDC；

(2) 最大工作电流：≤1500 mA。

3) 无线传输参数

(1) 通信协议：802.11 b/g；

(2) 调制方式：OFDM；

(3) 工作频率：2430~2450 MHz；

(4) 发射功率：−15 ~0 dBm(0.0315~1 mW)；

(5) 接收灵敏度：≤ −80 dBm；

(6) 传输方向：全双工；

(7) 无线通信传输距离：30 m(空旷无障碍处)。

4) 有线传输参数

(1) 传输介质：煤矿用阻燃通信光缆；

(2) 传输方向：TCP/IP 全双工；

(3) 传输速率：1000 Mbit/s；

(4) 波长：1310 nm(发送)/1490 nm(接收)；

(5) 发射功率：−15 ~0 dBm(0.0315~1 mW)；

(6) 接收灵敏度：≤ −25 dBm；

(7) 最大传输距离：1 km。

5) 结构特征

隔爆中继模块主要由隔爆壳体、隔爆开关、通信设备、通信光纤等构成。隔爆壳体防护能力为 IP54。中继模块尺寸为 288 mm×166 mm×51 mm(长 × 宽 × 高);重量约 8 kg。图 6-9 为机器人隔爆中继模块的实物照片。

图 6-9　隔爆中继模块实物照片

3. 中继与光纤释放装置

设计研发了中继与光纤释放装置[16-18]。为了确保光纤在机器人前进过程中可以顺滑地释放、确保光纤不被撕裂,针对横轴式、无轴式与立轴式光纤盘分别设计了中继与光纤释放装置,安装到机器人后端,如图 6-10 所示。光纤的一端连接到机器人内部通信设备上,另一端连接中继。为了确保顺滑地释放中继器,减少使用电机的数量以降低防爆设计的复杂度,使用抬升甲烷传感器的连杆机构作为中继器的限位机构,在连杆运动过程中依靠中继器自身的重力驱动中继释放。图 6-11 所示为中继与光纤释放示意图。图 6-11 (a) 为中继与光纤释放装置,图 6-11 (b) 为中继与光纤释放过程。中继器成功释放后,依靠中继器与地面的摩擦力拖曳光纤产生拉力,机器人向前行驶的过程中,光纤盘受到拉力被动旋转释放光纤,直到完成整个释放过程。

(a) 横轴式释放装置　　　　(b) 无轴式释放装置　　　　(c) 立轴式释放装置

图 6-10　中继与光纤释放装置实物图

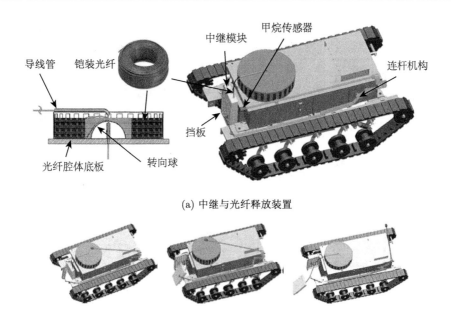

(a) 中继与光纤释放装置

(b) 中继与光纤释放过程

图 6-11　中继与光纤释放示意图

4. 有线–无线通信方法应用试验

在常州科研试制中心集团有限公司的模拟巷道测试环境中进行了单台机器人有线–无线结合通信试验，如图 6-12 所示，图 (a) 为光纤盘及释放装置，图 (b) 为抛投的中继，图 (c) 为抛投中继后机器人行走的过程。在测量得到机器人的带宽和延时低于阈值后，实施中继抛投策略。利用中继释放装置的摆杆电机和连杆机构使得中继的约束被取消，利用中继自身重力和机器人运动过程的振动，中继被顺利释放。随着机器人向前行走，光纤盘的光纤被逐步释放，从而实现单台机器人有线和无线的结合通信。试验表明，单台机器人可以利用抛投的中继，实现上位机与机器人的远程通信。试验过程中，上位机与中继的距离小于 30 m 时，有线和无线通信结合方式可以可靠地传输高清视频流以及各类传感器的数据，光纤释放过程对通信质量无显著影响，应用测试实现了单台机器人 1 km 的可靠通信。图 (d) 为远程遥控端，图 (e) 为实时回传的视频流。

在厂区内进一步进行了地面大场景下的多机器人协同有线–无线通信试验，如图 6-13 所示。三台机器人依次排列出发，距离上位机由近及远依次为 1 号、2 号、3 号机器人，如图 6-13 (a) 所示。行走开始后，当检测到距离上位机最近的 1 号机器人的通信带宽和延时大于设定的第一阈值后，1 号机器人暂停运动，抛投中继同时释放光纤，如图 6-13 (b) 所示，开始利用机器人本身携带的光纤通信。其

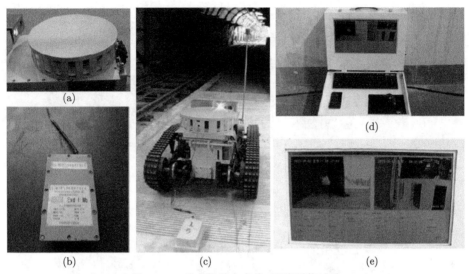

图 6-12　单台机器人有线–无线通信试验

图 6-13　地面环境多机器人协同的有线–无线通信试验

他机器人之间仍然依赖无线通信。当观察到通信带宽和延时大于设定的第二阈值后，1 号机器人停止前行，充当无线中继作用，2 号和 3 号机器人继续向前行。行走不超过 30 m 距离，2 号机器人抛投中继，然后两台机器人继续向前行驶，2 号机器人全部释放完光纤停止运动并充当为中继节点，3 号机器人继续向前行驶并释放中继和光纤。图 6-13 (c) 为三台机器人依次行走的过程，图 6-13 (d) 为上位机显示界面。结果表明，三台机器人均可以顺利释放完全部携带的 1 km 光纤，从而达到了 3 km 的通信距离，并且在通信距离 3 km 以上的环境下，能实现稳定、可靠的视频回传和控制指令下发，延时和带宽都在遥控可用范围内。

为了验证有线–无线结合通信方法在井下实际环境下的有效性，在同煤集团塔山煤矿进行了应用测试。测试过程中，机器人编队从固定位置的上位机控制端附近出发，按照上述机器人行走方式和中继与光纤释放顺序，当遇到弯曲巷道时继续前行，通过远程控制终端观察实时视频回传情况、带宽以及机器人操作延时，试验过程如图 6-14 所示。结果表明，基于有线–无线结合的通信方式，可以满足井下环境机器人的实时视频回传与机器人控制需求，具有通信可靠、延时低、带宽高的优点，对于多机器人协同编队搜救是可行的通信方式。但是现场试验也暴露出该方法的一些问题，如中继释放过程由于有较强的振动，会出现瞬时数据丢失、视频卡顿的情况，同时多机器人搜救方案只适合按照顺序依次移动，无法分散搜救，救援的灵活性和效率较低。尽管如此，在实际应用中，为了实现远距离可靠通信，有线–无线结合的多机器人协同通信方式不失为一种可行的方案。

图 6-14　煤矿井下多机器人协同的有线–无线通信试验

6.4　基于无线 Mesh 自组网的矿用搜救机器人通信系统

采用有线通信方式不够灵活，对于煤矿弯曲、分叉等复杂巷道环境适应性较低。采用无线通信方式具有灵活性强、易部署等优点，因此，进一步探索搜救机器人无线通信方式。无线 Mesh 自组网通信技术近年来成为应用最多的多跳无线中继通信技术，基于 WiFi+Mesh 的救灾通信系统已经得到研究和部分应用 [19]。

但中继跳数受限、距离短，难以满足井下无线中继数千米的需求。为满足煤矿防爆要求，无线发射功率 (含天线增益) 不得大于 6 W，导致在平直巷道中的传输距离一般不大于 800 m。同时，巷道的拐弯、分支、起伏以及机电设备等环境条件，将进一步降低无线传输的通信距离，信号衰减更加明显。为此，提出利用搜救机器人本体携带多个中继进行自抛投组网通信的方案，在信号衰减到低于经验阈值后，即抛掷中继，从而维护可用的通信链路。

6.4.1　煤矿井下无线 Mesh 通信系统硬件设计

煤矿井下环境特殊，无法像地面环境中一样使用宽带或者 WiFi 进行通信，这就要求煤矿井下环境中工作的设备必须构建属于自己的通信网络。为此构建了用于矿用搜救机器人通信的无线 Mesh 通信系统，实时传输机器人状态信息。

1. 硬件系统组成

研发的煤矿井下无线 Mesh 通信系统硬件组成，如图 6-15 所示，包括无线 Mesh 交换机和无线 Mesh 天线。使用 Mesh 通信系统管理软件进行集中化的网络管理，对平台配置、监测和管理 Mesh 通信系统的网格节点及存取点。煤矿井下无线 Mesh 通信节点根据矿用防爆设备设计要求进行隔爆壳体的设计，防爆类型为隔爆型。

(a) 无线Mesh交换机　　　　　　　　　　(b) 无线Mesh天线

图 6-15　煤矿井下无线 Mesh 通信系统硬件组成

采用无线 Mesh 通信系统管理软件统一监测和管理 Mesh 节点，具有以下功能特点。

(1) 系统可平衡整个网络的流量，将累积的吞吐量优化，并提升网络效能。

(2) 根据链路容量、类型、跃程计数及重传输计数，改善整体吞吐量。

(3) 煤矿井下无线 Mesh 通信系统软件能够支持高吞吐量，以及低延迟的音频、图像及数据传输，满足机器人的通信与数据传输要求。

2. 煤矿井下无线 Mesh 通信系统工作原理

煤矿井下无线 Mesh 通信系统由隔爆壳体、网络处理器、程序存储模块、数据存储模块、以太网通信模块、以太网数据交换模块以及接线端子组成，硬件系统结构如图 6-16 所示。系统采用 12 V 直流本安电源供电。无线 Mesh 通信系统结构紧凑、体积小，方便用于煤矿井下环境。

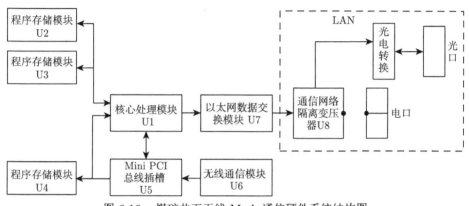

图 6-16　煤矿井下无线 Mesh 通信硬件系统结构图

数据通过煤矿井下无线 Mesh 通信系统主机的 RJ45 接口传输到该通信系统主机时，经过 U8 和 U7 传输到 U1，U1 调用 U2、U3 中的程序对数据进行分析并打包处理，将打包后的数据包送入 U4。同时 U1 调用程序进行分析计算，赋予数据包将要到达的目的地的标签，这一步骤确定了数据包将要到达的地址。然后由 U1 调用 U2 和 U3 中的程序进行路由计算，决定该数据包经由哪个路径发送到其目的地节点，并对数据包加密。U1 通过和 U5 通信将数据传输到 U6，无线通信模块通过无线的方式发送该数据包。同理，当数据经由 U6 接收时，U6 通过 U5 和 U1 通信，U1 采取了上面同样的步骤来确定了数据包将要到达的地址以及目的地节点，并对数据包加密。接着，U1 通过 U7 和 U8，将数据通过 RJ45 端口进行传输，实现和其他具有 RJ45 接口的工业设备的通信。

为了更好地适应煤矿井下工作的环境特点，无线 Mesh 通信系统主机内部电路进行了本安处理，以确保其本安性能。上位机端利用三脚架搭载定向通信天线，同时机器人搭载多个中继节点，利用电机丝杠结构驱动释放，实现搜救机器人通信系统的移动构建。煤矿井下无线 Mesh 通信节点部署情况如图 6-17 所示。

图 6-17　煤矿井下无线 Mesh 通信节点部署情况

6.4.2　煤矿井下无线 Mesh 通信系统软件设计

为了使煤矿井下无线 Mesh 网络能够正常运行，在使用前必须对无线 Mesh 交换机的工作参数进行设置，以适应当前环境。具体设置步骤如下。

1. 煤矿井下无线 Mesh 软件调试

通过网线将 Mesh 通信系统的主机节点与笔记本电脑相连，用于对 Mesh 节点软件进行调试。图 6-18 所示为无线 Mesh 主机节点的调试现场。

图 6-18　无线 Mesh 主机节点的调试现场

在无线 Mesh 调试软件中，首先对节点之间的通信状况进行测试，通常采用的工作模式有 ping 测试、TCP iperf 测试，分别可以测试延时和带宽 (吞吐量)。TCP iperf 测试过程以及结果如图 6-19 所示。

(a) CUMT-02与CUMT-01之间的TCP iperf 测试

从IP地址	从序列	到IP地址	到序列	协议	吞吐量(Mbps)
1.53.167.83	WCX121303516243	1.53.165.204	WZ2111303515852	TCP	48.1
1.53.165.204	WZ2111303515852	1.53.167.83	WCX121303516243	TCP	38.4

(b) TCP iperf测试结果

图 6-19　煤矿井下无线 Mesh 节点的 TCP iperf 测试

此外，在无线 Mesh 调试软件中，还可以对无线 Mesh 主机节点无线电配置进行设置。可以在线调整 Mesh 主机节点的发射功率，手动设置无线电的模式以及无线电频道。该配置界面如图 6-20 所示。

2. 煤矿井下无线 Mesh 网络节点的频谱分析

在煤矿井下无线 Mesh 调试软件中，选择界面下方的 CUMT-02 节点，然后右击选择高级工具中的频谱分析。在弹出的对话框中选择功率表、实时频谱分析。接着，选择 10 个备用的频谱，分别为 Ch1、Ch2、Ch3、Ch5、Ch6、Ch7、Ch9、Ch10、Ch11、Ch13。然后，点击开始分析。最终得到如图 6-21 所示 CUMT-02 的 Ch1 的实时频谱分析结果。

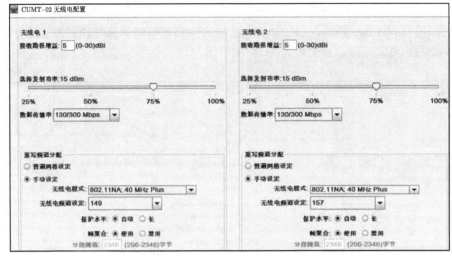

图 6-20　煤矿井下无线 Mesh 节点的无线电配置界面

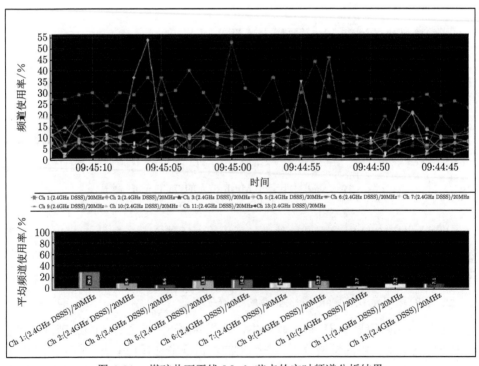

图 6-21　煤矿井下无线 Mesh 节点的实时频谱分析结果

3. 在线校准无线 Mesh 通信系统主机节点的天线

在这一步操作中，对煤矿井下无线 Mesh 通信系统的主机节点天线进行了校准。这样可以使用无线 Mesh 通信系统的天线实时获取信号强度，同时观察无线 Mesh 通信系统的信号强度，当信号强度较低时，调整天线方位。

使用无线 Mesh 通信系统的天线校准工具的具体操作步骤如下：

(1) 将通信系统的交换机通过网线连接到装有通信系统软件的计算机上；

(2) 打开无线 Mesh 通信系统的软件，在界面中找到工具一栏，在下拉列表中选择天线校准工具；

(3) IP 地址配置正确后，选择连接；

(4) 选择配置卷标，进而设置强度指针检索时间为 2 s，再选择应用即可。

图 6-22 所示为天线校准界面。图 6-23 为天线校准结果。

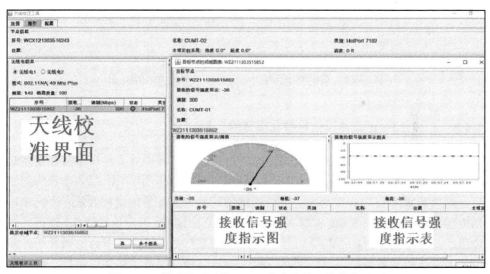

图 6-22 煤矿井下无线 Mesh 节点在线天线校准界面

以上井下无线 Mesh 节点天线校准界面中可以清晰地查看到井下无线 Mesh 节点的频道、链路质量等信息。经过井下无线 Mesh 节点天线校准，可以实时获得当前接收到的信号强度值。当前的强度值为 −36，最低强度值为 −37，最高强度值为 −36，观察图 6-23 可知当前接收到的信号强度值波动很小，信号强度稳定。

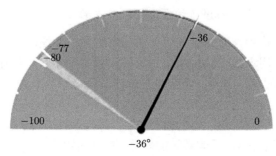

(a) 接收的信号强度指示图 / 阈值

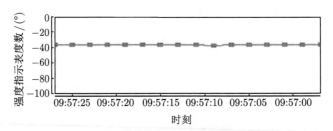

(b) 接收的信号强度指示表 / 阈值

图 6-23　煤矿井下无线 Mesh 节点在线天线校准结果

6.4.3　无线 Mesh 网络通信模拟巷道试验

　　为了进一步测试无线通信方式的部署距离，在中国矿业大学煤尘与瓦斯爆炸实验室中进行了试验验证，建立了无线 Mesh 多跳通信网络。图 6-24 所示为无线定向通信装置，图 6-24(a) 为与上位机连接的初始位置部署的定向天线，图 6-24(b) 为机器人携带的定向天线。机器人本身可以充当中继器，用于传递信息。通信网络使用了具有不同信道的 WiFi 信号和定向天线，在不抛掷通信节点的条件下，实现了多跳传输大量数据，增加无线信号可传输路径，提高了通信可靠性，在视距范围内的 300 m 巷道中，可以实现 100 Mbit/s 的速度，延时小于 10 ms，可用于自主导航的监控和点云数据的实时传输。利用抛掷节点，可以实现巷道分叉、上下山等工况下的可靠通信。受试验环境限制，机器人在携带并释放 4 个无线中继节点的条件下，实现连续走过 3 个直角弯的巷道后仍然可以维持 20 Mbit/s 以上的带宽，延时小于 50 ms。试验表明，研发的无线 Mesh 网络通信方式，利用多节点多跳路由方式，实现了无线信号的接力传输，拓展了无线信号的覆盖范围，更好地满足了矿用搜救机器人在灾后杂乱场景下的高带宽、低延时、高可靠通信。

　　本章分析了矿用搜救机器人工作区域的通信环境特点，提出了矿用搜救机器人在不同工作模式下对通信性能的需求，进而对现有井下机器人采用的有线通信方式和无线通信方式进行了介绍。在此基础上，分别提出了基于有线–无线结合的通信方式，以及基于无线 Mesh 自组网的通信系统构建方法，并通过现场试验对各自的性能进行了验证。结果表明，采用有线-无线结合的多机器人通信方式具有通信可靠、延时低、带宽高的优点，可以为矿用搜救机器人使用；采用无线 Mesh 自组网通信方式，也可以实现视距范围内的高带宽、低延时通信，通过结合无线中继节点可以进一步拓展应用的空间范围，实现多节点多跳接力信号传输，同样能够满足矿用搜救机器人在灾后场景下的高带宽、低延时和高可靠的通信需求。

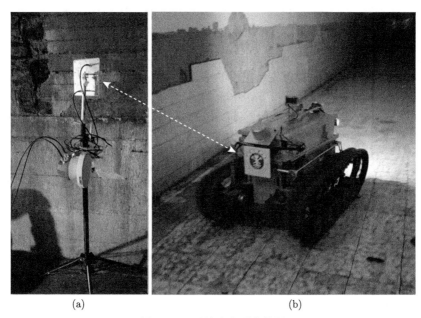

(a)   (b)

图 6-24   无线定向通信装置

参 考 文 献

[1] Yarkan S, Guzelgoz S, Arslan H, et al. Underground mine communications: A survey[J]. IEEE Communications Surveys & Tutorials, 2009, 11(3): 125-142.

[2] Forooshani A, Bashir M, Michelson D, et al. A survey of wireless communications and propagation modeling in underground mines[J]. IEEE Communications Surveys and Tutorials, 2013, 15(4): 1524 -1545.

[3] Bhattacharjee S, Roy P, Ghosh S, et al. Wireless sensor network-based fire detection, alarming, monitoring and prevention system for bord-and-pillar coal mines[J]. Journal of System Software, 2012, 85: 571-581.

[4] Moridi M, Kawamura Y, Sharifzadeh M, et al. An investigation of underground monitoring and communication system based on radio waves attenuation using ZigBee[J]. Tunnelling and Underground Space Technology Incorporating Trenchless Technology Research, 2014, 43(7): 362-369.

[5] Walsh W, Gao J. Communications in a cave environment[C]. 2018 IEEE Aerospace Conference, 2018: 1-8.

[6] Wang W, Dong W, Su Y, et al. Development of Search-and-rescue Robots for Underground Coal Mine Applications[J]. Journal of Field Robotica, 2014, 31: 386-407.

[7] Murphy R R, Kravitz J, Stover S L, et al. Mobile robots in mine rescue and recovery[J]. IEEE Robotics & Automation Magazine, 2009, 16(2): 91-103.

[8] Li M, Zhu H, You S, et al. UWB-based localization system aided with inertial sensor for underground coal mine applications[J]. IEEE Sensors Journal, 2020, 20(12): 6652-6669.

[9] Cheng G L. Accurate TOA-based UWB localization system in coal mine based on WSN[J]. Physics Procedia, 2012, 24: 534-540.

[10] Liu G F, Zhu L, Han Z F, et al. Distribution and communication of multi-robot system for detection in the underground mine disasters[C]. 2009 IEEE International Conference on Robotics and Biomimetics (ROBIO), 2009: 1439-1444.

[11] Lösch R, Grehl S, Donner M, et al. Design of an autonomous robot for mapping, navigation, and manipulation in underground mines[C]. 2018 IEEE/RSJ International Conference on Intelligent Robots and Systems (IROS), Madrid, 2018: 1407-1412.

[12] Nüchter A, Elseberg J, Borrman D. Irma3D – An intelligent robot for mapping applications[C]. 3rd IFAC Symposium on Telematics Applications, Seoul, 2013: 119-124.

[13] Hu B, Wang Z. A cross-layer congestion control algorithm for underground video transmission over wireless networks[C]. 11th IEEE International Conference on Networking, Sensing and Control, Miami, 2014: 239-244.

[14] Otsu K, Tepsuporn S, Thakker R, et al. Supervised autonomy for communication-degraded subterranean exploration by a robot team[C]. 2020 IEEE Aerospace Conference, Big Sky, 2020: 1-9.

[15] Rouek T , Pecka M , Íek P, et al. DARPA Subterranean Challenge: Multi-robotic Exploration of Underground Environments[M]. Cham: Springer, 2020.

[16] 朱华, 李雨潭, 葛世荣. 煤矿井下移动设备光纤释放装置: 中国, CN201310448325.1[P]. 2015.

[17] 朱华, 杜习波, 李鹏. 一种移动机器人用光纤收放装置: 中国, CN201610415425.8[P]. 2018.

[18] 朱华, 李鹏, 杜习波, 等. 一种基于光纤自动收放装置的矿用移动设备通讯系统: 中国, CN201610168681.1[P]. 2018.

[19] 孙继平. 现代化矿井通信技术与系统 [J]. 工矿自动化, 2013, 39(3): 1-5.

第 7 章　井下图像处理与视频分析

7.1　引　　言

　　机器人视觉是一种可以在不适于人工作业的危险工作环境或者人工视觉难以满足要求的场合下实现类人工视觉的技术。通过计算机视觉算法以及图像处理技术，对摄像机获取的视频图像进行处理和分析，可以实现对环境和障碍物的语义分割，目标物体的实时检测、识别及跟踪，以及实现机器人的环境建模、定位以及自主导航等功能 [1-5]。矿用搜救机器人需要深入到矿井事故现场，侦测灾后井巷内的瓦斯浓度、温度、灾害场景等环境信息，并将探测数据和图像实时回传到地面救援指挥中心，为实施救援提供决策依据，因此视觉信息是必不可少的。由于矿用搜救机器人所处的井下工作环境是光线暗淡、存在粉尘和水雾的恶劣视觉环境，以及非结构化未知地形环境，为了获得有效的井下现场图像信息，必须寻求有效的井下环境特别是灾后场景的图像获取技术。本章根据井下灾后环境特性，针对矿用搜救机器人环境侦测时所遇到的问题及挑战，依次介绍井下暗光场景图像增强技术，井下水雾场景图像去雾技术，井下运动场景图像去模糊技术，以及处理后图像的应用方法，即机器人运动视频图像分析方法。通过灵活使用这些技术与方法，可以使矿用搜救机器人在灾后的井下拥有更强的搜救与探索能力。

7.2　井下暗光场景图像增强技术

　　灾后煤矿井下环境十分复杂，发生事故时，最直接的影响便是灯光照明。由于电路切断，井巷内照度降低甚至完全黑暗。机器人在井下使用自身的照明装置只是局部补光，相机在巷道内获取图像存在困难，难以达到自然光补光效果。由于光照分布不均匀，同场景下，靠近光源的地方照度较强，井巷墙面也会出现反光的现象，图像局部光亮；远离光源的地方，由于光照不足，几乎为黑色。因此机器人通过视觉设备直接采集到的视频图像像素亮度效果将是非常差的。为了使采集到的视频图像能正确、有效地被应用，必须对图像进行增强预处理。图像增强预处理可分为频域处理与空域处理两大类。频域处理方法是基于卷积定理，利用傅里叶变换实现，空域处理方法是直接对视觉图像的像素进行处理 [6,7]。

7.2.1　空域处理方法

机器人视觉传感器采集的图像亮度本质上是图像中各个像素的亮度，即各个原色的亮度组合，一般是 RGB 颜色空间各个原色值的大小。各个像素之间的颜色像素亮度也有差别，颜色对比度是指不同像素点之间的差值，如像素差值越大，对比度越明显。这可以从图像的直方图分析看出：像素差值对比度越好的图片，直方图曲线会越明显，直方图分布也越均匀。

如果视觉传感器采集的图像因为不均匀的光照造成图像退化，可以通过像素亮度校正。假定一个视觉采集的图像像素错误系数为 $e(x,y)$，设函数 $g(x,y)$ 为真实的、没有退化的视频图像，$f(x,y)$ 是含有退化的采集的视频图像函数，则它们之间的关系如下：

$$f(x,y) = e(x,y) \circ g(x,y) \tag{7-1}$$

式中，$\circ$ 表示按矩阵元素位点乘（Hadamard 积）。空域处理方法的本质就是将 $e(x,y)$ 进行修正，使得图像更加趋向于原图像 $g(x,y)$。常见的空域处理方法有灰度变换增强方式以及直方图增强方式。下面分别对这两种方式进行介绍。

1. 灰度变换增强方式

视觉传感器在光照不足或者光照过足的环境里面，就会造成机器人采集的视频图像的灰度级有可能限定在一个很小的灰度级区间内，造成视频图像模糊不清或者图像没有灰度层次，采用线性变换处理后可以很好地优化图像的视觉效果[8]。所有的变换都是采用 $O_B = I(D_A)$ 映射方式实现，当 $I(\bullet)$ 确定后，算法以输入图像 $f(x,y)$ 的每一个像素的灰度值作为输入值，输出图像 $g(x,y)$。

线性变换的主要目的是实现对输入原始视频图像的灰度扩张或者压缩运算，操作函数 (映射函数) 是一个直线方式。设输入图像的函数 $f(x,y)$ 的灰度范围是 $[a,b]$，如果经过变换后得到灰度范围是 $[c,d]$，则其线性变换为

$$g(x,y) = \frac{d-c}{b-a}[f(x,y)-a] + c \tag{7-2}$$

假如输入的原始视频图像中的大部分像素灰度级分布在 $[a,b]$ 区间，还有极小一部分的灰度级超过了这个区间，为了完善线性变换效果，则可以采用如下线性变换：

$$g(x,y) = \begin{cases} c, & 0 \leqslant f(x,y) < a \\ c + \dfrac{d-c}{b-a}[f(x,y)-a], & a \leqslant f(x,y) \leqslant b \\ d, & b < f(x,y) \leqslant F_{\max} \end{cases} \tag{7-3}$$

式中，$F_{\max}$ 代表输入图像 $f(x,y)$ 的最大灰度值。式 (7-3) 也是采用斜率大于 1 进行的线性变换。

分阶段线性变换方法的作用主要是增强图像的特定范围内的对比度，突出图像中特定灰度范围的亮度，即感兴趣的灰度区间。基本原理是把输入的图像灰度区间划分为若干个子区间，分别对每个子区间采用不同的线性变换操作，选择不同的参数和映射函数。常用的主要是三段线性变换操作，即

$$
g(x,y) = \begin{cases}
\dfrac{c}{a} f(x,y), & 0 \leqslant f(x,y) < a \\
c + \dfrac{d-c}{b-a}[f(x,y)-a], & a \leqslant f(x,y) \leqslant b \\
d + \dfrac{G_{\max}-d}{F_{\max}-b}[f(x,y)-b], & b < f(x,y) \leqslant F_{\max}
\end{cases}
\tag{7-4}
$$

式中，$G_{\max}$ 代表变换输出的图像 $g(x,y)$ 的最大值。分阶段变换处理是局部线性变换，整体是非线性变换。

灰度反转变换方法主要是对图像指定区间范围内的像素灰度值进行线性或非线性变换取反操作，获取原像素点的反向值，即实现黑白相互转换 [9]。反转变换主要适用于视觉图像中增强嵌入图像中暗色区域的白色或者灰色部分，特别是当环境光线比较差、视觉传感器获取的图像大部分是黑色的时候。例如，对灰度级区间为 $[0, L-1]$ 的输入视频图像进行反转变换采用：

$$
g(x,y) = L - 1 - f(x,y)
\tag{7-5}
$$

对数变换方法主要是为了消除动态范围超出造成的失真现象 (输入视频图像进行处理过程中，若图像动态范围远远超出了视频显示设备的上限，如机器人的视觉显示屏相对较小，这种情况下，显示原视觉图像时就会出现失真现象)，这种情况下最常用的就是采用对数变换方法 [10]。对数变换方法是对输入的原始图像像素进行处理后，获得的输出图像的像素值之间是一种对数关系，确保视频图像不失真，即

$$
g(x,y) = c \times \ln[1 + f(x,y)]
\tag{7-6}
$$

式中，c 是尺度比例常数，取值根据输入原始视频图像的动态范围和显示设备的显示上限之间的关系设定。相对来说，如果未来针对输入图像的动态变化可以在式中增加一些参数调整输入图像变化的动态范围，以使输出图像确保在显示设备中较好地显示出来，计算式调整后即

$$
g(x,y) = a + \frac{\ln[1 + f(x,y)]}{b \times \ln c}
\tag{7-7}
$$

式中，a、b 和 c 是为了更好地调整图像显示的曲线的位置和形状引入的参数；a 是 y 坐标轴上的截距；b 和 c 用来确定变换曲线的变化速率。

图 7-1 为煤矿井巷视频图像的原始获取图像和灰度变换增强处理结果的对比。处理后的煤矿井巷视频图像亮度效果优于未经处理的视频图像，图像细节更加丰富，色彩可分辨。

(a) 煤矿井巷原始视频图像

(b) 增强处理后的视频图像

图 7-1　煤矿井巷视频图像灰度增强前后结果对比

2. 直方图增强方式

从数学上来说，图像直方图是描述图像的各个灰度级的统计特性，它是图像灰度值的函数，统计图像中各个灰度级出现的次数或频率。从图像上来说，灰度直方图是一个二维图像，横坐标为图像中各个像素点的灰度级别，纵坐标表示具有各个灰度级别的像素在图像中出现的次数和频率。图像直方图由于其计算代价较小，且具有图像平移、旋转、缩放不变性等众多优点，广泛地应用于图像处理的各个领域。

假设一幅图像的数字图像是在灰度级区间 $[0, L-1]$，其对应的离散函数则是 $h(r_k) = n_k$，其中 r_k 代表图像的第 k 级灰度，n_k 代表图像中灰度为 r_k 的像素数

量。一般都是以 n 作为图像中像素的总数量，则图像的归一化计算即

$$P(r_k) = n_k/n, \quad k = 0, 1, \cdots, L-1 \tag{7-8}$$

式中，$P(r_k)$ 是灰度 r_k 发生的概率值。从式 (7-8) 可以看出，计算后的归一化直方图的所有值总和应该是 1。直方图除了提供图像固有的图像统计信息外，还可以提供图像压缩与分割等图像处理信息。下面介绍几种常用的直方图增强方法。

1) 直方图均衡化

如果一幅图像的直方图在它的灰度动态范围 $[D_{\min}, D_{\max}]$ 内是一种均匀分布，即有

$$h(D) = \frac{1}{D_{\max} - D_{\min}}, \quad D \in [D_{\min}, D_{\max}] \tag{7-9}$$

上述操作的意义是这幅图像是视频处理的 "最好的" 图像，在视觉上会有最丰富的图像层次感，这样可以实现改善视觉效果进而得以实现图像增强的目的[11]。

由前面设定输入的原始图像 $f(x, y)$ 的灰度级范围区间是 $[0, L-1]$，r 代表像素灰度值，同时假设 r 被采用式 (7-8) 归一化到区间 $[0,1]$ 内。以变换 $s = T(r)$ 获得原始图像的每一个 r 的对应灰度值 s。设定 $T(r)$ 变换满足如下条件：

(1) 当 r 在区间 $[0,1]$ 时 $T(r)$ 单值且单调递减；

(2) 当 r 在区间 $[0,1]$ 时必有 $0 \leqslant T(r) \leqslant 1$。

第一个条件是为了确保 $T(r)$ 是单值且存在反变换，即有 $r = T^{-1}(s)$，第二个条件是为了确保输出图像的灰度级与输入图像的灰度级有同样的范围。假设 $P(r)$ 和 $P(s)$ 分别表示 r 和 s 的概率密度函数，如果 $P(r)$ 和 $T(r)$ 已知，并且满足上面条件 (1)，可以得到

$$P(s) = P(r) \left| \frac{\mathrm{d}r}{\mathrm{d}s} \right| \tag{7-10}$$

直方图均衡化的变换函数就可以使用如下计算式：

$$s = T(r) = \int_0^r P(\omega)\mathrm{d}\omega, \quad 0 \leqslant r \leqslant 1; 0 \leqslant s \leqslant 1 \tag{7-11}$$

对式 (7-11) 进行离散化计算，即有

$$s_k = T(r_k) = \sum_{j=0}^k P(r_j) = \sum_{j=0}^k \frac{n_j}{n}, \quad 0 \leqslant r_k \leqslant 1; k = 0, 1, 2, \cdots, L-1 \tag{7-12}$$

2) 直方图标准化

图像的直方图标准化也是一种很好的增强操作，主要是把已知直方图的图像通过一个灰度映射函数操作变换成需要的直方图，增强效果的好坏关键在于灰度映射函数的定义 [12]。

直方图标准化可以用来校正因环境亮度或者视觉传感器的变化而造成视觉传感器采集图像时产生的图像差异，假设如下：$\{r_k\}$ 是原来图像的灰度级，$\{z_k\}$ 是符合需要的直方图结果的图像灰度级，$P(r)$ 是原始图像的灰度概率密度函数，$P(z)$ 是期望图像的灰度概率密度函数。对原图和期望的图像分别进行一次均衡变换 $s = T(r)$ 和 $v = G(z)$，$s = T(r)$ 见式 (7-11)，结果会得到具有相同的归一化均匀分布的变换，v 的计算式为

$$v = G(z) = \int_0^z P(\omega)\mathrm{d}\omega, \quad 0 \leqslant v \leqslant 1; 0 \leqslant z \leqslant 1 \tag{7-13}$$

可以得到离散化的计算，即

$$v_k = G(z_k) = \sum_{i=0}^k P(z_i), \quad 0 \leqslant v_k \leqslant 1; k = 0, 1, 2, \cdots, L - 1 \tag{7-14}$$

式中，可以用 s 代替 r，结合前面计算式得到取反变换 $z_k = G^{-1}(v_k) = G^{-1}(s_k)$，就可以获得新图像各相应的灰度值。

图 7-2 是以图 7-1(a) 中左图煤矿井巷视频图像为例进行的直方图标准化处理

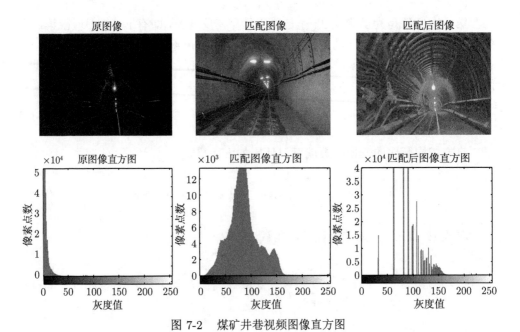

图 7-2   煤矿井巷视频图像直方图

过程，选用一个标准亮度的巷道图作为匹配模板，对例图进行直方图标准化，可以看出匹配之后的图像亮度明显改善，细节纹理呈现清晰可见。直方图灰度分布也从 0~50 标准化到了基于匹配图像灰度分布的 25~150。但图像的匹配亮度区域跨度过大，灰度直方图散布呈现分裂断崖，导致处理后的图像出现了过曝光的现象，因此基于直方图标准化的增强方法其匹配模板的选用对图像增强质量至关重要。

匹配模板的最佳选择是当前巷道中较亮区域的图像，能更好地对低照度图像进行还原。图 7-3 是采用适当模板对图 7-1(a) 中的煤矿视频图像直方图标准化处理后的效果，对比原视频图，图像亮度有了提升，且处理后的效果适合机器人的视觉识别工作。

图 7-3 煤矿井巷视频图像直方图增强

7.2.2 频域处理方法

频域增强处理大都基于 Retinex 模型，该方法通过估计光照图来增强弱光图像。通过求 R、G 和 B 通道中每个像素的最大强度来构造照明图，之后利用光照结构对光照图进行细化。并将图像增强问题转化为回归优化问题，通过增广拉格朗日方法 (augmented Lagrangian method，ALM) 来精确求解优化问题，本节着重介绍一种具有代表性的频域图像增强方法：基于 Retinex 模型的低照度图像增强算法 LIME[13]。

Retinex 的模型将观测到的低照度图像 $\boldsymbol{L}$ 分解为所需的增强场景 $\boldsymbol{R}$ 与光照图 $\boldsymbol{T}$ 的乘积，运算符 ∘ 表示 Hadamard 积：

$$\boldsymbol{L} = \boldsymbol{R} \circ \boldsymbol{T} \tag{7-15}$$

为了处理不均匀的照明，采用以下方式对亮度进行初始估计：

$$\hat{\boldsymbol{T}}(x) \leftarrow \max_{c \in \{R,G,B\}} \boldsymbol{L}^c(x) \tag{7-16}$$

对于每个单个像素 x，上述操作的意义是光照至少是图像某个位置三个通道的最大值。为了实现图像整体结构不失真并且有平滑的纹理细节，可以将图像增强问题看作对初始光照图 $\hat{T}$ 解决以下优化问题：

$$\min_{\boldsymbol{T}} \left\| \hat{\boldsymbol{T}} - \boldsymbol{T} \right\|_{\mathrm{F}}^{2} + \alpha \left\| \boldsymbol{W} \circ \nabla \boldsymbol{T} \right\|_{1} \tag{7-17}$$

式中，F 和 1 分别表示 Frobenius 范数和 L_1 范数；α 是平衡两项范数的系数；$\boldsymbol{W}$ 是权重矩阵；$\nabla \boldsymbol{T}$ 是第一阶导数滤波器，它包含 $\nabla_{\mathrm{h}}\boldsymbol{T}$(水平) 和 $\nabla_{\mathrm{v}}\boldsymbol{T}$(垂直) 两个分量。在式 (7-17) 中，第一项负责保持初始光照度图像 $\hat{\boldsymbol{T}}$ 与优化图像 $\boldsymbol{T}$ 之间的准确性，而第二项用来调整图像 (结构感知) 的平滑度。由于式 (7-17) 是一种二次优化问题，可以通过构建 ALM 公式，并转化至傅里叶域进行快速求解：

$$\begin{cases} \mathcal{L}\left(\boldsymbol{T},\boldsymbol{G},\boldsymbol{Z}\right) = \left\| \hat{\boldsymbol{T}} - \boldsymbol{T} \right\|_{\mathrm{F}}^{2} + \omega \left\| \boldsymbol{W} \circ \boldsymbol{G} \right\|_{1} + \dfrac{\mu}{2}\left\| \hat{\boldsymbol{T}} - \boldsymbol{T} \right\|_{\mathrm{F}}^{2} \\ \qquad + \boldsymbol{Z}\left(\nabla \boldsymbol{T} - \boldsymbol{G}\right) \\ \mathrm{s.t.}\ \nabla \boldsymbol{T} = \boldsymbol{G} \end{cases} \tag{7-18}$$

式中，μ 是正惩罚因子；$\boldsymbol{Z}$ 是拉格朗日乘子。式 (7-18) 采用交替方向乘子法 (alternating direction method of multipliers，ADMM) 分解为 $\boldsymbol{T}$、$\boldsymbol{G}$、$\boldsymbol{Z}$ 三个子问题分别求解 (式 (7-19)~ 式 (7-21))，以此求得优化函数的闭式解，因此图像恢复质量较好。

$$\boldsymbol{T}^{(t+1)} \leftarrow \mathcal{F}^{-1}\left\{ \dfrac{\mathcal{F}\left[2\hat{\boldsymbol{T}} + \mu^{(t)}\boldsymbol{D}^{\mathrm{T}}\left(\boldsymbol{G}^{(t)} - \dfrac{\boldsymbol{Z}^{(t)}}{\mu^{(t)}}\right)\right]}{\boldsymbol{\Lambda} + \mu^{(t)}\sum\limits_{d\in\{\eta,h\}}\bar{\mathcal{F}}\left(\boldsymbol{D}_d\right)\circ\mathcal{F}\left(\boldsymbol{D}_d\right)} \right\} \tag{7-19}$$

式中，$\boldsymbol{D}$ 是离散梯度算子的 Toeplitz 矩阵，包含图像宽 w 和高 h 两个方向；$\mathcal{F}(\bullet)$ 为二维离散傅里叶变换 (DFT)；$\mathcal{F}^{-1}(\bullet)$ 和 $\bar{\mathcal{F}}(\bullet)$ 分别表示其逆变换和共轭变换；此处的除法为矩阵元素按位相除；$\boldsymbol{\Lambda}$ 是元素值均为 2 的常数矩阵，大小由输入图像确定。

$$\begin{cases} \boldsymbol{G}^{(t+1)} = \varUpsilon_{\frac{\omega\boldsymbol{W}}{\mu^{(t)}}}\left[\nabla\boldsymbol{T}^{(t+1)} + \dfrac{\boldsymbol{Z}^{(t)}}{\mu^{(t)}}\right] \\ \mathrm{s.t.}\ \varUpsilon_{\boldsymbol{A}}\left[\boldsymbol{X}\right] = \mathrm{sgn}(\boldsymbol{X})\max(|\boldsymbol{X}| - \boldsymbol{A}, 0) \end{cases} \tag{7-20}$$

式中，$\varUpsilon$ 是收缩算子，定义为对向量或矩阵按元素位给定阈值进行缩放，阈值由矩阵 $\boldsymbol{A}$ 的相应元素给出。

$$\boldsymbol{Z}^{(t+1)} \leftarrow \boldsymbol{Z}^{(t)} + \mu^{(t)}\left(\nabla\boldsymbol{T}^{(t+1)} - \boldsymbol{G}^{(t+1)}\right) \tag{7-21}$$

$$\mu^{(t+1)} \leftarrow \mu^{(t)}\rho, \quad \rho > 1 \tag{7-22}$$

此处 Z 和 μ 的更新较为简单，下一次的优化值均由前一次迭代优化计算所得到的子问题 T 与 G 的值给出。

权重矩阵 W 的选取策略一般为

$$\begin{cases} W_o(x) \leftarrow \displaystyle\sum_{y \in \Omega(x)} \dfrac{G_\sigma(x,y)}{\left| \displaystyle\sum_{y \in \Omega(x)} G_\sigma(x,y)\nabla_o U(x) \right| + \varepsilon} \\ \text{s.t. } G_\sigma(x,y) \propto \mathrm{e}^{-\frac{d(x,y)}{2\sigma^2}} \end{cases} \tag{7-23}$$

式中，o 包含图像宽 w 和高 h 两个方向，需要分别求解；$G_\sigma(x,y)$ 由标准偏差 σ 的高斯核产生；$d(x,y)$ 表示 x 到 y 的欧氏距离。

图 7-4 是采用 LIME 对煤矿井巷视频图像增强后的效果，对比图 7-1(a) 中的原视频图，增强后的图像亮度高，色彩饱满，相比前几种处理方法有更明显的细节提升，效果更适合机器人的视觉识别工作。

图 7-4　煤矿井巷视频图像 LIME 增强

7.3　井下水雾场景图像去雾技术

灾后巷道中因水管爆裂、通风闭塞等原因，环境内充斥着大量的粉尘及水雾，严重影响机载相机性能，采集的图像纹理细节不清晰，含有大量的噪声干扰。虽然可以通过与其他传感器信息融合的方式来辅助、提升纯视觉方案 (跟踪、检测等) 的效果[14,15]，但长时间工作时也会产生累积误差导致效果不佳。而常用的图像去噪方法在处理煤矿灾后环境图像时，也会出现图像失真、细节丢失、清晰度差，以及处理效率低等问题。因此针对上述问题，研究并采用了两种适用于灾后井下图像的去雾方法：判别导向滤波去雾方法 (recognition guided filter，RGF-Dehaze)[16] 和基于组合代价函数去雾方法 (combinatorial cost function，CCF-Dehaze)[17]。

7.3.1　判别导向滤波去雾方法

在雾霾场景下，相机采集的图像会由于空气散射的作用而导致质量下降，图像颜色偏灰白色，对比度降低，物体特征难以辨认。现有的图像去雾方法主要有基于图像增强和基于物理模型两种，基于物理模型的方法其速度相对较快而被广泛应用[18]。基于物理模型的方法以大气模型为基础，雾霾在图像中显示的大气模型如图 7-5 所示。

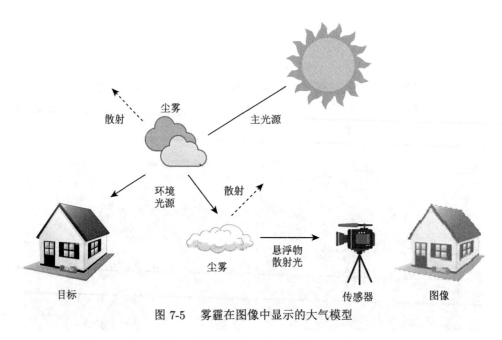

图 7-5　雾霾在图像中显示的大气模型

雾图形成的模型被广泛表示为

$$I(x) = J(x)t(x) + A[1 - t(x)] \tag{7-24}$$

式中，$I(x)$ 为待去雾图像；$J(x)$ 为要恢复的无雾图像；A 为大气光成分；$t(x)$ 为大气透射率。图像每个通道的关系可以进一步表示为

$$\frac{I^c(x)}{A^c} = t(x)\frac{J^c(x)}{A^c} + 1 - t(x) \tag{7-25}$$

式中，c 表示图像的每个通道。

在自然界环境中，景物中存在阴影或者是彩色的区域。在绝大多数多通道图像的局部区域内，像素总会有至少一个通道具有很低的值。对于任意的图像 J，其暗通道定义为

$$J^{\mathrm{dark}}(\boldsymbol{x}) = \min_{\boldsymbol{y} \in \varOmega(\boldsymbol{x})} \left[\min_{c \in \{r,g,b\}} J^c(\boldsymbol{y}) \right] \tag{7-26}$$

式中，J^c 表示彩色图像的每个通道；$\varOmega(x)$ 表示每个窗口。暗通道理论指出 J^{dark} 趋近于 0。假设式 (7-26) 在窗口 $\varOmega(x)$ 是连续的，设块的透射率为 $\tilde{t}$，则可以表示为

$$\min_{\boldsymbol{y} \in \varOmega(\boldsymbol{x})} \left[\min_c \frac{I^c(\boldsymbol{y})}{A^c} \right] = \tilde{t}(\boldsymbol{x}) \min_{\boldsymbol{y} \in \varOmega(\boldsymbol{x})} \left[\min_c \frac{J^c(\boldsymbol{y})}{A^c} \right] + 1 - \tilde{t}(\boldsymbol{x}) \tag{7-27}$$

由于 J^{dark} 趋近于 0，假设 A 已知，透射率的估计值求解为

$$\tilde{t}(\boldsymbol{x}) = 1 - w \min_{\boldsymbol{y} \in \varOmega(\boldsymbol{x})} \left[\min_c \frac{I^c(\boldsymbol{y})}{A^c} \right] \tag{7-28}$$

式中，w 为恒定参数，为了保留一定程度的雾使图像具有景深，w 常取小于 1 的值。最终恢复的图像可以表示为式 (7-29)，式中 t_0 为阈值。

$$\boldsymbol{J}(\boldsymbol{x}) = \frac{\boldsymbol{I}(\boldsymbol{x}) - \boldsymbol{A}}{\max\left[t(\boldsymbol{x}), t_0\right]} + \boldsymbol{A} \tag{7-29}$$

为了能够使图像在移动机器人上进行实时处理，RGF-Dehaze 在经典去雾算法——何凯明暗通道去雾算法 [19] 的基础上进行优化，在求取大气透射率 $t(x)$ 时对原图进行下采样，即对原图进行缩小，如缩小为原图的 1/8。然后对缩小后的图像的透射率进行插值获得原图的透射率。除此之外，由于搜救机器人运动连续，可以在一定时间间隔内 (如 0.5 s) 根据同一张图像的透射率来进行去雾处理进一步提高去雾的速度。改进后的方法去雾效果相近，去雾速度进一步得到了提高。同时针对去雾区域发黑、色差较大的缺点进行白平衡，进一步提高图像的质量。

由于矿用搜救机器人在作业时相机的视角较低，图像中的场景以弱纹理、重复纹理为主。通过图 7-6 所示的伪彩色视图来进行对比可以更好地分析去雾效果，第一行为机器人相机左摄像头原图和对应的伪彩色图，第二行为去雾之后的效果图和对应的伪彩色图。通过对比可以看出，去雾之后的图像效果得到明显提升，图像更加清晰。在区域①可以看出去雾之后梯度更加明显，树冠边缘噪点降低，同时图像景深提升。在区域②物体边缘更加清晰，纹理更加分明。根据式 (7-28) 求取图像的暗通道，如图 7-7 所示。暗通道几乎呈白色，根据暗通道理论可以看出此时雾的浓度非常大。

图 7-6　去雾效果对比图

图 7-7　雾图的暗通道

　　根据式 (7-28) 和暗通道理论可以分析出，图片整体的透射率 $t(\boldsymbol{x})$ 是一张灰度图，在理想状态下图像完全无雾应该是全黑状态，越接近白色的像素点越可能是含雾区域。图 7-8 所示为有雾和无雾图像暗通道对比。从图中可以看出，实际对比效果符合理论分析。搜救机器人在作业时，周围环境是变化的，如果能够自主判断环境有雾还是无雾，并且在有雾环境下对图像实施去雾处理将进一步优化计算资源。因此，RGF-Dehaze 对输入图像的 $t(\boldsymbol{x})$ 进行了雾点统计，先取一个合适的阈值 $\zeta \in [0, 255]$ 判断有雾和无雾的像素点，再计算有雾像素点数，当其在整幅画面超过一定比例 η 时才判定图中有雾，判定方法如式 (7-30) 所示。其中 N 代

表透射率图 $t(\boldsymbol{x})$ 总像素点数，n 代表 $t(\boldsymbol{x})$ 中有雾像素点数。

$$\eta = \frac{1}{N} \sum_1^n t(\boldsymbol{x}) \tag{7.30}$$

通过对 O-Haze 数据集[20] 的雾图和 Ground-truth 图的暗通道进行了概率统计，最后将 ζ 值设置为 192，η 为 40％较为合适。

(a) 雾图和暗通道图以及对应的伪彩色图

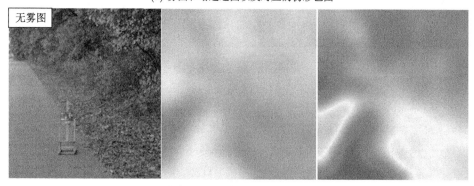

(b) 无雾图和暗通道图以及对应的伪彩色图

图 7-8　有雾和无雾图像暗通道对比

7.3.2　基于组合代价函数去雾方法

在透水潮湿巷道中采集的图像会受到巷道内部空气中悬浮颗粒和水汽的影响，导致图像模糊、对比度下降以及颜色失真等现象。如图 7-9 所示的有雾图像和无雾图像及其色彩分布图。其中图 7-9(a) 为光照度 35 lx、湿度为 80％、粉尘浓度为 210 $\mu g/m^3$ 煤矿巷道图像及其色彩分布图，有雾图像的色彩分布较为集中，基本上聚集在中间位置，分布范围较窄；图 7-9(b) 为光照度 42 lx、湿度为 68％、粉尘浓度为 75 $\mu g/m^3$ 煤矿巷道图像及其色彩分布图，有雾图像的 RGB 色彩分布较为分散，色彩分布均匀，分布范围较宽。光照、水雾和粉尘等因素将导致图像质量下降、纹理不清晰以及色彩失真。

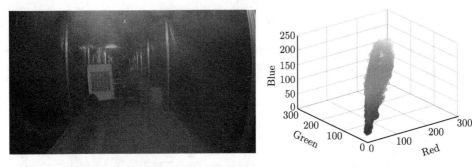

(a) 光照度35 lx、湿度为80％、粉尘浓度为210μg／m³煤矿巷道图像及其色彩分布图

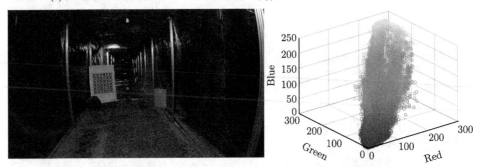

(b)光照度42 lx、湿度为68％、粉尘浓度为75μg／m³煤矿巷道图像及其色彩分布图

图 7-9　有雾图像与无雾图像及其对应色彩分布图

　　针对煤矿井下巷道照度低、湿度大和粉尘浓度高等特点，这里提出一种基于组合代价函数的快速图像去雾算法——CCF-Dehaze，对存在雾气图像进行去雾处理，增强图像对比度，改善图像纹理细节。首先，通过机器人携带的小觅双目相机获取煤矿模拟巷道内部场景图像，将相机获取的图像传输到机器人系统中，利用提出的去雾算法对输入的有雾图像估计其大气光值。其次，对图像块进行传输估计，根据每个图像块的最优传输恢复图像对比度。采用组合代价函数方法避免因过度增强图像对比度而导致图像信息损失的现象。然后，使用可移动窗口方案将基于块的传输值细化为基于像素的传输值。最后，通过大气光模型和精细化传输，对矿井巷道有雾图像实现去雾处理并输出。下面具体介绍该方法的去雾过程。

　　与 RGF-Dehaze 算法类似，雾图形成模型公式 (7-24) 通过每个子块确定其唯一的传输值。具有固定传输值 t 的每个子块，可以写为

$$\boldsymbol{J}(p) = \frac{1}{t}[\boldsymbol{I}(p) - A] + A \tag{7-31}$$

大气光值 A 可采用标准步骤进行估计，每个图像块的传输值对整个有雾图像的亮度值具有决定作用。从式 (7-31) 中可以看出，传输值 t 的取值越小，对比度越高。

CCF-Dehaze 采用了均方误差 (mean square error, MSE) 定量衡量图像块的对比度，即

$$\mathcal{C}_{\mathrm{MSE}} = \sum_{p=1}^{N} \frac{\left[J_c(p) - \overline{J_c} \right]^2}{N} \qquad (7\text{-}32)$$

式中，$\mathcal{C}_{\mathrm{MSE}}$ 代表像素均方误差；$c \in \{R, G, B\}$ 为通道索引；$\overline{J_c}$ 是场景亮度 $J_c(p)$ 的平均值；N 是子块像素数量。由式 (7-31) 可知 $\boldsymbol{J}(p)$ 与 $\boldsymbol{I}(p)$ 的关系，则 $\mathcal{C}_{\mathrm{MSE}}$ 可以表示为

$$\mathcal{C}_{\mathrm{MSE}} = \sum_{p=1}^{N} \frac{\left[I_c(p) - \overline{I_c} \right]^2}{t^2 N} \qquad (7\text{-}33)$$

式中，$\overline{I_c}$ 是 $I_c(p)$ 在输入块中的平均值。从式 (7-33) 中可以看出，$\mathcal{C}_{\mathrm{MSE}}$ 是有关传输值 t 的递减函数。通过选取较小的传输值 t，从而提高图像的对比度。

输入像素值 $I_c(p)$ 与输出值 $J_c(p)$ 的映射关系可以从映射函数图 (图 7-10) 中看出，当输入像素值在 $[\alpha, \beta]$ 的范围内被映射到的输出值为全动态范围 $[0,255]$ 之间，传输值 t 确定了 $[\alpha, \beta]$ 的范围。如果大部分像素均在 $[\alpha, \beta]$ 区间，则可以输出对比度较高图像。但是，当很多输入值不在 $[\alpha, \beta]$ 范围内时，映射的输出值则

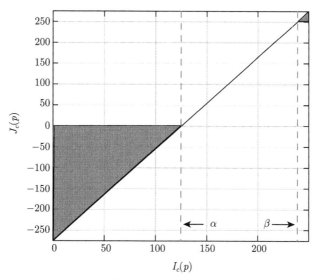

图 7-10　映射函数

不属于 [0,255] 的有效范围。这种情况，超出或低于 $[\alpha, \beta]$ 像素值范围的则会被抑制，这些像素值对应的输出值被截断为 0 或 255，从而导致图像信息丢失，影响输出图像块质量。为了在图像去雾处理过程中实现对比度增强效果的同时减少信息丢失，CCF-Dehaze 算法通过最小化联合代价函数，提高图像对比度，减少图像信息丢失。

首先，定义对比代价函数 E_{contrast} 为每个子块 B 的 RGB 三通道 MSE 对比度之和的负数：

$$
\begin{aligned}
E_{\text{contrast}} &= - \sum_{c \in \{R,G,B\}} \sum_{p \in B} \frac{\left[J_c(p) - \overline{J}_c\right]^2}{N_B} \\
&= - \sum_{c \in \{R,G,B\}} \sum_{p \in B} \frac{\left[I_c(p) - \overline{I}_c\right]^2}{t^2 N_B}
\end{aligned}
\tag{7-34}
$$

式中，$\overline{J}_c$ 和 $\overline{I}_c$ 是图像块 B 中的 $J_c(p)$ 和 $I_c(p)$ 的平均值；N_B 是图像块 B 中的像素点个数。通过减小对比代价函数 E_{contrast}，从而增大 MSE 对比度。

然后，将被截断的像素值平方和作为信息损失代价 E_{loss}：

$$
E_{\text{loss}} = \sum_{c \in \{R,G,B\}} \sum_{p \in B} \left(\{\min[0, J_c(p)]\}^2 + \{\max[0, J_c(p) - 255]\}^2 \right)
\tag{7-35}
$$

按图像像素级展开后有如下形式：

$$
\begin{aligned}
E_{\text{loss}} = \sum_{c \in \{R,G,B\}} &\left[\sum_{i=0}^{\alpha_c} \left(\frac{i - A_c}{t} + A_c \right)^2 h_c(i) \right. \\
&\left. + \sum_{i=\beta_c}^{255} \left(\frac{i - A_c}{t} + A_c - 255 \right)^2 h_c(i) \right]
\end{aligned}
\tag{7-36}
$$

式中，$h_c(i)$ 是通道 c 中输入像素值 i 的直方图取值；α_c 和 β_c 表示发生截断的截距。如式 (7-35) 中，$\min[0, J_c(p)]$ 和 $\max[0, J_c(p) - 255]$ 分别表示由于没有映射到 [0,255] 像素区间而被截断的值。

$$
E = E_{\text{contrast}} + \lambda_L E_{\text{loss}}
\tag{7-37}
$$

式中，λ_L 是控制信息损失代价加权参数。

式 (7-37) 中 λ_L 较大时可以减少信息丢失。在 $\lambda_L = \infty$ 的极端情况下，最佳传输值不应产生任何信息损失，即

$$
\min_{c \in \{R,G,B\}} \min_{p \in B} J_c(p) \geqslant 0
\tag{7-38}
$$

$$\max_{c \in \{R,G,B\}} \max_{p \in B} J_c(p) \leqslant 255 \tag{7-39}$$

结合式 (7-38)、式 (7-39) 与式 (7-31) 对传输值 t 施加了两个约束:

$$t \geqslant \left\{ \min_{c \in \{R,G,B\}} \min_{p \in B} \left[\frac{I_c(p) - A_c}{-A_c}\right], \max_{c \in \{R,G,B\}} \max_{p \in B} \left[\frac{I_c(p) - A_c}{255 - A_c}\right] \right\} \tag{7-40}$$

E_{contrast} 是相对于传输值 t 的一个递增函数。最后，通过最小化总代价函数确定最优传输 t^*，最优传输 t^* 为满足式 (7-40) 的最小值，即

$$t^* = \max \left\{ \min_{c \in \{R,G,B\}} \min_{p \in B} \left[\frac{I_c(p) - A_c}{-A_c}\right], \max_{c \in \{R,G,B\}} \max_{p \in B} \left[\frac{I_c(p) - A_c}{255 - A_c}\right] \right\} \tag{7-41}$$

CCF-Dehaze 算法可以通过调整式 (7-37) 中的加权参数 λ_L，精确地估计传输值，在对比度与信息丢失两方面之间取得平衡，基于组合代价函数有效避免了图像过度增强造成的信息损失。

在实际场景中，图像块像素之间的传输值并不是完全一致的，会有细微变化，如果整个图像子块各像素之间的传输值一致，则会导致输出图像出现"块效应"。为了解决此问题，采用保持图像边缘信息的滤波算法，消除图像出现的"块效应"，增强图像纹理细节。利用边缘保持滤波算法对图像进行平滑处理操作，再使用引导滤波算法对图像进行优化处理。经大量理论验证，其滤波后的传输图 $\hat{t}(q)$ 与引导图像 $\boldsymbol{I}(q)$ 的映射关系定义为

$$\hat{t}(q) = \boldsymbol{s}^{\mathrm{T}} \boldsymbol{I}(q) + \psi \tag{7-42}$$

式中，$s = (s_R, s_G, s_B)^{\mathrm{T}}$ 是尺度向量；ψ 是偏移量。对于窗口 W，通过最小化输入传输图 $t(q)$ 与输出细化传输图 $\hat{t}(q)$ 之间的差值，使用最小二乘法获得最佳参数 s^* 和 ψ^*：

$$(s^*, \psi^*) = \underset{s}{\operatorname{argmin}}(s, \psi) \sum_{q \in W} \left[t(q) - \hat{t}(q)\right]^2 \tag{7-43}$$

中心窗口方案是对整个图像的像素进行逐一遍历，每个像素都会有多个窗口经过，最终的传输值为多次细化传输的平均值，虽然此方案具有减少阻塞伪影的效果，但是在深度变化较大的物体边缘会导致输出区域模糊，出现"光圈"效应，为此，采用了可移动窗口对图像块进行处理的方案。图 7-11 为窗口方案设计。图 7-11(a) 为中心窗口，将每个像素所被覆盖的窗口输出值的平均值定义为此像素的输出值。中心窗口方案在每个像素上覆盖窗口，使得像素在窗口居中。图 7-11(b) 为可移动窗口，针对图像的每个像素，选择使窗口内像素值方差最小化的最佳移动位置，可能会出现不同窗口包含同一个像素点的情况，通过式 (7-43) 计算这些窗口对应的同一个像素点的细化传输值。

(a) 中心窗口　　　　　　　　　　　　　　(b) 可移动窗口

图 7-11　窗口方案设计

图 7-12 为正常光照场景图像去雾算法对比。图 7-12(a) 为模拟巷道内部采集的有雾图像，该图像光照度为 35 lx、湿度为 80%、粉尘浓度为 210 μg/m³，图像细节不明显，可见度低；图 7-12(c) 为 Retinex 算法 [21]，增强了图像的对比度，但去雾效果较差，不能满足去雾的需求。图 7-12(d) 为 Tarel 算法 [22] 去雾效果，该算法与 CCF-Dehaze 算法相比，去雾效果差，仅能去除部分水雾，并且图像细节信息丢失严重。图 7-12(e) 中，He 等 [19] 提出的暗通道去雾算法与图 7-12(g) 中 Fattal 算法 [23] 都具有良好的去雾效果，但两者的去雾过程都存在图像颜色变暗、对比度降低的现象。图 7-12(f) 中 Tom 算法 [24] 与图 7-12(h) 中 David 算法 [25] 都具有图像去雾的能力，但效果不佳。图 7-12(b) 为 CCF-Dehaze 算法的去雾效果图，图像质量明显优于其他去雾算法，不仅可以对有雾图像进行去雾处理，还可以提高图像对比度，尤其是在煤矿巷道低照度环境下，图像去雾效果较为明显，相比其他去雾算法具有一定的优势。

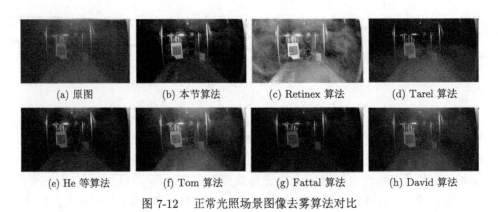

(a) 原图　　　　　(b) 本节算法　　　　　(c) Retinex 算法　　　　　(d) Tarel 算法

(e) He 等算法　　　　　(f) Tom 算法　　　　　(g) Fattal 算法　　　　　(h) David 算法

图 7-12　正常光照场景图像去雾算法对比

CCF-Dehaze 算法在处理正常光照有雾图像时效果突出，在处理暗光场景的有雾图像时效果更佳。图 7-13 为暗光场景图像去雾算法对比。其中图 7-13(a) 为暗光场景原图，该图像光照度为 16 lx、湿度为 64%、粉尘浓度为 68 μg/m³。

图 7-13(c) 为 Retinex 算法 [21] 去雾效果，从图中可以看出，Retinex 去雾处理后图像亮度明显提升，但过于增强图像的亮度，去雾效果不佳。图 7-13(d) 为 Tarel 算法 [22] 效果图，该算法可以适当增强图像亮度，改善图像质量，但是图像亮度依旧昏暗。图 7-13(e) 为 He 等 [19] 图像去雾算法效果图，该算法在处理低照度图像时效果不佳，降低了图像亮度，使得图像细节纹理无法正常显现。图 7-13(f) 为 Tom 算法 [24] 去雾效果图，该算法增强了图像的亮度，但色彩发生失真，去雾效果不佳。图 7-13(g) 为 Fattal 算法 [23] 去雾效果图，从图中可以看出，其可以实现去雾的效果，但无法增强图像亮度，图像显示昏暗。图 7-13(h) 为 David 算法 [25] 去雾效果，该算法在处理低照度图像时，相较于原图而言，其亮度有所增强，但其色彩发生一定失真，仍存有大量的雾没有去除，效果欠佳。图 7-13(b) 为本节所提出的去雾算法效果图，相较于其他去雾算法，CCF-Dehaze 算法效果更佳，在保证图像去雾的同时增强图像对比度，提高了图像亮度，使图像纹理细节更加清晰。

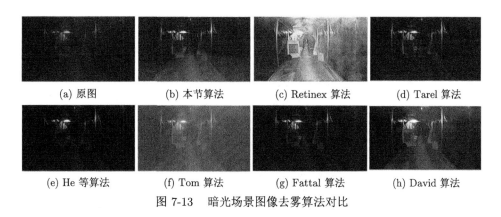

| (a) 原图 | (b) 本节算法 | (c) Retinex 算法 | (d) Tarel 算法 |

| (e) He 等算法 | (f) Tom 算法 | (g) Fattal 算法 | (h) David 算法 |

图 7-13　暗光场景图像去雾算法对比

7.4　井下运动场景图像去模糊技术

煤矿井下搜救机器人搭载相机在灾后巷道行驶的过程中，由于路面崎岖不平，机器人在运动时经常会产生颠簸震动，尤其是机器人出现突然加速、减速、急停等情况时，致使在相机曝光时间内，巷道中的静态环境与相机镜头之间产生较大位移，很容易导致采集得到的环境图片出现模糊失焦。这种由成像传感器与被拍摄的物体之间存在着相对运动导致的模糊现象称为运动模糊。运动模糊按照方向的不同可以分为水平方向模糊、垂直方向模糊以及 45° 方向模糊等。对于运动模糊的解决方法通常有频域图像恢复的逆滤波方法、线性代数恢复的线性代数滤波方法和空域滤波方法等，以及非线性代数恢复的投影法、最大熵法、正约束方法、贝叶斯方法、蒙特卡罗方法等，另外还有采用深度学习的恢复方法。考虑到

机器人工作的实时性与所采集到的运动模糊图像的特点, 本节介绍两种图像形式
的去模糊方法——用于红外灰度图像去模糊方法 [26] 和用于彩色图像去模糊方
法 [27]——来进行图像的复原。

7.4.1   红外灰度图像去模糊方法

红外相机是井下最常用的摄像设备之一, 也是多数灾后搜救机器人所标配的
设备, 由于其只能输出灰度图像, 需要对其采集的图像进行相应的处理, 以方便使
用。由前面分析可知, 图像模糊是由相机失焦以及机器人自身的运动等多方面造
成的, 而搜救机器人在工作过程中又需要对模糊图像进行实时处理, 因此要对模
糊图像进行筛选: 对于采集图像中存在模糊的图像需要进行去模糊处理, 而不存
在模糊现象的则可以忽略这一步骤; 从而提升计算效率。由此, 设计了如图 7-14
所示的去模糊流程图, 并设定图像可处理的最大模糊度为最大阈值, 图像清晰的
最大模糊度为最小阈值。

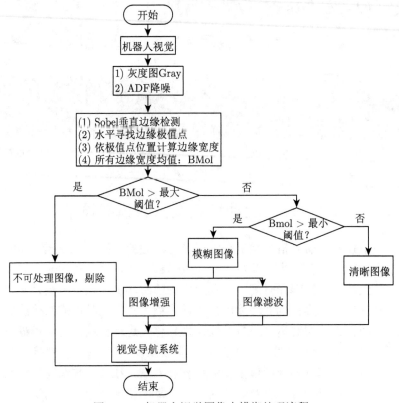

图 7-14   机器人视觉图像去模糊处理流程

机器人在获取到原始图像之后，对于不同环境状态下的图像按照上述两个筛选步骤进行分类选取，对于清晰图像则不需要处理直接用于机器人视频分析，而对于模糊图像则进行选择性处理。视觉图像的去模糊处理主要是针对具有运动模糊属性的图像所进行的滤波、降噪、对比加强等处理，增强图像中的有用信息，改善图像的视觉效果，使得处理后的图像能够更加清晰，边缘特征更加明显。

维纳 (Wiener) 滤波 [28] 可以归于逆滤波算法一类，最初应用于一维信号，取得很好的降噪效果。以后算法又被引入二维信号处理，也取得相当满意的效果，尤其在图像复原领域。维纳滤波器的复原效果良好，计算量较低，并且抗噪性能优良，因而在图像复原领域得到了广泛的应用，并不断得到改进，许多高效的复原算法都是以此为基础形成的，它也是进行灰度图像去模糊处理的经典算法。

维纳滤波恢复是在假定图像信号可近似看作平稳随机过程的前提下，按照使原图像 $\boldsymbol{f}(x,y)$ 与恢复后的图像 $\boldsymbol{f}'(x,y)$ 之间的均方误差 e^2 达到最小的准则来实现图像恢复的。即

$$e^2 = \min E\left\{[\boldsymbol{f}(x,y) - \boldsymbol{f}'(x,y)]^2\right\} \tag{7-44}$$

$$\boldsymbol{F}'(u,v) = \frac{1}{\boldsymbol{H}(u,v)} \frac{|\boldsymbol{H}(u,v)|^2}{|\boldsymbol{H}(u,v)|^2 + \gamma \dfrac{\boldsymbol{S}_n(u,v)}{\boldsymbol{S}_f(u,v)}} \boldsymbol{G}(u,v) \tag{7-45}$$

式中，$\boldsymbol{G}(u,v)$ 为输入图像 $\boldsymbol{F}(u,v)$ 的傅里叶变换；$\boldsymbol{F}'(u,v)$ 为恢复后图像的傅里叶变换；$\boldsymbol{H}(u,v)$ 是点扩散函数 (即退化过程) 的傅里叶变换；γ 为一个常数值，当 $\gamma = 1$ 时为标准维纳滤波器，否则为含参维纳滤波器；$\boldsymbol{S}_n(u,v)$ 与 $\boldsymbol{S}_f(u,v)$ 实际很难求得，因此，可以用一个比值 k 代替两者之比，从而得到简化的维纳滤波公式：

$$\boldsymbol{F}'(u,v) = \frac{1}{\boldsymbol{H}(u,v)} \frac{|\boldsymbol{H}(u,v)|^2}{|\boldsymbol{H}(u,v)|^2 + k} \boldsymbol{G}(u,v) \tag{7-46}$$

其中，k 的选取原则是：一般取 $0.001\sim0.1$，视具体情况而定，噪声大，则 k 适当增加，噪声小则 k 适当减小。

对于在颠簸路面的机器人视觉所采集到的图像，机器人在地面上经过障碍导致采集的图像出现运动模糊，因此需要对图像进行运动去模糊处理，采用维纳滤波算法对机器人颠簸状态下的第 6 帧和第 32 帧的图像进行处理，处理之后的图像效果如图 7-15(b) 和 (d) 所示。

通过对机器人在颠簸路面并且运动状态下获得的视觉图像在 OpenCV 中使用维纳滤波算法进行运动去模糊处理，处理之后的图像和原始图像对比可以发现，使用维纳滤波算法对运动产生的模糊图像有一定的增强复原效果，虽然并不能达到理想状态下的清晰图像，但是使用算法进行处理后的图像清晰程度要明显优于原始图像，从而验证了维纳滤波算法在红外图像运动去模糊时的有效性。

(a) 颠簸状态下第 6 帧原始图像　　　　　　(b) 第 6 帧去模糊效果

(c) 颠簸状态下第 32 帧原始图像　　　　　　(d) 第 32 帧去模糊效果

图 7-15　　机器人颠簸状态下的图像去模糊处理结果

7.4.2　彩色图像去模糊方法

为了实现矿用搜救机器人智能化，现阶段将地面上常用的双目相机的相关技术进行了移植，同样也存在着运动模糊的现象，由于双目相机大多是采集彩色图像，对于彩色图像的去模糊处理也是很有必要的。双目相机采集得到的运动模糊图像从本质上来说也是一种退化过程，且多为线性、全局运动模糊图像。因此需要对运动模糊图像进行退化模型构建，从而进行优化。在双目相机采集的煤矿井下巷道原始图像上加上一个运动方向角 Φ，则得到如图 7-16 所示的煤矿井下巷道运动模糊图像 (退化图像) 点扩散图。

图中，圆点表示运动模糊图像中一系列受到视觉惰性影响的像素点；D 为图像的模糊半径，其大小受到移动机器人行进速度的影响；角度 Φ 指的是图像的模糊方向。此退化模型的匀速直线状态下的点扩散函数可定义为

$$h(i,j) = \begin{cases} \dfrac{1}{D}, & i = j \cdot \tan\Phi, \dfrac{D}{2} \geqslant \sqrt{i^2 + j^2} \\ 0, & \text{其他} \end{cases} \qquad (7\text{-}47)$$

因此煤矿井下巷道运动模糊图像的处理可通过有效估计模糊半径 D 和模糊方向 Φ 来解决。双目相机运动模糊图像理想退化模型如图 7-17 所示，具体退化模

型公式如下：

$$g(r,c) = h(r,c) * f(r,c) + n(r,c) \tag{7-48}$$

式中，r 和 c 分别表示图像的行、列像素点索引；$g(r,c)$ 表示理想条件下双目相机采集的退化图像；$h(r,c)$ 表示此退化图像的点扩散函数；符号 $*$ 表示卷积运算；$f(r,c)$ 表示原始图像；$n(r,c)$ 表示退化图像中的加性噪声。

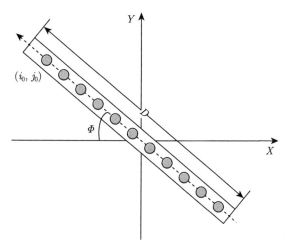

图 7-16　运动模糊图像点扩散图

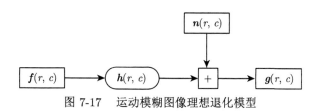

图 7-17　运动模糊图像理想退化模型

将式 (7-48) 进行傅里叶变换可得图像退化过程的频域描述：

$$G(x,y) = H(x,y) \circ F(x,y) + N(x,y) \tag{7-49}$$

同样地，式中 x 和 y 分别表示图像的行、列像素点索引；$G(x,y)$、$H(x,y)$、$F(x,y)$、$N(x,y)$ 分别表示式 (7-48) 中相关项的傅里叶变换形式；符号 $\circ$ 表示 Hadamard 积运算。

噪声是加性的，因此可以通过相关操作进行去除，为了简化计算，此处不考虑噪声影响，则退化过程可表示为

$$G(x,y) = H(x,y) \circ F(x,y) \tag{7-50}$$

将简化后的退化模型取对数并进行傅里叶逆变换操作，得到退化图像的倒谱：

$$S_g(x,y) = S_h(x,y) + S_f(x,y) \tag{7-51}$$

机器人实际工作过程中，大多情况下不满足上述理想退化图像模型中的匀速直线运动条件。为了估计机器人运动时退化图像的模糊方向，采用了倒谱法 [29] 来对退化图像的退化参数进行估计与复原。具体分为如下两个步骤。

1. 模糊方向估计

设双目相机真实运动模糊图像的频谱为 $G(x,y)$，取对数形式 $\ln(1+|G(x,y)|)$，定义其倒谱为 $S_g(x,y)$，可以将其以式 (7-52) 的判断规则转化为对应的二值化图像 $B(x,y)$：

$$B(x,y) = \begin{cases} 1, & |S_g(x,y)| \geqslant |S_g(x,y)_{\min}| \\ 0, & \text{其他} \end{cases} \tag{7-52}$$

如果得到的倒谱二值图中有十字亮线存在，则将其中十字亮线对应的行、列的像素值设为 0，剩余的亮条纹方向即为运动模糊方向，再进行模糊方向旋转角度的测定。

设退化图像的倒谱二值图中心点为 $B(a_0, b_0)$，则经过此点且倾角为 Φ 的直线可表示为

$$b = a\tan\Phi + b_0 - a_0\tan\Phi \tag{7-53}$$

若倒谱二值图中的亮点坐标为 (a_k, b_k)，定义相关性距离 d_k 为

$$d_k = \begin{cases} \dfrac{|a\tan\Phi - b + b_k - a_k\tan\Phi|}{\sqrt{\tan^2\Phi + 1}}, & \Phi \neq 90° \\ |a_k - a_0|, & \Phi = 90° \end{cases} \tag{7-54}$$

倒谱二值图 $B(x,y)$ 中所有亮点到式 (7-54) 所表示的直线距离之和为 $D_\Phi = \sum d_k$，最后通过比较不同倾斜角度的相关性距离 d_k 之和，找出最小的一个 D_Φ，其所对应的倾斜角 Φ 就是估计出的退化图像的模糊方向。图 7-18 为模糊图像的频谱和倒谱二值化后的可视化图像。

(a) 模糊图像　　　　　　　(b) 频谱图　　　　　　　(c) 倒谱二值图

图 7-18　运动模糊图像的频谱图与倒谱二值图

2. 模糊半径估计

如果将双目相机采集的退化图像 $h(r,c)$ 以其自身中心点为转轴，逆时针旋转退化图像模糊方向对应的倾斜角 Φ 至水平方向，得到与 $h(r,c)$ 对应的沿水平方向退化图像 $l(r,c)$，其一阶差分形式为

$$l'_i(i,j) = l(i,j) - l(i-1,j) \tag{7-55}$$

将式 (7-55) 各行进行自相关运算，其中第 w 行的自相关函数表达式为

$$l_w(w,h) = \sum_{k=0}^{H-1} l'_w(w,k)l'_w(w,k+h) \tag{7-56}$$

之后将 $l_w(w,h)$ 各列分别求和得到一条模糊半径鉴别曲线：

$$L(h) = \sum_{w=0}^{W} l_w(w,h) \tag{7-57}$$

式中，H 和 W 分别表示图像的列数和行数，且有 $k \in \{1,2,\cdots,M\}$，$w \in \{-W+1,\cdots,W-1\}$。将从自相关函数得到的鉴别曲线中的两个负峰值点之间的距离的一半定义为模糊长度 D。

经过上述两步骤之后估计出了双目相机运动模糊图像的模糊方向和模糊半径，进而得到点扩散函数 (式 (7-47)) 的具体形式后，就可以将双目相机的盲图去运动模糊问题转化为非盲图像[①]去运动模糊问题，利用非盲图像去运动模糊算法得到修正后的图像。

图 7-19 展示了机器人在模拟巷道中采用双目相机采集的彩色图片 (均为左目相机图)。使用上述的彩色图像去模糊处理策略对模糊图像进行处理后，可以看出此策略可以对移动机器人在巷道中行驶时遇到的运动模糊图像进行有效的处理，处理后的图像变得清晰可见，一些图片上的细节信息可以凸显出来。

(a) 高速行进时的运动模糊图像   (b) 去模糊处理后的图像

图 7-19 运动模糊图像处理前后结果对比

---

① 非盲图像指的是模糊核已知的模糊图像。盲图是指模糊核与原图像都未知的图像。

7.5   机器人运动视频图像分析

运动视频分析是利用机器人视觉传感器获得视频流,通过分析与处理得到机器人自身所处环境中一些物体的信息,例如,物体的形状、位置和机器人自身运动等信息。

常见的运动视频分析主要有两种:一种是运动分析,系统输入的是一个时间图像序列,所处理的视频图像数据随着时间增长也会相应规模地增长,对于机器人的实时导航,运动分析必须是即时的;另一种是目标信息提取,机器人行走过程中,要对环境中出现的移动和静止目标 (或物体) 的综合信息进行获取,根据视频图像信息进行目标 (或物体) 三维形状和相对深度的检测。

运动视频分析有三个关键问题。

(1) 运动检测。运动检测是个相对简单问题,主要是检测运动中的物体 (如障碍物)。

(2) 移动目标的检测和定位。如果机器人在静止时候对移动目标进行检测和定位或者机器人移动而目标静止,这种情况实现起来相对简单。如果机器人和目标都是运动的,实现移动目标的检测和定位难度比较大。

(3) 从二维视频获取的环境物体信息进行三维物体特性的推导,是目前机器人视觉系统研究领域最难、最热门和最前沿的领域。

对机器人视觉系统获得的视频进行运动分析,实际上是在更高层次上进行视频分析与处理的,是在视频序列图像的兴趣点对之间确定对应关系,如目标匹配和视频压缩处理等。以下介绍两类运动分析的常用方法:光流场法和差分法 [30]。它们可用于矿用搜救机器人动态视频图像的分析与处理。

7.5.1   光流场法分析

矿用搜救机器人运动视频光流场分析,是基于煤矿井下的工作环境,在机器人行走中实现对运动视频的分析,并获取煤矿井下环境信息的一种方式。光流是环境空间中物体在视觉传感器成像后视频图像中像素运动的瞬时速度,利用视频图像序列像素的光强度在时域上的变化和相关性来确定物体像素位置的 “运动”,光流本质上是研究图像灰度在时间上的变化与环境中物体结构及其运动的关系。光流场是指图像灰度模式下的表观运动,因视频图像是二维的,故其是一个二维矢量场,即光流场是像素级的运动。在视觉系统中,将二维图像平面特定坐标点上的像素灰度瞬时变化率定义为光流矢量,这种算法可以较好地反映相邻视频帧之间的运动。下面介绍两种基本的光流场算法。

1. 基于匹配的光流场计算 [31]

研究视觉传感器采集到的视频图像的过程中,研究者希望从视频图像中获得有价值的信息,常把从单个或多个视觉传感器,或者在不同时刻或不同成像环境下，对同一景物获得的两幅 (或多幅) 视频图像在空间上进行对准，根据已经成熟的模式运用到另一幅图中寻找相应的模式，这就是匹配。

目前在视频运动分析研究方面，基于匹配的光流场算法在计算光流场方面应用比较广泛且有效。基于匹配思想的光流场计算法是将速度 v 定义为视觉传感器的视差 $\boldsymbol{d} = (\mathrm{d}x, \mathrm{d}y)^{\mathrm{T}}$，这样在两个时刻的图像区域的匹配效果是最佳的。为了找到这个最佳匹配情况，需要定义在 $\boldsymbol{d} = (\mathrm{d}x, \mathrm{d}y)^{\mathrm{T}}$ 上的相似度量，例如，进行归一化，使数据之间产生互相关系数，然后进行最大化。当然也可以对数据进行统一距离量度，例如，将光强度差实现平方和，然后进行最小化。这种方法与立体视觉中的相关匹配算法具有一定的相似性，都是在视觉传感器获取的二维图像上进行匹配搜索。

块匹配算法 (Block Matching Algorithm，BMA) 是一种基于模板的光流法匹配方式，通过将视频图像的已知环境物景在不同时刻视频图像重叠区域中选择一个矩形图像子块区域作为模板，扫描被匹配视频图像中同样大小的区域并与模板进行比对，计算它们之间的相似性，以确定最佳匹配位置。BMA 实现方式分为以下四个步骤。

1) 模板的选择

首先根据算法的实际应用需要，一般选择视频图像中的正方形区域作为子块，即宏块，如有其他需求，也可以选择其他块的形状，如三角形、长方形等。其次宏块大小的选择要考虑综合因素，作为折中方法，通常选择 16×16 方形宏块作为单位。块的大小选择受到两个矛盾的相互约束：块选择比较大，则块内的各个像素做相等平移运动的假设就会不合理；块选择比较小，实现编码一幅视频图像所需要的运动估计次数就会更多，机器人视觉系统的计算量将会增加。块匹配算法确定搜索范围一般为以宏块为中心的 30 像素 ×30 像素区域，运动矢量从参考宏块位置指向当前宏块位置。

2) 块匹配准则

块匹配准则是算法判断图像划分子块匹配相似度的依据，选择匹配准则也会影响到算法运动估计的精度，同样，块匹配算法和数据读取的复杂度也会受到匹配准则的影响。所以，提高运动估计算法速度的主要途径有：①减少搜索匹配的像素点数；②降低块匹配准则运行的复杂度。光流场块匹配算法的匹配标准包括平均绝对误差 (MAD)、均方误差 (MSE) 和归一化互相关函数 (NCCF) 三个参考匹配准则标准，以宏块大小为 $M \times N$ 的像素区域来探讨这三个匹配准则，它们的计算表达式分别为

$$\mathrm{MAD}(i,j) = \frac{1}{M \times N} \sum_{m=1}^{M} \sum_{n=1}^{N} |f_2(m,n) - f_1(m+i, n+j)| \tag{7-58}$$

$$\text{MSE}(i,j) = \frac{1}{M \times N} \sum_{m=1}^{M} \sum_{n=1}^{N} [f_2(m,n) - f_1(m+i,n+j)]^2 \tag{7-59}$$

$$\text{NCCF}(i,j) = \frac{\displaystyle\sum_{m=1}^{M} \sum_{n=1}^{N} [f_2(m,n) \cdot f_1(m+i,n+j)]^2}{\left[\displaystyle\sum_{m=1}^{M} \sum_{n=1}^{N} f_2^2(m,n)\right]^{\frac{1}{2}} \left[\displaystyle\sum_{m=1}^{M} \sum_{n=1}^{N} f_1^2(m+i,n+j)\right]^{\frac{1}{2}}} \tag{7-60}$$

式中，(i,j) 是划分的子块中的像素坐标，即运动估计运算时的矢量；$f_2(m,n)$ 表示视频当前帧图像在像素坐标 (m,n) 的灰度值；$f_1(m+i,n+j)$ 表示视频参考帧图像在坐标位置 $(m+i,n+j)$ 的灰度值；$M \times N$ 表示宏块的大小。块匹配算法运行最好的结果是：若在某一个像素点 (i_0,j_0) 处的 $\text{MAD}(i_0,j_0)$ 的值最小，则算法就找到该像素点位视频两幅中最佳匹配点。

若采用 $\text{NCCF}(i,j)$ 计算，则获取 $\text{NCCF}(i,j)$ 值最大的像素点为最佳匹配点。但在实际运动估计的光流场计算中，由于 $\text{MAD}(i,j)$ 的计算量和复杂度小于 $\text{NCCF}(i,j)$ 的计算量和复杂度，并且基于 MAD 准则不需要做乘法运算，算法利用 $\text{MAD}(i,j)$ 计算相对简单，容易实现，所以很多光流场的块匹配算法都是采用 $\text{MAD}(i,j)$ 获取最佳匹配点。

3) 初始搜索点的选择

最直接简单的方法是将初始像素点选择为视频图像的参考帧对应的 $(0,0)$ 位置，但这种选择的结果会造成算法运行过程中陷入局部搜索最优。若以原点 $(0,0)$ 作为初始点但其并不是最优点，算法有可能在搜索过程中快速跳出原点周围可能性比较大的区域而去搜索离原点距离远的像素点，导致搜索过程的不确定性，这样就会造成算法陷入局部最优。由于运动物体的整体性和视频图像的连续性，视频的图像在时间和空间上是具有相关性的，所有算法可以选择一些预测点作为初始搜索点，很多基于模板的块匹配算法都是采用这种时间和空间具有相关性的视频图像的像素点作为初始搜索点，大量研究表明，预测点更加靠近视频图像匹配的最佳匹配点，这种算法可以减少搜索次数。

4) 搜索策略的选择

搜索策略是整个算法流程中最复杂的部分，如果实现算法选择不当的搜索策略，则会降低运动估计的准确性。现有的搜索策略从搜索方向上划分为梯度式、螺旋式等；从搜索路线上划分为交叉线形、圆形等。保证算法的搜索过程及时停止，目的是防止视觉系统不具有及时性。

运动估计算法优劣的判断依据是匹配效果和搜索时间的复杂度。若以人为判断为标准，则会造成判断的随意性太强。机器人视觉是以视频图像的平均峰值信

噪比 (PSNR) 或者平均 MSE 作为判断依据。PSNR 的计算表达式为

$$\text{PSNR} = 10 \log_{10} \left(\frac{\varphi_{\max}^2}{\text{MSE}} \right) \tag{7-61}$$

式中，$\varphi_{\max}^2$ 是视频信号的峰值强度值，MSE 的计算表达式见式 (7-59)，一般对于每彩色 8 bit 的视频，$\varphi_{\max}^2$ 的峰值强度值为 255。搜索时间复杂度就是算法的搜索速度，搜索像素点的数量也是决定算法运算速度和运算时间的关键因素。

图 7-20 是机器人在光照条件充足的井口斜巷里进行的视觉光流稠密度测试结果，算法采集了视频流中第 668 与 669 帧，并采用 Harris 角点特征，从图 7-20 中可以很清楚地看到光流场的分布情况和朝向 (图中线条所示)。

图 7-20　光流稠密度测试结果

2. 基于梯度的光流场计算

Lucas-Kanade 光流算法 [32] 是一种非迭代的算法，该光流算法也是基于梯度 (微分) 的一种光流算法，它是基于视频像素递归的思想实现光流计算，该算法是计算视频的两帧在 t 时刻到 $t+\Delta t$ 时刻的每个像素点位置的移动。Lucas-Kanade 光流算法是一种实现运动估计的预测校正型的位移估计器。获得的视频图像像素位移预测值可以用于前一个视频图像像素位置的运动估计值。

假设视觉系统采集的视频含有的是一个时间上连续的图像。定义 $I(x,y,t)$ 表示 t 时刻图像的像素点 (x,y) 的灰度值，在 $t+\mathrm{d}t$ 时刻，像素点 (x,y) 运动到新的像素位置 $(x+\mathrm{d}x, y+\mathrm{d}y)$，此时新的像素点的灰度值表达式为 $I(x+\mathrm{d}x, y+\mathrm{d}y, t+\mathrm{d}t)$，需要将动态图像采用一个泰勒序列表示为关于位置和时间的函数，$I(x+\mathrm{d}x,$

$y + \mathrm{d}y, t + \mathrm{d}t)$ 计算如下：

$$I(x + \mathrm{d}x, y + \mathrm{d}y, t + \mathrm{d}t) = I(x,y,t) + I_x\mathrm{d}x + I_y\mathrm{d}y + I_t\mathrm{d}t + O(\partial^2) \qquad (7\text{-}62)$$

式中，I_x、I_y 和 I_t 分别表示 I 对 x、y、t 的偏导数，即图像像素点 (x,y) 的灰度随着 x、y、t 的变化率。由于 $\mathrm{d}x$、$\mathrm{d}y$ 和 $\mathrm{d}t$ 是非常小的值，因此展开式中高阶项 $O(\partial^2)$ 可以忽略，从而有

$$\begin{cases} -I_t = I_x u + I_y v = \mathrm{grad}(I) \times c \\ \text{s.t. } u = \dfrac{\mathrm{d}x}{\mathrm{d}t}, v = \dfrac{\mathrm{d}y}{\mathrm{d}t}, c = (u,v) \end{cases} \qquad (7\text{-}63)$$

式中，$\mathrm{grad}(I)$ 表示二维图像梯度。可以看出，在 t 时刻和 $t + \mathrm{d}t$ 时刻，视频图像相同位置上的灰度微分 I_t 是视频图像空间灰度微分与其对应位置相对于机器人视觉的速度的乘积。对式 (7-63) 进行简化求解微分方程如下：

$$\begin{cases} (\lambda^2 + I_x^2)u + I_x I_y v = \lambda^2 \overline{u} - I_x I_t \\ I_x I_y u + (\lambda^2 + I_x^2)v = \lambda^2 \overline{v} - I_y I_t \end{cases} \qquad (7\text{-}64)$$

式中，$\overline{u}$ 和 $\overline{v}$ 表示 u 和 v 分别在图像像素点 (x,y) 邻域中沿着 x 和 y 方向移动的平均速度，可以得到 u 和 v 的计算表达式如下：

$$\begin{cases} u = \overline{u} - I_x \dfrac{I_x \overline{u} + I_y \overline{v}}{\lambda^2 + I_x^2 + I_y^2} \\ v = \overline{v} - I_y \dfrac{I_x \overline{u} + I_y \overline{v}}{\lambda^2 + I_x^2 + I_y^2} \end{cases} \qquad (7\text{-}65)$$

假设视频图像有一个小区域邻域窗口 $m \times m$，在这个窗口中是一个常数，在视频图像像素窗口 $(1, 2, \cdots, m; 1, 2, \cdots, m)$ 中共有 m^2 个像素点，根据式 (7-62) 和式 (7-63) 可以得到方程组：

$$\begin{cases} I_{x1}u + I_{y1}v = -I_{t1} \\ I_{x2}u + I_{y2}v = -I_{t2} \\ \quad\quad \vdots \\ I_{xn}u + I_{yn}v = -I_{tn} \end{cases}, \quad n = m^2 \qquad (7\text{-}66)$$

上述方程组未知数少于方程式，方程组内有冗余，因此是一个超定方程，将

方程组转换为矩阵形式：

$$
\begin{bmatrix} I_{x1} & I_{y1} \\ I_{x2} & I_{y2} \\ \vdots & \vdots \\ I_{xn} & I_{yn} \end{bmatrix} \begin{bmatrix} u \\ v \end{bmatrix} = \begin{bmatrix} -I_{t1} \\ -I_{t2} \\ \vdots \\ -I_{tn} \end{bmatrix} \tag{7-67}
$$

将式 (7-67) 记为 $\boldsymbol{AV} = -\boldsymbol{b}$，超定方程组问题一般采用最小二乘法求闭式解，求解方法如式 (7-68) 所示，代入具体参数整理后如式 (7-69) 所示。

$$
\boldsymbol{V} = (\boldsymbol{A}^{\mathrm{T}} \boldsymbol{A})^{-1} \boldsymbol{A}^{\mathrm{T}} (-\boldsymbol{b}) \tag{7-68}
$$

$$
\begin{bmatrix} u \\ v \end{bmatrix} = \begin{bmatrix} \sum I_{xi}^2 & \sum I_{xi} I_{yi} \\ \sum I_{xi} I_{yi} & \sum I_{yi}^2 \end{bmatrix}^{-1} \begin{bmatrix} -\sum I_{xi} I_{ti} \\ -\sum I_{yi} I_{ti} \end{bmatrix} \tag{7-69}
$$

式中的求和是从 1 到 n。

从以上推导可以看出，获得视频图像中光流可以通过对 (x, y, t) 三维图像上的导数分别进行累加得到。算法还需要一个权重函数 $W(i, j)$，其中 $i, j \in [1, m]$，来突出邻域窗口 $m \times m$ 区域内中心点的坐标，一般采用高斯函数来实现。

根据 Lucas-Kanade 光流算法的前提条件，假设在一个视频图像空间小的邻域 Ω 上，光流估计误差定义为

$$
\sum_{(x,y) \in \Omega} \boldsymbol{W}^2(X)(I_x u + I_y v + I_t)^2 \tag{7-70}
$$

式中，$\boldsymbol{W}(X)$ 表示视频图像的邻域 Ω 空间的窗口权重函数。Lucas-Kanade 光流算法中 $\boldsymbol{W}^2(X)$ 的主要作用是：它使视频图像邻域 Ω 空间的中心区域对约束产生的影响比邻域 Ω 外围区域更大，离邻域 Ω 中心点越近，$\boldsymbol{W}(X)$ 的值就越大，即权重越高。为了减小计算式表达长度，设 $\boldsymbol{V} = (u, v)^{\mathrm{T}}$、$\nabla \boldsymbol{I}(X) = (I_x, I_y)^{\mathrm{T}}$，则式 (7-70) 的解为

$$
\begin{cases} \boldsymbol{A}^{\mathrm{T}} \boldsymbol{W}^2 \boldsymbol{A} \boldsymbol{V} = \boldsymbol{A}^{\mathrm{T}} \boldsymbol{W}^2 \boldsymbol{b} \\ \mathrm{s.t.}\ \boldsymbol{W} = \mathrm{diag}[W(X_1), W(X_2), \cdots, W(X_n)] \end{cases} \tag{7-71}
$$

对于给定的视频图像邻域 Ω 内的 n 个像素点，式 (7-71) 的解为

$$
\boldsymbol{V} = [\boldsymbol{A}^{\mathrm{T}} \boldsymbol{W}^2 \boldsymbol{A}]^{-1} \boldsymbol{A}^{\mathrm{T}} \boldsymbol{W}^2 \boldsymbol{b} \tag{7-72}
$$

式中，当 $\boldsymbol{A}^{\mathrm{T}} \boldsymbol{W}^2 \boldsymbol{A}$ 为非奇异矩阵时才可以得到 $\boldsymbol{V}$ 的解析解，其中 $\boldsymbol{A}^{\mathrm{T}} \boldsymbol{W}^2 \boldsymbol{A}$ 是一个 2×2 的矩阵：

$$A^{\mathrm{T}}W^2A = \left[\begin{array}{cc} \sum W^2(X)I_x^2(X) & \sum W^2(X)I_x(X)I_y(X) \\ \sum W^2(X)I_x(X)I_y(X) & \sum W^2(X)I_y^2(X) \end{array} \right] \qquad (7\text{-}73)$$

式中，所有的和都是在视频图像邻域 Ω 内的像素点得到的，图像邻域大小一般为 3×3，这样有助于削弱视频图像中的时间噪声。

图 7-21 是基于 Lucas-Kanade 光流算法试验结果，算法通过读取两张连续视频图像获取 Lucas-Kanade 的光流视频特征，图 7-21(c) 是根据图 7-21(a) 和图 7-21(b) 获取的 Lucas-Kanade 的光流视频特征，从图 7-21(c) 中可以看出，光流场特征点充足，证明了 Lucas-Kanade 光流算法提取运动特征的有效性。

　(a) 视频第 668 帧　　　　　(b) 视频第 669 帧　　　　　(c) Lucas-Kanade
　　　　　　　　　　　　　　　　　　　　　　　　　　　　　　算法光流场特征点

图 7-21　基于 Lucas-Kanade 光流算法试验结果

7.5.2　差分法分析

差分法，顾名思义就是对视频图像切分帧之后利用作差来进行有效区域的提取，并在接下来的步骤中对有效区域进行分析，进而得出所需要的特征或者目标。主要包括两种方法：帧间差分法和背景差分法。

1. 帧间差分法

帧间差分法[33] 也称为时域差分法，主要是利用视频序列中在时间上连续的两帧或者几帧图像之间的差异实现运动目标检测与提取，该算法是假设视觉传感器获得视频图像中背景像素点的灰度值和位置都不变，以此来检测前方的运动目标。视觉传感器获得的视频中其连续两帧图像之间的时间间隔非常小，所以帧间差分法利用的视频图像受光线、气候等环境因素变化的影响就比较小，这样帧间差分法就具有很强的环境变化自适应性。帧间差分法对视频图像进行选择不宜时间间隔过大和运动目标速度过快。帧间差分法一般分为两种：一种是相邻两帧视频图像进行差分计算，即相邻差分；另一种是采用视频图像的间隔数帧图像进行差分计算，即间隔差分。

为了适应矿用搜救机器人对低照度环境的识别，需要对图像噪声进行去除，因此利用时间上连续的三帧差分法[30]，即在二帧图像差分的基础上，对差分图像作进一步处理，通过对时间上连续的三帧序列图像的帧间重合部分获取运动物体的轮廓。三帧差分法的原理如图 7-22 所示。

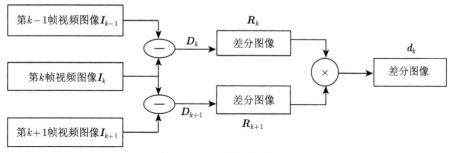

图 7-22 三帧差分法原理

设视频图像时间上连续的相邻三帧图像分别表示为 I_{k-1}、I_k 和 I_{k+1}，则三帧差分法的实现步骤如下。

首先，分别求出三帧 I_{k-1}、I_k 和 I_{k+1} 中连续两帧间的绝对差得到灰度图像 $D_k(x,y)$ 和 $D_{k+1}(x,y)$，计算表达式为

$$\begin{cases} D_k(x,y) = |I_k(x,y) - I_{k-1}(x,y)| \\ D_{k+1}(x,y) = |I_{k+1}(x,y) - I_k(x,y)| \end{cases} \tag{7-74}$$

然后根据算法中预设定的阈值 T，进行图像 $D_k(x,y)$ 和 $D_{k+1}(x,y)$ 的二值化，用于提取视频图像中运动物体目标，图像 $D_k(x,y)$ 和 $D_{k+1}(x,y)$ 二值化运算对应的 $R_k(x,y)$ 和 $R_{k+1}(x,y)$ 分别为

$$R_k(x,y) = \begin{cases} 0, & D_k(x,y) > T \\ 1, & 其他 \end{cases} \tag{7-75}$$

$$R_{k+1}(x,y) = \begin{cases} 0, & D_{k+1}(x,y) > T \\ 1, & 其他 \end{cases} \tag{7-76}$$

最后，如图 7-22 所示，提取 $D_k(x,y)$ 和 $D_{k+1}(x,y)$ 的并集得到图像 $d_k(x,y)$，根据算法就可以得到图像 $d_k(x,y)$ 中的运动物体。并集运算为

$$d_k(x,y) = \begin{cases} 0, & R_k(x,y) \cup R_{k+1}(x,y) \\ 1, & 其他 \end{cases} \tag{7-77}$$

帧间差分法中，为了更好地获得运动目标，也可以使用五帧差分法，但为了机器人视觉的实时性，最好采用三帧差分法。图 7-23 是机器人视觉的帧间差分法

的试验结果。从结果中可以看出，运动特征图 (管道) 区域明显，静态特征 (墙壁) 被有效地剔除。

图 7-23　帧间差分法试验结果

2. 背景差分法

背景差分法 [34] 实现起来相对简单，机器人视觉可以利用该方法实现实时检测运动目标的整个轮廓，并且提取物体目标的轮廓也相对清晰。背景差分法实现原理是：算法先利用传感器获得视频信息，读取视频的时间上连续的帧序列，将视频图像的当前图像和背景图像进行相减获得差分图像，然后通过算法预设定的阈值，以这个阈值为临界点判别前景和背景，从而将差值图像转化为算法需要的二值化图像。背景差分法利用二值化图像可以获得运动目标区域。

背景差分法在获取视频后，视频序列图像经过预处理后提取背景模型，采用视频图像的当前帧减去背景以获得差分图像，之后对差分图像进行阈值分割得到二值化图像，获得视频帧的前景图像和背景图像，最后对于获得的视频前景图像进行处理，以获得运动目标区域。

假设提取视频图像的当前背景图像为 $\boldsymbol{B}_k(x,y)$，当前视频图像帧为 $\boldsymbol{I}_k(x,y)$，则差分图像 $\boldsymbol{D}_k(x,y)$ 的表达式为

$$\boldsymbol{D}_k(x,y) = |\boldsymbol{I}_k(x,y) - \boldsymbol{B}_k(x,y)| \tag{7-78}$$

利用 $\boldsymbol{D}_k(x,y)$ 与设置好的阈值比较获得二值化图像 $\boldsymbol{R}_k(x,y)$。$\boldsymbol{R}_k(x,y)$ 的表达式如式 (7-79) 所示。利用背景差分法对 $\boldsymbol{D}_k(x,y)$ 进行形态学处理，然后对 $\boldsymbol{R}_k(x,y)$ 结果进行后期处理以获得检测的运动目标。

$$\boldsymbol{R}_k(x,y) = \begin{cases} 1, & \boldsymbol{D}_k(x,y) > \text{TH} \\ 0, & \boldsymbol{D}_k(x,y) \leqslant \text{TH} \end{cases} \tag{7-79}$$

机器人在运动或者静止的时候，它的视觉所获得的环境背景是一个随时间与位置渐变的过程。若背景变化较大，如光照变化和前景突然静止等情况出现，则会对背景差分法的检测造成一定影响，所以需要对背景差分法进行适当的改进，算法选取合适的视频图像，准确分割出运动目标。改进的算法使用统计平均方法实现对视频背景图像的修正，如式 (7-80) 所示。式中的 N 是运动目标出现时刻到结束时刻的帧的数量。

$$\overline{D}_k(x,y) = \frac{1}{N}\sum_{k=1}^{N}|I_k(x,y) - B_k(x,y)| \tag{7-80}$$

结合帧间差分法进行运动目标检测，式 (7-80) 的 $\overline{R}_k(x,y)$ 实现为

$$\overline{R}_k(x,y) = \begin{cases} 1, & \overline{D}_k(x,y) > \text{TH} \\ 0, & \overline{D}_k(x,y) \leqslant \text{TH} \end{cases} \tag{7-81}$$

算法中的阈值 TH 可以采用视频图像自适应阈值方法获得。结合三帧差分法，利用式 (7-78) 计算出 $D_k(x,y)$ 和 $D_{k+1}(x,y)$，然后实现累加差分图像 $\text{DS}_k(x,y)$：

$$\text{DS}_k(x,y) = \begin{cases} 255, & |D_k(x,y) + D_{k+1}(x,y)| \geqslant 255 \\ |D_k(x,y) + D_{k+1}(x,y)|, & \text{其他} \end{cases} \tag{7-82}$$

之后算法对获得的 $\text{DS}_k(x,y)$ 结合阈值 TH 进行二值化，可以得到二值化图像 $\text{Dd}_k(x,y)$：

$$\text{Dd}_k(x,y) = \begin{cases} 1, & \text{DS}_k(x,y) > \text{TH} \\ 0, & \text{DS}_k(x,y) \leqslant \text{TH} \end{cases} \tag{7-83}$$

最后将背景差分法获得的前景二值化图像 $\overline{\text{Dd}}_k(x,y)$ 和背景差分法获得的二值化图像 $\text{Dd}_k(x,y)$ 进行二值化整合处理，即可得到视觉系统提取的运动目标的轮廓图 $\text{DM}_k(x,y)$：

$$\text{DM}_k(x,y) = \begin{cases} 1, & \overline{D}_k(x,y)\text{和}D_k(x,y) = 1 \\ 0, & \overline{D}_k(x,y)\text{和}D_k(x,y) = 0 \end{cases} \tag{7-84}$$

背景差分法的试验结果如图 7-24 所示，同样采用的是井口斜巷里的连续两帧运动视频图像进行动态目标轮廓提取，从结果中可以看出，运动特征 (管道) 区域明显，静态特征 (墙壁) 被有效地剔除。

(a) 视频第 668 帧   (b) 视频第 669 帧   (c) 背景差分法提取结果

图 7-24   背景差分法试验结果

参 考 文 献

[1] 陈常, 朱华. 基于分割树的移动机器人立体匹配研究 [J]. 计算机应用研究, 2020, 37(8): 2522-2525,2535.

[2] You S, Zhu H, Li M, et al. Long-term real-time correlation filter tracker for mobile robot[C]//International Conference on Intelligent Robotics and Applications. Cham: Springer, 2019: 245-255.

[3] Chen C, Zhu H. Visual-inertial SLAM method based on optical flow in a GPS-denied environment[J]. Industrial Robot: An International Journal, 2018, 45(3): 401-406.

[4] 朱华, 李鹏, 赵勇, 等. 一种基于图像视觉的移动机器人路径规划方法及装置: 中国, CN201610567780.7[P]. 2019.

[5] Wang L, Zhu H, Li P, et al. The design of inspection robot navigation systems based on distributed vision[C]//International Conference on Intelligent Robotics and Applications. Cham: Springer, 2019: 301-313.

[6] Benoit L, Belin É, Dürr C, et al. Computer vision under inactinic light for hypocotyl-radicle separation with a generic gravitropism-based criterion[J]. Computers and Electronics in Agriculture, 2015, 111: 12-17.

[7] Myasnikov V V. A model-based gradient field descriptor as an efficient tool for recognizing and analyzing digital images[J]. Pattern Recognition and Image Analysis, 2015, 25(1): 60-67.

[8] Lu Z, Wei L. The compensated HS optical flow estimation based on matching Harris corner points[C]. 2010 International Conference on Electrical and Control Engineering, Wuhan, 2010: 2279-2282.

[9] 韩松奇, 于微波, 杨宏涛, 等. 改进 Harris 角点检测算法 [J]. 长春工业大学学报, 2018, 39(5): 60-64.

[10] Ryu J B, Park H H. Log-log scaled Harris corner detector[J]. Electronics Letters, 2010, 46(24): 1602-1604.

[11] Zhang W C, Wang F P, Zhu L, et al. Corner detection using Gabor filters[J]. IET Image Processing, 2014, 8(11): 639-646.

[12] Tamai T, Murotani K, Koshizuka S. On the consistency and convergence of particle-based meshfree discretization schemes for the Laplace operator[J]. Computers & Fluids, 2017, 142: 79-85.

[13] Guo X, Li Y, Ling H. LIME: Low-light image enhancement via illumination map estimation[J]. IEEE Transactions on Image Processing, 2016, 26(2): 982-993.

[14] 朱华, 由韶泽, 葛世荣, 等. 基于 WiFi 辅助定位的视觉跟踪移动机器人及控制方法: 中国, CN201810493006.5[P]. 2020.

[15] 朱华, 由韶泽, 葛世荣, 等. 基于超声波辅助定位的视觉跟踪移动机器人及控制方法: 中国, CN201810650899.x[P]. 2020.

[16] 陈常. 基于视觉和惯导融合的巡检机器人定位与建图技术研究 [D]. 徐州: 中国矿业大学, 2019.

[17] 汪雷. 煤矿探测机器人图像处理及动态物体去除算法研究 [D]. 徐州: 中国矿业大学, 2020.

[18] 吴迪, 朱青松. 图像去雾的最新研究进展 [J]. 自动化学报, 2015, 41(2): 221-239.

[19] He K, Sun J, Tang X. Guided image filtering[J]. IEEE Transactions on Pattern Analysis and Machine Intelligence, 2012, 35(6): 1397-1409.

[20] Ancuti C O, Ancuti C, Timofte R, et al. O-Haze: A dehazing benchmark with real hazy and haze-free outdoor images[C]. Proceedings of the IEEE Conference on Computer Vision and Pattern Recognition Workshops, Salt Lake City, 2018: 754-762.

[21] Wang W, Xu L. Retinex algorithm on changing scales for haze removal with depth map[J]. International Journal of Hybrid Information Technology, 2014, 7(4): 353-364.

[22] Tarel J P, Hautière N. Fast visibility restoration from a single color or gray level image[C]//Proceedings of IEEE the 12th International Conference on Computer Vision. Kyoto:IEEE, 2009: 2201-2208.

[23] Sulami M, Glatzer I, Fattal R. Automatic recovery of the atmospheric light in hazy images[C]. 2014 IEEE International Conference on Computational Photography (ICCP), Santa Clara, 2014: 1-11.

[24] Ancuti C, Ancuti C O, Haber T, et al. Enhancing underwater images and videos by fusion[C]. 2012 IEEE Conference on Computer Vision and Pattern Recognition, IEEE, 2012: 81-88.

[25] Galdran A, Pardo D, Picón A, et al. Automatic red-channel underwater image restoration[J]. Journal of Visual Communication and Image Representation, 2015, 26: 132-145.

[26] 庄秀丽. 煤矿井巷环境下的机器人障碍识别研究 [D]. 徐州: 中国矿业大学, 2016.

[27] 张征. 基于多传感器数据融合的煤矿井下移动机器人精确定位技术研究 [D]. 徐州: 中国矿业大学, 2021.

[28] Wiener N. Nonlinear Problems in Random Theory[M]. Boston: MIT Press, 1966.

[29] 郭红伟, 付波, 田益民, 等. 实拍运动模糊图像的退化参数估计与复原 [J]. 激光与红外, 2013, 43(5): 559-564.

[30] 巩固. 矿井环境下机器人目标识别算法研究 [D]. 徐州: 中国矿业大学, 2020.

[31] Yang K M, Sun M T, Wu L. A family of VLSI designs for the motion compensation block-matching algorithm[J]. IEEE Transactions on Circuits and Systems, 1989, 36(10):

1317-1325.

[32] Baker S, Matthews I. Lucas-Kanade 20 years on: A unifying framework[J]. International Journal of Computer Vision, 2004, 56(3): 221-255.

[33] Liu D, Shyu M L. Effective moving object detection and retrieval via integrating spatial-temporal multimedia information[C]. 2012 IEEE International Symposium on Multimedia, Irvine, 2012: 364-371.

[34] Yumiba R, Miyoshi M, Fujiyoshi H. Moving object detection with background model based on spatio-temporal texture[C]. 2011 IEEE Workshop on Applications of Computer Vision (WACV), Hawaii, 2011: 352-359.

第 8 章　机器人定位与矿图构建

8.1　引　言

精确定位和地图构建技术是煤矿机器人亟待攻克的共性关键技术，是矿用搜救机器人路径规划、自主行走以及协同控制的基础。定位技术为矿用搜救机器人提供本体位姿的估计，是机器人实现自主导航的前提；地图构建技术为机器人本体路径规划和自主避障提供全局导航地图，同时可以为操作人员提供可视化的交互信息，作为先验知识供救援人员参考。目前井下尚无满足矿用搜救机器人精确定位的方法，没有可以实现高效、高精度地图构建的手段。井下现有的定位方法局限于射频定位、惯性导航定位、视频监控等传统技术，存在定位范围受限、误差累积、精度低、稳定性差、定位结果不连续、不适宜长期定位等问题，普遍无法用于灾后环境，无法满足矿用搜救机器人的应用；利用高精度激光扫描仪、地基测绘雷达等传统静态测绘手段构建井下地图，效率低而代价高，无法搭载到体积小、负载受限、需满足防爆要求的矿用搜救机器人上。

建图和定位是一个相互耦合的问题，通常利用同步定位与地图构建（SLAM)技术同时处理 [1]。然而，常规的 SLAM 技术依赖的传感器在井下环境都有各自的缺陷。视觉 SLAM 技术近年来由于价格低廉、易于部署而受到了广泛的关注，但是对于低照度、弱纹理、墙壁形状走样的井下场景精度较差且不鲁棒 [2-4]。Range-Only SLAM 是直接利用测距信息进行定位和建图的方法，通常使用如声呐、WiFi、UWB 等传感器提供距离观测 [5-7]，对于煤矿工作面及灾后的粉尘、水汽、烟雾的场景有很强的适应能力，但是数据关联困难、无法直接获得角度信息、需要基础设施，而且定位精度较低，应用于井下高精度建图还有较多问题。激光雷达已经广泛应用于机器人领域，不受光照条件的影响且有很高的信噪比，构建的稠密点云地图可以直接用于机器人的定位与导航应用。但是单纯依赖激光雷达在井下进行 SLAM 仍然有很多尚未解决的问题。多线避障型雷达只能生成稀疏的无序点云，由于垂直分辨率低，获得的特征类型单一且很少，对于巷道形式的少结构场景会出现性能退化的问题 [8,9]；杂乱的场景以及煤岩的吸收，可能会降低雷达观测的信噪比；矿用搜救机器人面临很多复杂恶劣的工作环境，如不平坦路面、水沟、台阶等复杂地形，颠簸路面导致点云扭曲更加严重，容易造成特征跟踪或者扫描匹配失败，导致地图偏离甚至建模失败；同时雷达本身的更新频率通常较低，需要在建图速度和精度方面进行折中。

为了解决矿用搜救机器人定位建图的难题，本课题组先后探索了基于二维激光 SLAM[10,11]、视觉 SLAM[12,13]、UWB/IMU 组合定位 [14,15] 等方案。经过前期探索，认为基于三维激光雷达 SLAM 多传感器融合定位建图方案 [16,17]，对于现阶段矿井搜救的环境和工况有更强的适应性和应用前景。

对于三维激光 SLAM 来说，执行扫描配准时，好的初值可以明显提高算法的鲁棒性，避免陷入局部最优解，减少迭代次数和计算时间。通过融合其他传感器的信息可以给激光扫描匹配提供较好的初值，而且引入其他约束可以提高基于图优化的建模精度和鲁棒性，提高机器人在复杂地形环境下的适应能力。为实现上述目标，在矿用搜救机器人定位与矿图构建技术中，采用了基于激光雷达的多传感器融合 SLAM 方法，并提出基于 LiDAR/IMU 紧耦合的同步定位与地图构建方法，以及进一步融合 UWB 观测信息的同步定位与地图构建方法。本章分别阐述这两种定位与建图方法，并介绍两种方法的应用试验情况。

8.2 基于 LiDAR/IMU 紧耦合的同步定位与地图构建方法

基于激光雷达的多传感器融合 SLAM 方法是目前 SLAM 领域的研究热点。针对不同环境，各类传感器被用于与激光雷达组合以提高算法综合性能，通过与相机 [18,19] 和 IMU[20-24] 的集成可以显著提高系统的鲁棒性和精度，已经证明优于纯雷达系统。集成视觉可以使用丰富的场景纹理，隐含的语义信息还可以用于回环检测提高精度。但是井下光线昏暗，光源不稳定，给视觉特征提取和跟踪带来许多困难。集成 IMU 可以利用 IMU 输出的高频加速度和角速度信息，提供在剧烈运动下短期内的高精度状态传播，校正点云畸变，同时提供激光扫描配准的初值，并提供额外的运动约束，而且 IMU 是本体感受器，具有较好的隐蔽性，容易满足防爆要求。

激光雷达和 IMU 数据融合方法主要分为基于松耦合和基于紧耦合两种融合方式。松耦合方案将 IMU 当作黑箱处理用于独立的传播状态，分别计算激光雷达定位与 IMU 定位的结果再进行融合，有滤波和优化两种方案。紧耦合方案需要将传感器的中间处理特征加入求解变量中，计算最终的结果，主要采用因子图优化模型进行求解，近来被证明可以提供更好的效果。LIO-mapping[24] 采用了类似 LOAM[25] 的前端特征提取方法，使用面特征构建相邻帧之间点到面的约束，结合 IMU 预积分约束基于因子图模型实现了状态估计，但是这种方法使用了所有帧参与优化，无法实现特征较多的大场景的实时应用。LINS[21] 基于 IEKF 实现紧耦合融合激光和 IMU 数据，虽然在观测更新时采用了类似优化方法的迭代过程，但是仍然基于马尔可夫假设并没有使用历史数据，对于复杂场景的鲁棒性较低。本节在传统基于位姿图优化 SLAM 框架基础上，基于点到线和点到面的扫描匹配设计激光里程计约束，进一步融合 IMU 预积分因子约束，结合基于里程和基于形貌相似性判断的回环检测与回环因子构建方法，利用因子图优化设计了基于紧耦合方式融合激光雷达和 IMU 数据进行 SLAM 的方法——LI-SLAM。

8.2.1 系统架构与因子图模型构建

图 8-1 所示为提出的 LI-SLAM 算法框架，利用紧耦合方式集成雷达和惯性的观测。在获得雷达扫描观测的同时，IMU 观测通过高频传播运动状态，用于点云扭曲的畸变校正。去畸变后的点云通过区域滤波和下采样来降低数据维度。然后提取边和面特征同时构建子图，并建立局部雷达相对位姿因子，与 IMU 的预积分因子在一个局部滑动窗口中联合优化，执行局部的位姿估计与 IMU 零偏估计，构建子图的关键帧被用于构建相对于激光惯性里程计坐标系的全局地图。

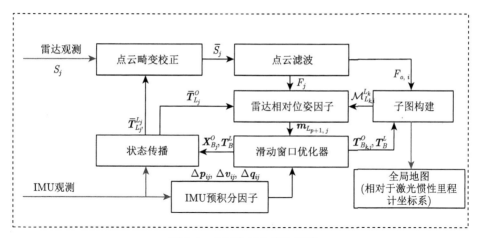

图 8-1 LI-SLAM 算法框架

图 8-2 所示为 LI-SLAM 中激光惯性里程计的因子图。待估计状态变量是优化窗口内所有的 IMU 相对于局部激光惯性里程计坐标系下的位置、速度、姿态、加速度零偏、角速度零偏，以及激光雷达与 IMU 之间的外参：

$$\boldsymbol{\chi} = \left[\begin{array}{cccc} \boldsymbol{x}_{B_p}^{O^\mathrm{T}} & \cdots & \boldsymbol{x}_{B_j}^{O^\mathrm{T}} & \boldsymbol{T}_B^L \end{array} \right] \tag{8-1}$$

其中对应优化窗中第 i 时刻的状态和外参分别表示为

$$\boldsymbol{x}_{B_i}^O = \left[\begin{array}{ccccc} \boldsymbol{p}_{B_i}^{O^\mathrm{T}} & \boldsymbol{v}_{B_i}^{O^\mathrm{T}} & \boldsymbol{q}_{B_i}^{O^\mathrm{T}} & \boldsymbol{b}_{a_i}^\mathrm{T} & \boldsymbol{b}_{g_i}^\mathrm{T} \end{array} \right]^\mathrm{T} \tag{8-2}$$

$$\boldsymbol{T}_B^L = \left[\begin{array}{cc} \boldsymbol{p}_B^{L^\mathrm{T}} & \boldsymbol{q}_B^{L^\mathrm{T}} \end{array} \right]^\mathrm{T} \tag{8-3}$$

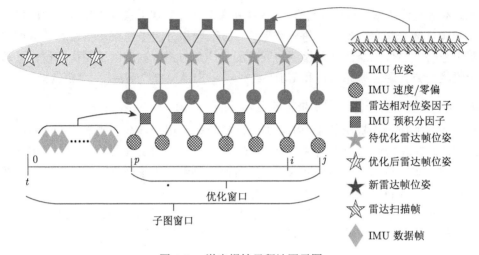

图 8-2　激光惯性里程计因子图

需要注意的是，采用因子图而不是单帧点云进行激光里程计的扫描匹配。在局部优化过程中，只有优化窗口中的雷达相对位姿因子和惯性预积分因子参与优化，优化窗口外的旧的状态被边缘化。当新的 IMU 和雷达观测到来时，子图和优化窗口同时向前移动。根据图优化模型目标函数构建方法，可以构建激光惯性里程计的无约束优化目标函数为

$$\hat{\boldsymbol{\chi}} = \underset{\boldsymbol{\chi}}{\arg\min} \left[\phi_{\text{prior}}(\boldsymbol{\chi}) + \phi_L(\boldsymbol{\chi}) + \phi_B(\boldsymbol{\chi}) \right] \tag{8-4}$$

上述目标函数的每一项包含各自残差的二范数。根据因子图构建和非线性优化求解方法，可以对激光惯性里程计各个因子进行建模和求解。

先验因子代价项提供了当前滑动窗口中待优化状态与之前已经被边缘化的状态之间的约束。先验因子的代价项可以表示为

$$\phi_{\text{prior}}(\boldsymbol{\chi}) = \frac{1}{2} \left\| \boldsymbol{r}_P - \boldsymbol{H}_P \boldsymbol{\chi} \right\|^2 \tag{8-5}$$

雷达因子代价项提供了滑动窗口中相邻激光关键帧的位姿之间的运动约束。雷达相对位姿因子的代价项可以表示为

$$\phi_L(\boldsymbol{\chi}) = \frac{1}{2} \sum_{k \in \{p+1, \cdots, i, j\}} \left\| \boldsymbol{r}_L \left(\boldsymbol{z}_{L_{k+1}}^{L_k}, \boldsymbol{\chi} \right) \right\|_{\boldsymbol{\Omega}_{L_{k+1}}^{L_k}}^2 \tag{8-6}$$

IMU 预积分因子代价项提供了滑动窗口中相邻激光关键帧之间的 IMU 运动

状态和零偏间的运动约束。IMU 预积分因子的代价项可以表示为

$$\phi_B(\boldsymbol{\chi}) = \frac{1}{2} \sum_{k \in \{p, \cdots, i\}} \left\| \boldsymbol{r}_I \left(\boldsymbol{z}_{B_{k+1}}^{B_k}, \boldsymbol{\chi} \right) \right\|_{\boldsymbol{\Omega}_{B_{k+1}}^{B_k}}^2 \tag{8-7}$$

从先验因子、雷达相对位姿因子和 IMU 预积分因子代价项组成的代价函数可以看出，计算的关键是求解各类因子的残差、雅可比矩阵及协方差。

8.2.2 约束因子构建

1. 雷达相对位姿因子构建

1) 雷达数据预处理

机械旋转式扫描激光雷达在移动过程中，不可避免会产生点云扭曲。大部分现有方法处理这个问题的方式是基于激光里程计的常速运动假设，利用每个点对应的时间戳来插值恢复激光点云。这种方法很高效，但是对于剧烈运动和低频激光扫描会造成问题，特别是在激光里程计容易出现误配准的退化场景。本节使用高频 IMU 观测传播并恢复雷达的运动状态。设定 i 和 j 对应雷达观测帧 S_i 和 S_j 的时间戳。对第 i 到第 j 帧之间的所有 IMU 观测进行积分，作为激光里程计扫描匹配的初值。利用原始的 IMU 加速度观测 $\hat{\boldsymbol{a}}_t$、角速度 $\hat{\boldsymbol{\omega}}_t$，可以计算从时间戳 i 到时间戳 j 传播的状态，包括位置 $\boldsymbol{p}_{b_j}^O$、速度 $\boldsymbol{v}_{b_j}^O$、方向 $\boldsymbol{q}_{b_j}^O$：

$$\begin{cases} \boldsymbol{p}_{b_j}^O = \boldsymbol{p}_{b_i}^O + \sum_{t=i}^{j-1} \left[\boldsymbol{v}_{b_t}^w \Delta t + \frac{1}{2} \left(\boldsymbol{R}_t^w \left(\hat{\boldsymbol{a}}_t - \boldsymbol{b}_{a_t} \right) - \boldsymbol{g}^O \right) \Delta t^2 \right] \\ \boldsymbol{v}_{b_j}^O = \boldsymbol{v}_{b_i}^O + \sum_{t=i}^{j-1} \left[\boldsymbol{R}_t^O \left(\hat{\boldsymbol{a}}_t - \boldsymbol{b}_{a_t} \right) - \boldsymbol{g}^O \right] \Delta t \\ \boldsymbol{q}_{b_j}^O = \boldsymbol{q}_{b_i}^O \otimes \prod_{t=i}^{j-1} \left(\begin{bmatrix} \frac{1}{2} \left(\hat{\boldsymbol{\omega}}_t - \boldsymbol{b}_{\omega_t} \right) \Delta t \\ 1 \end{bmatrix} \right) \end{cases} \tag{8-8}$$

在每次采样间隔，假定加速度和角速度不变，加速度零偏 $\boldsymbol{b}_{a_t}$ 和角速率零偏 $\boldsymbol{b}_{w_t}$ 作为常数进行估计。利用离线标定的 IMU 与雷达之间的外参变换 $\boldsymbol{T}_I^L$，可以预测当前雷达的位置和速度。根据每个点的时间戳，可以将观测帧 S_j 的所有点按照线性插值重新排布到观测帧 S_j 的末端时刻的位姿所在的共同坐标系，从而校正由运动导致的点云扭曲。这种预测方法的明显好处是 IMU 的零偏是通过后续优化过程获得的结果实时更新的，是利于长期操作的精确估计。

在点云扭曲校正之后，利用区域滤波提取从 20 cm 到 80 m 范围内的点云作为有效点云。这是因为更远距离的点将产生更多不稳定的外点，而且在巷道环境中会产生更多平行于巷道墙壁的点，不利于可靠地配准。

2) 特征提取

采用类似 LOAM[25] 与 LeGO-LOAM[26] 方法中的特征提取方法，通过计算局部区域内点云的粗糙度来提取当前点云中的线特征和面特征。激光雷达在某个扫描周期 k 内获得的点云记为 P_k，这期间对应的雷达坐标系定义为 L_k，点云中某个点 $p_i \in P_k$ 在 L_k 下的位置坐标可以表示为 $\boldsymbol{X}_{k,i}^L$。S 为点云 P_k 中点 p_i 所在的行中的点组成的连续点集，此处设置 $|S|$ 为 10，即点 p_i 两侧各有 5 个点。可以设计以下公式来评价点 p_i 所在局部表面的粗糙度：

$$c = \frac{1}{|S| \left\| \boldsymbol{X}_{k,i}^L \right\|} \left\| \sum_{j \in S, j \neq i} \left(\boldsymbol{X}_{k,i}^L - \boldsymbol{X}_{k,j}^L \right) \right\| \tag{8-9}$$

对于处于边缘的点，一般和周围其他点的距离较大，也就造成曲率比较高，粗糙度 c 较大；对于处于平面的点，通常和周围其他的距离较小，造成曲率比较低，粗糙度 c 较小。利用以上粗糙度度量标准，可以将点云进行排序，找出最小粗糙度的 m 个点作为平面点，最大粗糙度的 n 个点作为边缘点，实现特征点的提取。根据使用环境的不同，可以基于测试获得的经验设定特征判断阈值，当粗糙度大于或者小于阈值时才认定为边缘点或者平面点。为了使点云特征在各个方向上均匀分布，将每个扫描帧等分为若干区域，每个区域提取粗糙度最大的 $n=2$ 个边点和粗糙度最小的 $m=4$ 个平面点。在选择特征点时，应遵循以下规则。

(1) 尽可能分散地提取特征点，避免特征点附近的点被选择。这样有利于后续进行特征关联和提高优化的精度。

(2) 避免选择处于平行于雷达光束方向的局部平面点，这些点通常不稳定。

(3) 避免选择可能被其他物体遮挡导致极容易消失或者出现的特征点。

为了避免以上情况的发生，在选择点集 S 时需要满足某些条件。图 8-3 为特征点选择时应避免的两类情况：特征点 p_i 所在的点集 S 不会形成平行于雷达光束的平面，见图 8-3(a)；点集 S 上的任何特征点都不会在雷达光束上比当前特征点近的方向上形成间隙，见图 8-3(b)。

3) 关键帧提取

激光雷达的频率为 10 Hz，使用每个雷达扫描帧进行特征匹配并添加相对雷达因子到因子图中是不经济的，这些冗余的帧带来很少的新的变换信息，但是导致计算量巨大不利于实时运行。关键帧通过设置的两个阈值，即最小平移距离阈值 t_{min}、旋转角度阈值 r_{min} 来进行选择，一旦有其中一个阈值被满足，当前雷达帧将作为一个新的关键帧。相邻关键帧之间的雷达扫描帧被剔除，这样有利于减少后续参与优化的内存消耗和地图构建的存储消耗，从而维护相对稀疏的因子图，有利于实时的非线性优化。这里没有使用雷达扫描匹配获得的位姿估计值来判断

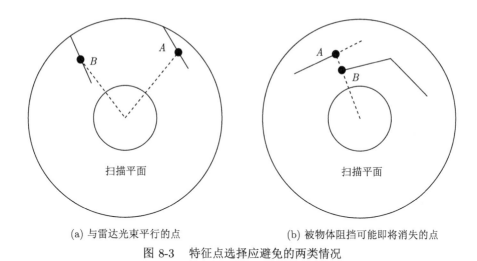

(a) 与雷达光束平行的点   (b) 被物体阻挡可能即将消失的点

图 8-3 特征点选择应避免的两类情况

关键帧的提取与否，而是通过局部和全局滑动窗口优化结果和 IMU 的预测获得当前帧的位姿预测值。这样做的目的是防止由于雷达错误的扫描匹配导致错误的关键帧建立，这对于长直巷道这类的退化场景尤其重要。

4) 子图构建

LOAM 算法采用了激光里程计和建图分离的不同线程处理的方式。激光里程计使用帧到帧的扫描匹配方法，而建图过程采用了帧到地图的扫描匹配方法。与 LOAM 建图线程类似，本节在激光里程计中采用帧到子图的方式进行扫描匹配以提高精度。通过滑动窗口方法创建包含固定数量最近关键帧的点云子图。F_e^k 和 F_p^k 为关键帧 k 在特征提取过程中产生的边和面特征组成的集合，则之前 n 个关键帧组成的特征集合可以表示为 $\{\mathbb{F}_{k-n}, \cdots, \mathbb{F}_k, \mathbb{F}_k = F_e^k \cup F_p^k\}$。利用各关键帧的变换 $\{\boldsymbol{T}_{k-n}, \cdots, \boldsymbol{T}_k\}$ 可以将这些特征转换到里程计坐标系 O 下。转换后的关键帧被拼接组成局部子图 $\mathbb{M}_i$，显然子图中包含变换到里程计坐标系后的两类特征 $\mathbb{M}_k = \{\mathbb{M}_k^e \cup \mathbb{M}_k^p\}$。为了避免冗余的特征参与扫描匹配，采用下采样方法提出同一个体素栅格中的重复特征。典型的应用中，$\mathbb{M}_k^e$ 和 $\mathbb{M}_k^p$ 的下采样精度为 0.1 m 和 0.2 m，组成子图的关键帧数量为 20。

5) 特征关联

在获得新的雷达扫描帧 $\mathbb{F}_{k+1}, (\mathbb{F}_{k+1} = F_{k+1}^e \cup F_{k+1}^p)$ 后，需要从雷达坐标系 L 转换到里程计坐标系 O 下。由于从 k 到 $k+1$ 时刻，雷达始终在运动，所以新帧中每个点对应的雷达姿态变换矩阵都不同。与 LOAM 匀速运动假设不同，可以利用式 (8-8) 恢复每个点的运动状态，并重新投影到每一帧初始的时刻。利用 IMU 预测的机器人运动状态 $\overline{\boldsymbol{T}}_{k+1}$，可以获得转换后的特征集合 $\mathbb{F}'_{k+1}$。至此，可以寻找特征集合 $\mathbb{F}'_{k+1}$ 中边缘特征 $F_{k+1}^{e'}$ 和面特征 $F_{k+1}^{p'}$ 在局部子图 $\mathbb{M}_k = \{\mathbb{M}_k^e \cup \mathbb{M}_k^p\}$

中的关联特征。图 8-4 为边缘点和平面点的特征关联方法。如图 8-4(a) 所示，对于边缘特征 i，在 $F_{k+1}^{e'}$ 中选择某一特征点，利用 3D-kd 树 [27] 寻找 $\mathbb{M}_k^e$ 中最近的点 j，以及 $\mathbb{M}_k^e$ 中与点 j 最近的但是与点 i 和点 j 不共线的点 l，则 (j, l) 为边特征点 i 的关联特征点。同理，如图 8-4(b) 所示，可以在 $\mathbb{M}_k^p$ 中找到与平面特征点 i 最近的点 j，以及 $\mathbb{M}_k^p$ 中与点 j 最近的两个不共线的点 m 和点 l。这样就可以找到面特征点 i 的关联特征点 (j, m, l)。

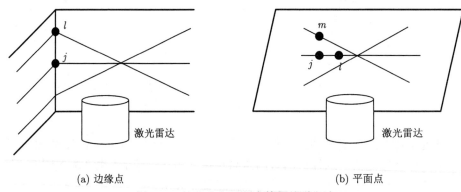

(a) 边缘点   (b) 平面点

图 8-4　边缘点和平面点特征关联方法

6) 扫描匹配

利用上述边缘特征和平面特征关联方法，可以计算当前帧与其关联特征的距离，即点到线的距离：

$$d_e = \frac{\left|\left(\boldsymbol{X}_{k+1,i}^e - \boldsymbol{X}_{k,j}^e\right) \times \left(\boldsymbol{X}_{k+1,i}^e - \boldsymbol{X}_{k,l}^e\right)\right|}{\left|\boldsymbol{X}_{k,j}^e - \boldsymbol{X}_{k,l}^e\right|} \tag{8-10}$$

点到面的距离：

$$d_p = \frac{\left|\left(\boldsymbol{X}_{k+1,i}^p - \boldsymbol{X}_{k,j}^p\right) \times \left(\boldsymbol{X}_{k,j}^p - \boldsymbol{X}_{k,l}^p\right) \times \left(\boldsymbol{X}_{k,j}^p - \boldsymbol{X}_{k,m}^p\right)\right|}{\left|\left(\boldsymbol{X}_{k,j}^p - \boldsymbol{X}_{k,l}^p\right) \times \left(\boldsymbol{X}_{k,j}^p - \boldsymbol{X}_{k,m}^p\right)\right|} \tag{8-11}$$

至此，可以构建以下代价函数来求解最优的位姿变换关系 $\overline{\boldsymbol{T}}_{k+1}$：

$$f\left(\overline{\boldsymbol{T}}_{k+1}\right) = \boldsymbol{d}, \quad \boldsymbol{d} = \begin{bmatrix} d_e \\ d_p \end{bmatrix} \tag{8-12}$$

利用非线性优化求解方法，如 LM 优化，可以构建以下优化方程：

$$\begin{cases} \min \dfrac{1}{2} \left\| f(\overline{\boldsymbol{T}}_{k+1}) + \boldsymbol{J}(\overline{\boldsymbol{T}}_{k+1})^{\mathrm{T}} \Delta \overline{\boldsymbol{T}}_{k+1} \right\| \\ \text{s.t.} \ \left\| \boldsymbol{D} \Delta \overline{\boldsymbol{T}}_{k+1} < \mu \right\|_2 \end{cases} \tag{8-13}$$

式中，μ 为信赖区域半径；$\boldsymbol{D}$ 为系数矩阵；雅可比矩阵 $\boldsymbol{J} = \partial f / \partial \boldsymbol{T}_{k+1}$。利用以下公式迭代计算出最优估计：

$$\boldsymbol{T}_{k+1} \leftarrow \boldsymbol{T}_{k+1} - \left[\boldsymbol{J}^{\mathrm{T}} \boldsymbol{J} + \lambda \mathrm{diag} \left(\boldsymbol{J}^{\mathrm{T}} \boldsymbol{J} \right) \right]^{-1} \boldsymbol{J}^{\mathrm{T}} \boldsymbol{d} \tag{8-14}$$

采用以上 LM 优化方法收敛后可以得到当前位姿估计值 $\boldsymbol{T}_{k+1} = \overline{\boldsymbol{T}}_{k+1}$。进一步计算 $\boldsymbol{T}_k$ 和 $\boldsymbol{T}_{k+1}$ 之间的相对位姿变换：

$$\Delta \boldsymbol{T}_{k,k+1} = \boldsymbol{T}_k^{-1} \boldsymbol{T}_{k+1} \tag{8-15}$$

7) 相对位姿因子构建

至此，可以构建雷达相对位姿因子，提供新的关键帧位姿与之前构建子图内关键帧的位姿之间的约束。如图 8-2 所示，参与优化的雷达相对位姿因子是优化滑动窗口内相邻的雷达关键帧位姿。可以构建相邻位姿间的优化目标项：

$$\phi_L(\boldsymbol{x}) = \frac{1}{2} \| r_L(\boldsymbol{x}_i, \boldsymbol{x}_j) \|_{\boldsymbol{\Sigma}}^2 \tag{8-16}$$

式中，$\boldsymbol{x}$ 为优化变量；$\boldsymbol{x}_i$ 是关键帧 i 对应的运动状态；$\boldsymbol{x}_j$ 是关键帧 j 对应的运动状态；$\boldsymbol{\Sigma} \in \mathbb{R}^{6 \times 6}$ 是相对位姿变换协方差矩阵。

在传感器融合过程中，状态变量是基于 IMU 坐标系的。因此，转换到 IMU 坐标系下的相对位姿观测表达式为

$$\boldsymbol{T}_{L_j}^{L_i} = \boldsymbol{T}_B^L \boldsymbol{T}_{B_i}^{O^{-1}} \boldsymbol{T}_{B_j}^O \boldsymbol{T}_B^{L^{-1}} \tag{8-17}$$

式中，$\boldsymbol{T}_B^L$ 为本体系到雷达系的外参变换；$\boldsymbol{T}_{B_k}^O \in \mathrm{SE}(3)(k = i, j)$ 是关键帧 k 对应的激光惯性里程计坐标系下的待估计位姿。

在激光惯性里程计的局部因子图优化中，雷达相对位姿因子的残差，雅可比矩阵以及协方差需要被计算。由于感知和估计误差，从关键帧 j 到 i 之间的位姿变换的观测和期望之间的残差可以表示为

$$r_L(\boldsymbol{z}_{B_j}^{B_i}, \boldsymbol{\chi}) = \overline{\boldsymbol{T}}_{L_j}^{L_i^{-1}} \boldsymbol{T}_B^L \boldsymbol{T}_{B_i}^{O^{-1}} \boldsymbol{T}_{B_j}^O \boldsymbol{T}_B^{L^{-1}} \tag{8-18}$$

进一步展开式 (8-18) 有

$$\begin{bmatrix} \boldsymbol{r}_{R_L} & \boldsymbol{r}_{p_L} \\ 0 & 1 \end{bmatrix} = \begin{bmatrix} \overline{\boldsymbol{R}}_{L_j}^{L_i^{-1}} & -\overline{\boldsymbol{R}}_{L_j}^{L_i^{-1}} \overline{\boldsymbol{p}}_{L_j}^{L_i} \\ 0 & 1 \end{bmatrix} \begin{bmatrix} \boldsymbol{R}_B^L & \boldsymbol{p}_B^L \\ 0 & 1 \end{bmatrix} \begin{bmatrix} \boldsymbol{R}_{B_i}^{O^{-1}} & -\boldsymbol{R}_{B_i}^{O^{-1}} \boldsymbol{p}_{B_i}^O \\ 0 & 1 \end{bmatrix}$$

$$\times \begin{bmatrix} \boldsymbol{R}_{B_j}^O & \boldsymbol{p}_{B_j}^O \\ 0 & 1 \end{bmatrix} \begin{bmatrix} \boldsymbol{R}_B^{L^{-1}} & -\boldsymbol{R}_B^{L^{-1}} \boldsymbol{p}_B^L \\ 0 & 1 \end{bmatrix}$$

$$\tag{8-19}$$

$$r_\theta = \overline{R}_{L_j}^{L_i^{-1}} R_B^L R_{B_i}^{O^{-1}} R_{B_j}^O R_B^{L^{-1}} \tag{8-20}$$

$$r_p = \overline{R}_{L_j}^{L_i^{-1}} \left[R_B^L R_{B_i}^{O^{-1}} \left(p_{B_j}^O - p_{B_i}^O - R_{B_j}^O R_B^{L^{-1}} p_B^L \right) + p_B^L - \overline{p}_{L_j}^{L_i} \right] \tag{8-21}$$

2. IMU 预积分因子构建

传统惯性导航在世界坐标系下进行，使用前需要经过精准且耗时的初始化过程 (初始对准)。IMU 预积分的目的是可以快速处理大量高频的惯性观测数据，通过在选择的关键帧之间对惯性观测进行预积分从而变为一个独立的相对运动约束参与到状态估计过程中。图 8-5 为雷达与 IMU 观测的时间戳。相邻雷达关键帧之间的一系列 IMU 观测可以建立一个关于 IMU 位姿的运动约束。IMU 预积分因子构建了激光惯性里程计因子图中的另一类代价项。本节采用类似 VINS[28] 的预积分方法。

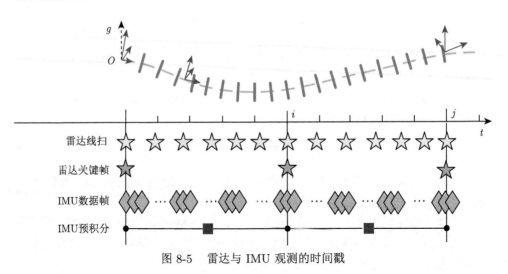

图 8-5   雷达与 IMU 观测的时间戳

将式 (8-8) 的连续形式转换到 i 时刻的 IMU 坐标系下，即左乘 R_w^{Bi}，可以得到

$$\begin{cases} R_{B_i}^{O^{\mathrm{T}}} p_{B_j}^O = R_{B_i}^{O^{\mathrm{T}}} \left(p_{B_i}^O + v_{B_i}^O \Delta t - \frac{1}{2} g^O \Delta t^2 \right) + \alpha_{B_j}^{B_i} \\[2mm] R_{B_i}^{O^{\mathrm{T}}} v_{B_j}^O = R_{B_i}^{O^{\mathrm{T}}} \left(v_{B_i}^O - g^O \Delta t \right) + \beta_{B_j}^{B_i} \\[2mm] q_{B_i}^{O^{-1}} \otimes q_{B_j}^O = \gamma_{B_j}^{B_i} \end{cases} \tag{8-22}$$

可以计算预积分项的连续形式为

$$
\begin{cases}
\boldsymbol{\alpha}_{B_j}^{B_i} = \iint_{t \in [i,j]} \boldsymbol{R}_t^{B_i} \left(\hat{\boldsymbol{a}}_t - \boldsymbol{b}_{a_t} - \boldsymbol{n}_a \right) \mathrm{d}t^2 \\
\boldsymbol{\beta}_{B_j}^{B_i} = \int_{t \in [i,j]} \boldsymbol{R}_t^{B_i} \left(\hat{\boldsymbol{a}}_t - \boldsymbol{b}_{a_t} - \boldsymbol{n}_a \right) \mathrm{d}t \\
\boldsymbol{\gamma}_{B_j}^{B_i} = \int_{t \in [i,j]} \frac{1}{2} \boldsymbol{\Omega} \left(\hat{\boldsymbol{\omega}}_t - \boldsymbol{b}_{\omega_t} - \boldsymbol{n}_\omega \right) \boldsymbol{\gamma}_t^{B_i} \mathrm{d}t
\end{cases}
\tag{8-23}
$$

式中，$\hat{\boldsymbol{a}}_t$ 和 $\hat{\boldsymbol{\omega}}_t$ 为不同时刻 IMU 的观测值。

可以看出，上述预积分项以 B_i 为参考系可以直接积分 IMU 观测，结果仅与 IMU 的零偏相关，与积分开始时的初始位姿和速度无关。设 k 为时间戳 $[i,j]$ 之间的时刻，δt 是 IMU 观测在 k 和 $k+1$ 之间的时间间隔。由于零偏本身也是待估计的参量，在因子图优化中每次迭代过程中都得到新的零偏，如果每次都重新根据式 (8-23) 计算会极为耗时。为了避免重复积分，对于零偏发生微小变化的情况，可以利用一阶近似假设预积分变化量与零偏是线性关系，进而可得

$$
\begin{cases}
\boldsymbol{\alpha}_{B_j}^{B_i} \approx \hat{\boldsymbol{\alpha}}_{B_j}^{B_i} + \boldsymbol{J}_{\boldsymbol{b}_{a_i}}^{\alpha} \delta \boldsymbol{b}_{a_i} + \boldsymbol{J}_{\boldsymbol{b}_{\omega_i}}^{\alpha} \delta \boldsymbol{b}_{\omega_i} \\
\boldsymbol{\beta}_{B_j}^{B_i} = \hat{\boldsymbol{\beta}}_{B_j}^{B_i} + \boldsymbol{J}_{\boldsymbol{b}_{a_i}}^{\beta} \delta \boldsymbol{b}_{a_i} + \boldsymbol{J}_{\boldsymbol{b}_{\omega_i}}^{\beta} \delta \boldsymbol{b}_{\omega_i} \\
\boldsymbol{\gamma}_{B_j}^{B_i} = \hat{\boldsymbol{\gamma}}_{B_j}^{B_i} \otimes \begin{bmatrix} 1 \\ \frac{1}{2} \boldsymbol{J}_{\boldsymbol{b}_{\omega_i}}^{\gamma} \delta \boldsymbol{b}_{\omega_i} \end{bmatrix}
\end{cases}
\tag{8-24}
$$

利用 Allan 方差可以标定出单次 IMU 数据测量值的噪声方差。IMU 预积分方差，需要根据预积分过程中预积分项与 IMU 噪声的线性关系进行递推计算获得。对于已知相邻时刻误差的状态传播过程，线性递推方程可以表示为

$$
\boldsymbol{\eta}_{k+1} = \boldsymbol{F}_k \boldsymbol{\eta}_k + \boldsymbol{G}_k \boldsymbol{n}_k
\tag{8-25}
$$

式中

$$
\boldsymbol{\eta}_k = \begin{bmatrix} \delta \boldsymbol{p}_k & \delta \boldsymbol{v}_k & \delta \boldsymbol{\theta}_k \end{bmatrix}, \ \boldsymbol{n}_k = [\boldsymbol{n}_k^a, \boldsymbol{n}_k^\omega]
\tag{8-26}
$$

则协方差矩阵可以从 0 开始通过式 (8-27) 递推计算：

$$
\boldsymbol{\Sigma}_{k+1} = \boldsymbol{F}_k \boldsymbol{\Sigma}_k^\eta \boldsymbol{F}_k^{\mathrm{T}} + \boldsymbol{G}_k \boldsymbol{\Sigma}_k^n \boldsymbol{G}_k^{\mathrm{T}}
\tag{8-27}
$$

利用上述思路来求解 IMU 预积分的协方差和雅可比矩阵传递过程。通过求解名义运动学和真实运动学的差，可以推导出连续时间预积分式 (8-23) 经过线性

化的连续时间误差状态运动学方程：

$$
\begin{bmatrix}
\delta\dot{\boldsymbol{\alpha}}_t^{B_i} \\
\delta\dot{\boldsymbol{\beta}}_t^{B_i} \\
\delta\dot{\boldsymbol{\theta}}_t^{B_i} \\
\delta\dot{\boldsymbol{b}}_{a_t} \\
\delta\dot{\boldsymbol{b}}_{\omega_t}
\end{bmatrix}
=
\begin{bmatrix}
0 & \boldsymbol{I} & 0 & 0 & 0 \\
0 & 0 & -\boldsymbol{R}_t^{B_i}[\hat{a}_t - \boldsymbol{b}_{a_t}]_\times & -\boldsymbol{R}_t^{B_i} & 0 \\
0 & 0 & -[\hat{\boldsymbol{\omega}}_t - \boldsymbol{b}_{\omega_t}]_\times & 0 & -\boldsymbol{I} \\
0 & 0 & 0 & 0 & 0 \\
0 & 0 & 0 & 0 & 0
\end{bmatrix}
\begin{bmatrix}
\delta\boldsymbol{\alpha}_t^{B_i} \\
\delta\boldsymbol{\beta}_t^{B_i} \\
\delta\boldsymbol{\theta}_t^{B_i} \\
\delta\boldsymbol{b}_{a_t} \\
\delta\boldsymbol{b}_{\omega_t}
\end{bmatrix}
$$

$$
+
\begin{bmatrix}
0 & 0 & 0 & 0 \\
-\boldsymbol{R}_t^{B_i} & 0 & 0 & 0 \\
0 & -\boldsymbol{I} & 0 & 0 \\
0 & 0 & \boldsymbol{I} & 0 \\
0 & 0 & 0 & \boldsymbol{I}
\end{bmatrix}
\begin{bmatrix}
\boldsymbol{n}_a \\
\boldsymbol{n}_\omega \\
\boldsymbol{n}_{b_a} \\
\boldsymbol{n}_{b_\omega}
\end{bmatrix}
\tag{8-28}
$$

即

$$
\delta\dot{\boldsymbol{z}}_t^{B_i} = \boldsymbol{F}_t\delta\boldsymbol{z}_t^{B_i} + \boldsymbol{G}_t\boldsymbol{n}_t
\tag{8-29}
$$

则协方差的递推公式为

$$
\boldsymbol{\Sigma}_{t+\delta t}^{B_i} = (\boldsymbol{I} + \boldsymbol{F}_t\delta t)\,\boldsymbol{\Sigma}_t^{B_i}\,(\boldsymbol{I} + \boldsymbol{F}_t\delta t)^{\mathrm{T}} + (\boldsymbol{G}_t\delta t)\,\boldsymbol{Q}\,(\boldsymbol{G}_t\delta t)^{\mathrm{T}}
\tag{8-30}
$$

协方差的初始值 $\boldsymbol{\Sigma}_{B_i}^{B_i} = 0$。其中，$\boldsymbol{Q}$ 为 IMU 的噪声项的协方差矩阵：

$$
\boldsymbol{Q}^{12\times12} =
\begin{bmatrix}
\sigma_a^2\boldsymbol{I} & 0 & 0 & 0 \\
0 & \sigma_\omega^2\boldsymbol{I} & 0 & 0 \\
0 & 0 & \sigma_{b_a}^2\boldsymbol{I} & 0 \\
0 & 0 & 0 & \sigma_{b_\omega}^2\boldsymbol{I}
\end{bmatrix}
\tag{8-31}
$$

$\boldsymbol{Q}$ 的初值与 IMU 的 Allan 标定的噪声值获取方法相同。

误差项的雅可比矩阵初值为 $\boldsymbol{J}_i = \boldsymbol{I}$，迭代公式为

$$
\boldsymbol{J}_{t+\delta t} = (\boldsymbol{I} + \boldsymbol{F}_t\delta t)\,\boldsymbol{J}_t
\tag{8-32}
$$

利用以上递归形式，可以计算出协方差矩阵 $\boldsymbol{\Sigma}_{B_j}^{B_i}$ 和雅可比矩阵 $\boldsymbol{J}_j$。当零偏的估计较小时，可以直接利用式 (8-32) 校正预积分的结果，避免重新传播状态导致的大量计算。

整理式 (8-22) 的关于位置、速度和方向部分，可以得到 IMU 预积分的观测

模型:

$$
\boldsymbol{z}_B = \begin{bmatrix} \hat{\boldsymbol{\alpha}}_{B_j}^{B_i} \\ \hat{\boldsymbol{\beta}}_{B_j}^{B_i} \\ \hat{\boldsymbol{\gamma}}_{B_j}^{B_i} \\ 0 \\ 0 \end{bmatrix} = \begin{bmatrix} \boldsymbol{R}_{B_i}^{O^{\mathrm{T}}}\left(\boldsymbol{p}_{B_j}^O - \boldsymbol{p}_{B_i}^O - \boldsymbol{v}_{B_i}^O\Delta t + \frac{1}{2}\boldsymbol{g}^O\Delta t^2\right) \\ \boldsymbol{R}_{B_i}^{O^{\mathrm{T}}}\left(\boldsymbol{v}_{B_j}^O - \boldsymbol{v}_{B_i}^O + \boldsymbol{g}^O\Delta t\right) \\ \boldsymbol{q}_{B_i}^{O^{-1}} \otimes \boldsymbol{q}_{B_j}^O \\ \boldsymbol{b}_{a_j} - \boldsymbol{b}_{a_i} \\ \boldsymbol{b}_{\omega_j} - \boldsymbol{b}_{\omega_i} \end{bmatrix} + \boldsymbol{n}_B \quad (8\text{-}33)
$$

实际应用过程,需要采用数值积分方法对上述连续形式的预积分方程和运动学误差方程进行离散化,推导和应用离散形式的协方差,如欧拉积分、中值积分以及 RK4 积分等方法,本节采用中值积分进行离散形式编程[29]。

在激光惯性里程计的局部因子图优化中,需要计算预积分因子的残差、雅可比矩阵以及协方差。IMU 预积分残差隐含了雷达关键帧 i 和 j 之间的运动状态和 IMU 零偏估计的柔性约束。利用 IMU 预积分观测方程,滑动窗口中相邻关键帧 i 和 j 之间的残差可以定义为

$$
\boldsymbol{r}_B(\boldsymbol{z}_{B_j}^{B_i}, \boldsymbol{\chi}) = \begin{bmatrix} \boldsymbol{r}_\alpha \\ \boldsymbol{r}_\beta \\ \boldsymbol{r}_\theta \\ \boldsymbol{r}_{b_a} \\ \boldsymbol{r}_{b_\omega} \end{bmatrix}
$$

$$
= \begin{bmatrix} \boldsymbol{R}_{B_i}^{O^{\mathrm{T}}}\left(\boldsymbol{p}_{B_j}^O - \boldsymbol{p}_{B_i}^O - \boldsymbol{v}_{B_i}^O\Delta t + \frac{1}{2}\boldsymbol{g}^O\Delta t^2\right) - \boldsymbol{\alpha}_{B_j}^{B_i} \\ \boldsymbol{R}_{B_i}^{O^{\mathrm{T}}}\left(\boldsymbol{v}_{B_j}^O - \boldsymbol{v}_{B_i}^O + \boldsymbol{g}^O\Delta t\right) - \boldsymbol{\beta}_{B_j}^{B_i} \\ 2\left[\boldsymbol{\gamma}_{B_j}^{B_i^{-1}} \otimes \left(\boldsymbol{q}_{B_i}^{O^{-1}} \otimes \boldsymbol{q}_{B_j}^O\right)\right]_{xyz} \\ \boldsymbol{b}_{a_j} - \boldsymbol{b}_{a_i} \\ \boldsymbol{b}_{\omega_j} - \boldsymbol{b}_{\omega_i} \end{bmatrix} \quad (8\text{-}34)
$$

式中,$\boldsymbol{\alpha}_{B_j}^{B_i}$、$\boldsymbol{\beta}_{B_j}^{B_i}$、$\boldsymbol{\gamma}_{B_j}^{B_i}$ 对应式 (8-24)。雅可比矩阵与协方差矩阵的详细推导参考文献 [29]。

3. 边缘化先验因子构建

基于滑动窗口优化方法与基于完整批优化的状态估计方法相比,显著的特征是前者只保留了部分最近的状态和观测参与优化,而后者需要优化完整的历史状

态。基于滑动窗口的优化方法将状态估计限定在固定大小的数量，对于长期的实时运行具有重要意义。滑动窗口优化实现这个功能的方法是当新的因子添加到因子图中时，利用边缘化技术将老的因子剔除出优化窗口。

边缘化技术设计的目的是将完整批优化近似为滑动窗口优化。设批优化方法代价函数依赖被边缘化掉的变量 $\boldsymbol{x}_m$，保留的变量 $\boldsymbol{x}_r$，以及新的变量 $\boldsymbol{x}_n$，则滑动窗口优化代价函数依赖 $\boldsymbol{x}_r$ 和 $\boldsymbol{x}_n$。可以将批优化的代价函数记为

$$c(\boldsymbol{x}_m, \boldsymbol{x}_r, \boldsymbol{x}_n) = c_n(\boldsymbol{x}_r, \boldsymbol{x}_n) + c_m(\boldsymbol{x}_m, \boldsymbol{x}_r) \tag{8-35}$$

式中，c_m 包含所有与 $\boldsymbol{x}_m$ 中一个或多个状态相关的代价项；c_n 包含其他代价项。在滑动窗口优化框架下，没有同时与 $\boldsymbol{x}_m$ 和 $\boldsymbol{x}_n$ 相关的代价项，因为在 $\boldsymbol{x}_n$ 被集成到窗内之前，$\boldsymbol{x}_m$ 就已经被剔除掉了。因此批优化问题可以通过式 (8-36) 计算：

$$
\begin{aligned}
\min_{\boldsymbol{x}_m, \boldsymbol{x}_r, \boldsymbol{x}_n} c(\boldsymbol{x}_m, \boldsymbol{x}_r, \boldsymbol{x}_n) &= \min_{\boldsymbol{x}_r, \boldsymbol{x}_n} \left[\min_{\boldsymbol{x}_m} c(\boldsymbol{x}_m, \boldsymbol{x}_r, \boldsymbol{x}_n) \right] \\
&= \min_{\boldsymbol{x}_r, \boldsymbol{x}_n} \left[c_n(\boldsymbol{x}_r, \boldsymbol{x}_n) + \min_{\boldsymbol{x}_m} c_m(\boldsymbol{x}_m, \boldsymbol{x}_r) \right]
\end{aligned} \tag{8-36}
$$

对式 (8-36) 中 c_m 进行二阶泰勒级数展开：

$$
\begin{aligned}
c_m(\boldsymbol{x}_m, \boldsymbol{x}_r) \approx &\, c_m(\hat{\boldsymbol{x}}_m, \hat{\boldsymbol{x}}_r) + \begin{bmatrix} \boldsymbol{b}_m \\ \boldsymbol{b}_r \end{bmatrix}^{\mathrm{T}} \begin{bmatrix} \Delta\boldsymbol{x}_m \\ \Delta\boldsymbol{x}_r \end{bmatrix} \\
&+ \frac{1}{2} \begin{bmatrix} \Delta\boldsymbol{x}_m \\ \Delta\boldsymbol{x}_r \end{bmatrix}^{\mathrm{T}} \begin{bmatrix} \boldsymbol{H}_{mm} & \boldsymbol{H}_{mr} \\ \boldsymbol{H}_{rm} & \boldsymbol{H}_{rr} \end{bmatrix} \begin{bmatrix} \Delta\boldsymbol{x}_m \\ \Delta\boldsymbol{x}_r \end{bmatrix}
\end{aligned} \tag{8-37}
$$

$\boldsymbol{b}$ 和 $\boldsymbol{H}$ 对应 c_m 相对于老的滑动窗口估计 $\hat{\boldsymbol{x}}_m$ 和 $\hat{\boldsymbol{x}}_r$ 的雅可比矩阵和黑塞矩阵，其中

$$
\begin{cases}
\Delta\boldsymbol{x}_m = \boldsymbol{x}_m - \hat{\boldsymbol{x}}_m \\
\Delta\boldsymbol{x}_r = \boldsymbol{x}_r - \hat{\boldsymbol{x}}_r
\end{cases} \tag{8-38}
$$

求解式 (8-36) 的代价函数最小值，根据高斯–牛顿法可以得到

$$
\begin{bmatrix} \boldsymbol{H}_{mm} & \boldsymbol{H}_{mr} \\ \boldsymbol{H}_{rm} & \boldsymbol{H}_{rr} \end{bmatrix} \begin{bmatrix} \Delta\boldsymbol{x}_m \\ \Delta\boldsymbol{x}_r \end{bmatrix} = - \begin{bmatrix} \boldsymbol{b}_m \\ \boldsymbol{b}_r \end{bmatrix} \tag{8-39}
$$

则式 (8-39) 第一行对应的解为

$$\Delta\boldsymbol{x}_m = -\boldsymbol{H}_{mm}^{-1}\left(\boldsymbol{b}_m + \boldsymbol{H}_{mr}\Delta\boldsymbol{x}_r\right) \tag{8-40}$$

将式 (8-40) 代入式 (8-37) 得

$$\min \boldsymbol{c}_m(\boldsymbol{x}_m, \boldsymbol{x}_r) \approx \boldsymbol{C} + \tilde{\boldsymbol{b}} \Delta \boldsymbol{x}_r + \frac{1}{2} \Delta \boldsymbol{x}_r^{\mathrm{T}} \tilde{\boldsymbol{H}} \Delta \boldsymbol{x}_r \tag{8-41}$$

则有对应的 Schur 引理:

$$\begin{cases} \tilde{\boldsymbol{H}} = \boldsymbol{H}_{rr} - \boldsymbol{H}_{rm} \boldsymbol{H}_{rr}^{-1} \boldsymbol{H}_{mr} \\ \tilde{\boldsymbol{b}} = \boldsymbol{b}_r - \boldsymbol{H}_{rm} \boldsymbol{H}_{rr}^{-1} \boldsymbol{b}_m \end{cases} \tag{8-42}$$

将式 (8-41) 代入式 (8-36) 后,可以剔除对于边缘化项 $\boldsymbol{x}_m$ 的依赖:

$$\min_{\boldsymbol{x}_m, \boldsymbol{x}_r, \boldsymbol{x}_n} \boldsymbol{c}(\boldsymbol{x}_m, \boldsymbol{x}_r, \boldsymbol{x}_n) \approx \min_{\boldsymbol{x}_r, \boldsymbol{x}_n} \Big[\boldsymbol{c}_n(\boldsymbol{x}_r, \boldsymbol{x}_n) + \tilde{\boldsymbol{b}}^{\mathrm{T}}(\boldsymbol{x}_r - \tilde{\boldsymbol{x}}_r)$$
$$+ \frac{1}{2}(\boldsymbol{x}_r - \tilde{\boldsymbol{x}}_r)^{\mathrm{T}} \tilde{\boldsymbol{H}}(\boldsymbol{x}_r - \tilde{\boldsymbol{x}}_r) \Big] \tag{8-43}$$

从式 (8-43) 可以看出,原有 $\min \boldsymbol{c}_m$ 携带的信息隐含到了 $\tilde{\boldsymbol{H}}$、$\tilde{\boldsymbol{b}}$ 和 $\tilde{\boldsymbol{x}}_r$。在滑动窗口估计中,这些项在每次优化后被存储,在下次优化中的代价函数中用于构成先验残差。相比于完整批优化,滑动窗口优化使用一个关于之前优化最终解的边缘化状态的二阶泰勒级数展开来取代其中的先验优化项 $\boldsymbol{c}_m(\boldsymbol{x}_m, \boldsymbol{x}_r)$。由于线性化过程计算雅可比矩阵时需要固定线性化点,而优化迭代过程中状态变量在不断更新,产生一定的计算误差。但是当边缘化最老的状态发生时,由于状态估计与其真值很接近,由此带来的误差影响很小。利用边缘化技术,滑动窗口估计保持了固定大小的计算代价而仅仅损失了很小的精度。

4. 回环检测因子构建

对于可以实现完整回环的应用,回环检测优化可以大幅度提高地图构建的一致性,降低地图在方向上的整体漂移。本节采用一种简单实用的回环检测方法。参考 Li 等[30] 提出的基于 NDT 的回环检测方法,仍然使用基于里程和基于表面形貌的相似度来设计回环检测方法。检测回环阶段,当新的关键帧建立后,首先搜索因子图并找到与新关键帧位姿 $\boldsymbol{x}_j$ 在欧氏距离上接近的关键帧。小于设定距离阈值的历史关键帧将被作为回环候选关键帧,对应位姿为 $\boldsymbol{x}_n$。然后利用 ICP 扫描匹配方法,匹配当前关键帧的点云 $\mathbb{F}_j$ 与回环候选关键帧前后 m 帧构成的局部因子图 $\{\mathbb{F}_{n-m}, \cdots, \mathbb{F}_n, \cdots, \mathbb{F}_{n+m}\}$。这里进行扫描匹配前,新的关键帧和局部因子图都需要转换到局部激光惯性里程计坐标系下。利用 ICP 方法,通过计算最近点对欧氏距离的均方根误差 (RMSE) 获得拟合分数,与设定阈值比较来确定是否为真实回环关键帧。确定是真实回环关键帧后,计算出相对变换,利用雷达相对位姿因子的计算方法添加到全局因子图中。

8.3　基于 LiDAR/IMU/UWB 融合的同步定位与地图构建方法

煤矿巷道存在类似隧道的场景，由于环境本身缺少结构特征，而且巷道狭窄、采集到的激光点云有效信息少而类似，可能导致激光 SLAM 方法出现退化问题，直观的表现就是建立的地图与真值相比明显缩短，而且容易导致状态估计器发散，造成建图结果混乱。尽管在巷道环境利用视觉可以解决退化[19]，但是长期工作在低照度的煤矿环境下会导致依赖视觉的方法存在精度低、可靠性差的问题。超宽带 (UWB) 利用高带宽的短时脉冲，可以替代 GPS 应用于井下，提供距离观测约束，用于解决退化问题。Zhou 等[8] 和 Zhen 等[31] 利用 UWB 提供的距离约束给粒子滤波提供了良好的初值，具备对于退化场景的适应能力，但只适合单向局部巷道应用，仍然无法获得地理信息，不适合井下弯曲和交错巷道的应用。

为了解决上述问题，Li 等[15] 提出的基于 EKF-UWB 的井下 UWB 定位系统，可以为煤矿井下构建全局参考系。基于此绝对坐标系，可以将激光雷达建图结果对齐到绝对坐标系下，实现含绝对位姿信息约束的同步定位与地图构建。同时，集成激光扫描匹配结果与 UWB 的距离观测结果，可以提高沿着巷道方向的定位精度，缓解单纯依赖激光雷达在长直走廊少结构环境下出现的退化问题。利用 UWB 距离观测约束可以显著减少 UWB 锚节点部署的数量，降低成本的同时扩展 UWB 定位系统的定位范围，保持可用的定位精度。

本节进一步提出一种融合雷达、惯导和超宽带模块的数据进行状态估计的方法——LIU-SLAM，来应对各种复杂的井下工况，实现上述功能。LIU-SLAM 以 8.2 节构建的基于紧耦合融合 LiDAR 和 IMU 的局部雷达惯性 SLAM 方法——LI-SLAM 为基础，利用因子图优化融合 LI-SLAM 的局部里程约束，以及 UWB 定位系统[15] 提供的位置和距离观测的全局约束。LIU-SLAM 系统可以实现剧烈运动情况下的鲁棒运动估计，通过利用 UWB 观测的位置和距离约束，缓解雷达退化的影响，构建隐含井下地理信息的全局一致的地图，可以实现基于绝对位置强制回环优化、避免常规回环检测在歧义性场景下的"假阳性"回环。通过试验证明了 LIU-SLAM 对于封闭区域的定位与建图的精度和鲁棒性。

8.3.1　系统架构与全局因子图模型构建

1. 坐标系定义

在 SLAM 领域，很少有研究探讨如何将构建的地图与地理信息对齐，尤其缺乏在煤矿井下应用的相关研究。大部分雷达和视觉里程计只能估计机器人相对于起始运动位置的位姿。这种方法构建的地图没有真实的地理信息，不包含绝对位置信息，需要人工手动与煤矿测绘电子地图进行对齐，才能用于井下地理信息系统。而且随着机器人的长期移动，误差会逐步累积，需要频繁地人工校正以对齐不同坐标系。引入 UWB 观测约束，隐含绝对地理坐标信息，从而实现激光惯性里程计所在坐标系与绝对地理信息坐标系的在线对齐，从而实现构建地图隐含真实地理坐标的目的。UWB 锚节点安装到控制点或者与之联系的导线点上，这些控制点或导线点可以通过建井时留下的控制点联系测量获得，包含绝对地理信息。各坐标系的定义如图 8-6 所示。雷达坐标系 $\{L\}$，IMU 坐标系 $\{I\}$ 以及 UWB 坐标系 $\{U\}$ 分别在各自几何观测中心构建。世界坐标系 $\{W\}$ 是基于 ENU(East, North, Up)，与 UWB 锚节点构成的 UWB 定位系统坐标系一致，对应世界坐标系。激光惯性里程计坐标系 $\{O\}$ 是以机器人移动起点为原点的与重力方向对齐的坐标系，与世界坐标系的 z 轴方向对齐。这也意味着 UWB 定位系统坐标系和激光惯性里程计坐标系的初始外参只有 4 个自由度：3 自由度的平移和 1 自由度的航向角。激光惯性里程计提供从 IMU 坐标系 $\{I\}$ 到激光惯性里程计坐标系 $\{O\}$ 之间的局部位姿估计，标记为 $\boldsymbol{T}_I^O$。IMU 与三维激光雷达和 UWB 移动节点之间的外参标记为 $\boldsymbol{T}_I^L$ 和 $\boldsymbol{T}_I^U$，这两个值通过机械配置获得，作为已知量参与到状态估计中。UWB 观测提供世界坐标系 $\{W\}$ 下的全局位置约束 $\boldsymbol{p}_U^W$。本节采用了紧耦合的方案，激光惯性里程计坐标系 $\{O\}$ 和世界坐标系 $\{W\}$ 之间有一个短期不变的相对变换关系。待估计变量是世界坐标系下的 IMU 状态，表示为 $\boldsymbol{T}_I^W$。

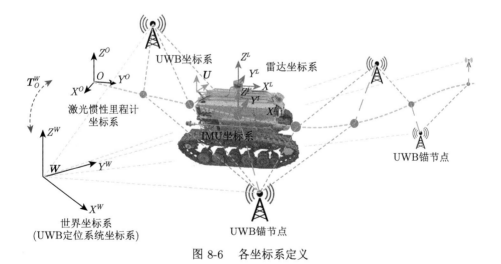

图 8-6　各坐标系定义

2. 系统框架设计

复杂工业场景下的定位和建图中，可靠性是第一位。为了保证系统在单一传感器失效后仍然可以继续工作，提高系统的鲁棒性，采用两个并行的滑动窗口优化器作为后端处理所有传感器数据。第一步，利用 LI-SLAM，分别构建雷达相对位姿因子和 IMU 预积分因子，以紧耦合的形式利用局部滑动窗口优化器进行局部坐标系下的状态估计，实现激光惯性里程计的构建。第二步，UWB 提供的位置约束因子和距离约束因子，以松耦合的方式与激光惯性里程计的结果进行融合，实现全局一致的地图构建和精确定位。同时，局部坐标系下的激光惯性里程计可以自动对齐到世界坐标系下。将状态估计和建图设计为多线程并行计算。分别构建局部子图和全局地图，以不同频率运行于不同线程。IMU 的数据将被多个模块使用，分别用于激光点云去畸变、预积分因子构建，发挥其短时间高精度的性能。这个架构的好处是即使在激光由于场景退化或者剧烈颠簸过于严重，或者由于巷道烟雾、粉尘浓度过高导致激光数据噪声很大进而导致依赖雷达定位不准确时，通过降低激光惯性里程计的权重，利用 UWB 位置和距离观测，仍然可以实现可用的状态估计，提供可靠的定位信息实现建图。而且两个优化过程是异步的，激光惯性里程计以高频执行用于提供高频精确的位姿估计，周期性地使用 UWB 提供的约束进行全局坐标系下的对齐校正，在保证全局地图一致性的前提下尽可能地降低计算量。同时，这个框架可以进一步扩展全局观测的类型，如利用含磁传感器的 IMU 或者利用视觉传感器的观测，可以获得方向信息，构建方向约束因子参与优化。图 8-7 展示了整个定位与建图系统的框架。

LIU-SLAM 方法通过紧耦合方式融合雷达与惯导的数据，构建局部激光惯性里程计，进一步利用基于松耦合的因子图优化方法融合激光惯性里程计与全局 UWB 位置观测与距离观测信息，使系统更加稳定可靠，可以提高对少结构等退化场景及颠簸路面等复杂工况的适应能力，使系统可以处理间歇出现的、含噪声的全局 UWB 位置与距离观测。

3. 全局因子图模型构建

与激光惯性里程计的紧耦合方式不同，为了提高系统对于间歇获得的、不稳定甚至不可靠的 UWB 位置和距离信息的集成能力，全局因子图优化采用松耦合框架。激光惯性里程计将作为一个单独的局部因子提供约束。UWB 定位系统将在不同工况下分别提供全局位置约束和全局距离约束。

全局位姿图优化的因子图模型如图 8-8 所示。待估计状态变量是世界坐标系下 IMU 的位置和姿态。节点的密度由激光惯性里程计的关键帧建立频率确定，表示为

$$\boldsymbol{\chi} = \{\boldsymbol{x}_0, \boldsymbol{x}_1, \cdots, \boldsymbol{x}_n\}, \quad \boldsymbol{x}_i = \{\boldsymbol{p}_{B_i}^W, \boldsymbol{q}_{B_i}^W\} \tag{8-44}$$

根据因子图优化模型目标函数构建方法，可以构建全局因子图优化的无约束

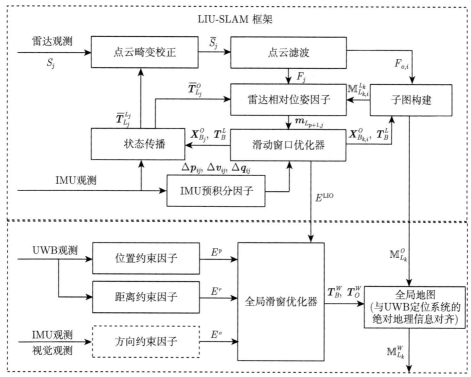

图 8-7　定位与建图系统架构

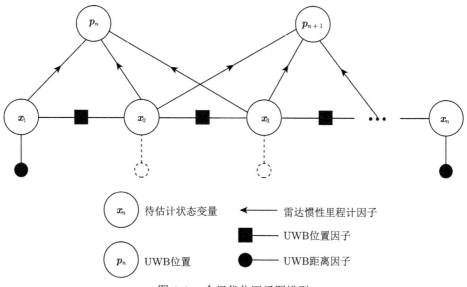

图 8-8　全局优化因子图模型

优化目标函数为

$$\hat{\boldsymbol{\chi}} = \underset{\boldsymbol{\chi}}{\arg\min} \left[\phi_{\mathrm{LIO}}(\boldsymbol{\chi}) + \phi_p(\boldsymbol{\chi}) + \phi_r(\boldsymbol{\chi}) \right] \tag{8-45}$$

其中激光惯性里程计构成的代价项为

$$\phi_{\mathrm{LIO}}(\boldsymbol{\chi}) = \sum_{k=1,\cdots,N} \left\| \hat{\boldsymbol{z}}_k^L - \boldsymbol{h}_k^L \left(\boldsymbol{x}_{k-1}, \boldsymbol{x}_k \right) \right\|_{\boldsymbol{\Omega}_k^L}^2 \tag{8-46}$$

UWB 定位系统位置观测构成的代价项为

$$\phi_p(\boldsymbol{\chi}) = \sum_{k=1,\cdots,N} \left\| \hat{\boldsymbol{z}}_k^{W_p} - \boldsymbol{h}_k^{W_p} \left(\boldsymbol{x}_k \right) \right\|_{\boldsymbol{\Omega}_k^{W_p}}^2 \tag{8-47}$$

UWB 距离观测提供的代价项为

$$\phi_r(\boldsymbol{\chi}) = \sum_{k=1,\cdots,N} \left\| \hat{\boldsymbol{z}}_k^{W_r} - \boldsymbol{h}_k^{W_r} \left(\boldsymbol{x}_k \right) \right\|_{\boldsymbol{\Omega}_k^{W_r}}^2 \tag{8-48}$$

下面分别构建各代价项的观测方程和协方差。

8.3.2　约束因子构建

基于井下 UWB 定位系统 [15]，可以提供世界坐标系 {W} 下煤矿巷道内信号覆盖区域的三维位置信息。在图 8-6 中，激光惯性里程计提供了相对于坐标系 {O} 的位姿估计。由于坐标系 {O} 与重力对齐，因此这两个坐标系的状态进行融合时，不可观的状态只剩下全局位置 $\boldsymbol{p}_O^W$ 和方向 $\boldsymbol{q}_O^W$ 中的航向角这 4 个自由度。在图 8-7 的系统架构中，激光惯性里程计将进一步在全局优化框架中与 UWB 定位系统提供的位置观测约束和距离观测约束进行集成。由于激光惯性里程计和 UWB 定位系统提供的约束都是在运动过程中产生，因此需要在运动过程中对齐这两个参考系，也就是对齐各自产生的位置和轨迹。本节提出使用井下 UWB 定位系统提供的全局位置约束和部分 UWB 锚节点提供的全局距离约束，联合激光惯性里程计的相对运动约束、回环检测约束进行全局优化，实现高精度状态估计的同时，将激光惯性里程计坐标系对齐到 UWB 定位系统坐标系下。

1. 全局位置约束因子构建

基于扩展卡尔曼滤波方法，4 个视距内的 UWB 锚节点构成的 UWB 定位系统可以代替 GPS 在井下提供定位服务。UWB 定位系统输出的世界坐标系下的全局位置观测可以表示为

$$\boldsymbol{z}^{W_p} = \boldsymbol{p}_U^W = \boldsymbol{p}_B^W + \boldsymbol{R}_B^W \boldsymbol{p}_U^B \tag{8-49}$$

因此，UWB 位置观测依赖 IMU 在世界坐标系下的状态 $\boldsymbol{T}_B^W$ 和 UWB 天线与 IMU 之间的外参的平移部分 $\boldsymbol{p}_U^B$，至此可以构建全局位置因子约束。

1) 残差

由 UWB 定位系统提供的真实位置观测 $\bar{\boldsymbol{p}}_U^W$ 与上述观测方程构成的残差为

$$\boldsymbol{r}_p\left(\boldsymbol{z}^{W_p}, \boldsymbol{\chi}\right) = \hat{\boldsymbol{p}}_U^W - \boldsymbol{p}_B^W - \boldsymbol{R}_B^W \boldsymbol{p}_U^B \tag{8-50}$$

待估计的变量为

$$\boldsymbol{\chi} = \left\{\boldsymbol{T}_B^W, \boldsymbol{p}_U^B\right\} \tag{8-51}$$

2) 雅可比矩阵

残差相对于待估计变量的雅可比矩阵计算如下：

$$\frac{\partial \boldsymbol{r}_p}{\partial \boldsymbol{p}_B^W} = -\boldsymbol{I} \tag{8-52}$$

$$\frac{\partial \boldsymbol{r}_p}{\partial \delta \boldsymbol{\theta}_B^W} = \boldsymbol{R}_B^W \left\lfloor \boldsymbol{p}_U^B \right\rfloor_\times \tag{8-53}$$

$$\frac{\partial \boldsymbol{r}_p}{\partial \boldsymbol{p}_U^B} = -\boldsymbol{R}_B^W \tag{8-54}$$

3) 协方差

根据构建的基于 EKF 的 UWB 定位系统，UWB 位置观测的协方差由 UWB 定位系统提供的不确定度决定。

2. 全局距离约束因子构建

UWB 位置约束需要由 4 个锚节点构成的 UWB 定位系统提供。对于煤矿狭长巷道的应用，覆盖大范围区域的代价是巨大的。UWB 定位系统适合部署到对于三维定位精度和可靠性有较高要求的关键区域，而仅对某一方向有较高定位精度要求 (如无障碍物的大巷内的运动) 的情况，部署大量 UWB 锚节点是不经济也不必要的，可以仅通过激光惯性里程计来实现位姿估计，因为短期内激光惯性里程计在结构特征丰富的巷道内运行的位姿估计累积误差很小。但是对于场景结构相似的巷道退化场景，激光扫描匹配缺少足够多的特征或者缺少足够多的可分辨特征时，误差会迅速增加。因此本章提出利用在某些容易发生退化的结构附近区域，部署少量 UWB 锚节点，提供沿着巷道走向即车辆运动方向的距离约束，缓解场景退化的影响，提高位姿估计的精度。

根据文献 [15] 对于 UWB 位置协方差成分的分析可以看出，对于巷道内部署的已知世界坐标系 $\{W\}$ 下绝对位置的 UWB 锚节点 $\boldsymbol{p}_f^W$，可以提供沿着锚节点与机器人上移动节点之间的约束。这个约束可以建模为距离观测模型：

$$z^{W_r} = \left| \boldsymbol{p}_f^W - \boldsymbol{p}_U^W \right| + n_r = \sqrt{\left(\boldsymbol{p}_f^W - \boldsymbol{p}_U^W \right)^{\mathrm{T}} \left(\boldsymbol{p}_f^W - \boldsymbol{p}_U^W \right)} + n_r \tag{8-55}$$

式中

$$\boldsymbol{p}_f^W - \boldsymbol{p}_U^W = \boldsymbol{p}_f^W - \boldsymbol{p}_B^W - \boldsymbol{R}_B^W \boldsymbol{p}_U^B \tag{8-56}$$

1) 残差

利用 UWB 距离测量值与上述观测方程可以将残差表示为

$$r_r \left(z^{W_r}, \boldsymbol{\chi} \right) = d_m - \sqrt{\left(\boldsymbol{p}_f^W - \boldsymbol{p}_U^W \right)^{\mathrm{T}} \left(\boldsymbol{p}_f^W - \boldsymbol{p}_U^W \right)} \tag{8-57}$$

可以确定待优化变量为

$$\boldsymbol{\chi} = \left\{ \boldsymbol{T}_B^O, \boldsymbol{p}_U^B \right\} \tag{8-58}$$

2) 雅可比矩阵

残差相对于状态变量的雅可比矩阵计算方法为

$$\frac{\partial r_r}{\partial \boldsymbol{p}_B^O} = \frac{\partial r_r}{\partial \boldsymbol{d}} \cdot \frac{\partial \boldsymbol{d}}{\partial \boldsymbol{p}_B^O} \tag{8-59}$$

$$\frac{\partial r_r}{\partial \delta \boldsymbol{\theta}_B^O} = \frac{\partial r_r}{\partial \boldsymbol{d}} \cdot \frac{\partial \boldsymbol{d}}{\partial \delta \boldsymbol{\theta}_B^O} \tag{8-60}$$

$$\frac{\partial r_r}{\partial \boldsymbol{p}_U^B} = \frac{\partial r_r}{\partial \boldsymbol{d}} \cdot \frac{\partial \boldsymbol{d}}{\partial \boldsymbol{p}_U^B} \tag{8-61}$$

式中

$$\frac{\partial r_r}{\partial \boldsymbol{p}_B^O} = -\frac{\boldsymbol{p}_f^W - \boldsymbol{p}_U^W}{\sqrt{\left(\boldsymbol{p}_f^W - \boldsymbol{p}_U^W \right)^{\mathrm{T}} \left(\boldsymbol{p}_f^W - \boldsymbol{p}_U^W \right)}} \tag{8-62}$$

$$\frac{\partial \boldsymbol{d}}{\partial \boldsymbol{p}_B^O} = -\boldsymbol{I} \tag{8-63}$$

$$\frac{\partial \boldsymbol{d}}{\partial \delta \boldsymbol{\theta}_B^O} = \frac{\partial \left(-\boldsymbol{R}_B^W \left(\boldsymbol{I} + \lfloor \delta \boldsymbol{\theta}_B^W \rfloor_\times \right) \boldsymbol{p}_U^B \right)}{\partial \delta \boldsymbol{\theta}_B^O} = \boldsymbol{R}_B^W \lfloor \boldsymbol{p}_U^B \rfloor_\times \tag{8-64}$$

$$\frac{\partial \boldsymbol{d}}{\partial \boldsymbol{p}_U^B} = -\boldsymbol{R}_B^W \tag{8-65}$$

上述解析求导方法计算量较大。实际应用中，可以直接用数值求导方法代替解析求导方法进行计算。

3) 协方差

在煤矿巷道这样的封闭区域，UWB 距离观测受到多径效应和非视距效应的叠加影响，其不确定度很难通过建模分析确定。在文献 [15] 中介绍了标定 UWB 距离观测的方法，确定随机噪声的分布，因此可以通过设定阈值过滤掉噪声大的距离观测。与其他因子不同，实际应用中，仅依赖单一方向的 UWB 距离观测无法提供完整的约束状态，需要同时结合其他方向，或其他类型约束如里程约束，才能构建完整的约束问题。因此在超过固定数量的 UWB 距离观测被接收后才更新优化器。

3. 局部激光惯性里程计因子构建

1) 残差

对于激光惯性里程计，短期内的局部观测可以认为是精确的。由于两个关键帧之间的相对位姿变换在世界坐标系和激光惯性里程计坐标系下表示都是相同的，可以构建局部观测的残差为

$$
\boldsymbol{r}_{\mathrm{LIO}}(\boldsymbol{z}^{\mathrm{LIO}}, \boldsymbol{\chi}) = \left[\begin{array}{c} \boldsymbol{r}_p^{\mathrm{LIO}} \\ \boldsymbol{r}_\theta^{\mathrm{LIO}} \end{array} \right] = \left[\begin{array}{c} \boldsymbol{R}_i^{O^{\mathrm{T}}} \left(\boldsymbol{p}_j^O - \boldsymbol{p}_i^O \right) - \boldsymbol{R}_i^{W^{\mathrm{T}}} \left(\boldsymbol{p}_j^W - \boldsymbol{p}_i^W \right) \\ \left(\boldsymbol{R}_i^{O^{\mathrm{T}}} \boldsymbol{R}_j^O \right)^{-1} \boldsymbol{R}_i^{W^{\mathrm{T}}} \boldsymbol{R}_j^W \end{array} \right]
$$
$$
= \left[\begin{array}{c} \hat{\boldsymbol{p}}_{ij}^i - \boldsymbol{R}_i^{W^{\mathrm{T}}} \left(\boldsymbol{p}_j^W - \boldsymbol{p}_i^W \right) \\ \left(\hat{\boldsymbol{R}}_j^i \right)^{-1} \boldsymbol{R}_i^{W^{\mathrm{T}}} \boldsymbol{R}_j^W \end{array} \right] \tag{8-66}
$$

式中，$\hat{\boldsymbol{p}}_{ij}^i$ 和 $\hat{\boldsymbol{R}}_j^i$ 通过激光惯性里程计输出的相对位置增量 $\boldsymbol{R}_i^{O^{\mathrm{T}}} \left(\boldsymbol{p}_j^O - \boldsymbol{p}_i^O \right)$ 和相对姿态增量 $\boldsymbol{R}_i^{O^{\mathrm{T}}} \boldsymbol{R}_j^O$ 计算得到，需要注意的是激光惯性里程计输出结果是惯导坐标系 B 相对于激光惯性里程计坐标系 O 的结果。待估计的变量为

$$
\boldsymbol{\chi} = \left\{ \boldsymbol{T}_i^W, \boldsymbol{T}_j^W \right\} \tag{8-67}
$$

2) 雅可比矩阵

非零雅可比矩阵的计算如下：

$$
\frac{\partial \boldsymbol{r}_p^{\mathrm{LIO}}}{\partial \boldsymbol{p}_i^W} = \boldsymbol{R}_i^{W^{\mathrm{T}}} \tag{8-68}
$$

$$
\frac{\partial \boldsymbol{r}_p^{\mathrm{LIO}}}{\partial \boldsymbol{p}_j^W} = -\boldsymbol{R}_i^{W^{\mathrm{T}}} \tag{8-69}
$$

$$
\frac{\partial \boldsymbol{r}_p^{\mathrm{LIO}}}{\partial \delta \boldsymbol{\theta}_i^W} = \frac{\partial \left(-\boldsymbol{R}_i^{W^{\mathrm{T}}} \left(\boldsymbol{I} - \lfloor \boldsymbol{\theta}_i^W \rfloor_\times \right) \left(\boldsymbol{p}_j^W - \boldsymbol{p}_i^W \right) \right)}{\partial \delta \boldsymbol{\theta}_i^W} = -\boldsymbol{R}_i^{W^{\mathrm{T}}} \lfloor \boldsymbol{p}_j^W - \boldsymbol{p}_i^W \rfloor_\times \tag{8-70}
$$

$$\frac{\partial \boldsymbol{r}_\theta^{\mathrm{LIO}}}{\partial \delta \boldsymbol{\theta}_i^W} = \frac{\partial \left(\hat{\boldsymbol{R}}_j^i\right)^{-1} \boldsymbol{R}_i^{W\mathrm{T}} \left(\boldsymbol{I} - \lfloor \boldsymbol{\theta}_i^W \rfloor_\times\right) \boldsymbol{R}_j^W}{\partial \delta \boldsymbol{\theta}_i^W} = \hat{\boldsymbol{R}}_j^{i\mathrm{T}} \boldsymbol{R}_i^{W\mathrm{T}} \lfloor \boldsymbol{R}_j^W \rfloor_\times \tag{8-71}$$

$$\frac{\partial \boldsymbol{r}_\theta^{\mathrm{LIO}}}{\partial \delta \boldsymbol{\theta}_j^W} = \frac{\partial \left(\hat{\boldsymbol{R}}_j^i\right)^{-1} \boldsymbol{R}_i^{W\mathrm{T}} \boldsymbol{R}_j^W}{\partial \delta \boldsymbol{\theta}_j^W} = \hat{\boldsymbol{R}}_j^{i\mathrm{T}} \boldsymbol{R}_i^{W\mathrm{T}} \tag{8-72}$$

3) 协方差

激光惯性里程计在局部因子图优化过程中可以产生协方差，作为参与全局优化时的权重。但是局部优化过程是变化量相对于线性化点的，因此只能提供相对运动协方差，无法直接提供绝对坐标的协方差。因此可以根据使用环境设置为一致的协方差经验值，或者检测到退化时提高不确定度。

8.4   井下多传感器融合的机器人定位建图试验

在中国矿业大学煤尘与瓦斯爆炸实验室进行了模拟巷道环境的现场试验。该实验室包含结构化的瓷砖巷道、水泥喷浆的煤矿巷道等工况，与真实煤矿环境一致。模拟巷道现场环境如图 8-9 所示。

图 8-9　模拟煤矿巷道环境

首先在巷道中标定 UWB 距离观测噪声和锚节点位置。在巷道中合适位置部署好 UWB 锚节点后，利用全站仪标定出每个 UWB 锚节点在世界坐标系下的位置，利用这些锚节点的位置作为 EKF-UWB 定位算法的锚节点位置进行位置估计。图 8-10 为 UWB 锚节点在世界坐标系 $\{W\}$ 下的标定过程。全站仪读出 $\{W\}$ 下的锚节点位置后，经过平移操作转换到以 UWB Anchor 100 为原点 (0, 0, 0) 的坐标系下。后续对于所有测量出的机器人位置也都通过全站仪读出的世界坐标系经过平移转换到 UWB 定位系统下，作为定位结果的真值。

试验过程中，机器人在巷道中自由行走任意距离后停止，利用全站仪测量其在世界坐标系下的坐标，转换到 UWB 定位系统下。当机器人移动出 UWB 定位

图 8-10　UWB 锚节点标定过程

系统覆盖范围后，进行一次向前移架操作，使定位系统重新覆盖到机器人的运动范围。这一过程的目的是模拟钻孔机器人作业过程中，由于作业范围的拓展，需要移架来保证机器人的定位精度。移架过程中，Anchor102 和 Anchor103 的位置不变，将 Anchor100 和 Anchor101 移动到前方，降低移架数量和减少全站仪重新标定消耗的时间。移架过程和重新标定锚节点约耗时 4 分钟。表 8-1 为移架前后

表 8-1　移架前后 UWB 锚节点坐标　　　　　　单位: m

状态	锚节点 ID	x	y	z
移架前	Anchor100	0	0	1.941
	Anchor101	3.697	0.035	2.072
	Anchor102	3.997	6.073	0.174
	Anchor103	0.240	6.143	1.985
移架后	Anchor100	0.262	11.157	1.985
	Anchor101	4.055	11.086	2.144
	Anchor102	3.997	6.073	0.174
	Anchor103	0.240	6.143	1.985

UWB 锚节点的坐标。图 8-11 为位置测量过程。机器人移动过程中停止到某个待测点后，利用全站仪测量真值，并用上位机读取测量值。

图 8-11　位置测量过程

8.4.1　局部区域连续定位试验

1. 试验条件及方法

为了验证局部区域内 LI-SLAM 与 LIU-SLAM 的定位精度，本节在模拟巷道的局部区域进行连续定位试验。表 8-2 为局部区域连续定位试验中 UWB 定位系统锚节点坐标，图 8-12 为 UWB 定位系统坐标系。机器人从 UWB 定位系统外的某点出发 ($y = -11.18\text{m}$)，向 y 轴正方向前进，跨越 UWB 定位系统组成的矩形后又返回，直至回到起始点附近。为了模拟机器人的复杂运动工况，机器人运动过程避免了匀速直线运动，以无规则遥控方式行走，运动过程非线性程度较强。为了获得机器人的绝对定位精度，机器人在运动过程中停止了 5 次，加上起点和终点位置共有 7 个位置，利用全站仪测量了在局部 UWB 定位系统坐标系下的绝对坐标，以评价不同算法的绝对定位精度。

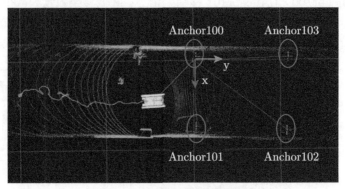

图 8-12　UWB 定位系统坐标系

表 8-2   UWB 锚节点坐标   单位：m

锚节点 ID	x	y	z
Anchor100	0	0	1.986
Anchor101	3.705	0.167	0.161
Anchor102	3.829	4.768	2.142
Anchor103	0.03	4.896	1.984

2. 试验结果及结论

图 8-13 为不同算法运行轨迹对比，包括激光里程计方法 LOAM[25]，激光惯性里程计算法 LINS[21]、LI-SLAM，以及 EKF-UWB[15]、ESKF-Fusion[15] 和 LIU-SLAM 算法产生的轨迹对比。LIO-mapping[24] 由于错误的初始化过程导致定位过程失败。可以看出，前 3 种激光 SLAM 与激光惯性里程计方法产生了非常接近的轨迹，而且曲线波动较小，说明这 3 种算法在局部场景定位中都可以实现较高的精度。但是缺点是这类方法只能获得相对于机器人起始位置作为世界坐标系的定位结果，无法获得与地理信息一致的位置估计。后 3 种方法都基于 UWB 定位系统进行定位，因此获得了与地理坐标系对齐的定位结果。对比这 3 种方法，EKF-UWB 和 ESKF-Fusion 都是基于滤波方法，利用 UWB 距离观测和位置观测更新滤波器，当前观测的不确定度对于定位结果的影响很大，因而反映到轨迹上可以看出这两种算法产生的轨迹波动性很大。而 LIU-SLAM 方法同时利用历史上的 UWB 位置观测约束、激光惯性里程计约束构建联合优化问题进行位姿估计，鲁棒性更强，反映到轨迹上就是运动过程中轨迹较为稳定，没有其他两种方法那样过多的波动。在起始运动位置，LIU-SLAM 由于需要对齐 UWB 定位系统

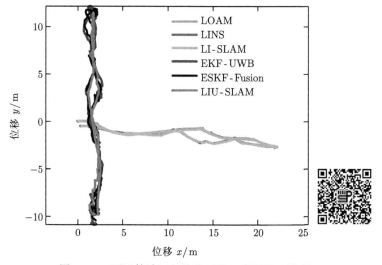

图 8-13   不同算法运行轨迹对比（彩图见二维码）

和激光惯性里程计坐标系，因此出现短期的波动，当坐标系对齐成功后，可以实现鲁棒而精确的位姿估计。

为了进一步定量评价不同算法的绝对定位精度，对包括起始位置和终止位置以及五个中途停留位置的真值和算法测量值进行了对比。真值通过全站仪联系测量获得。各种算法的测量值通过记录机器人停止区间时刻的起点和终点，将对应时间段内的位置估计结果取均值，作为当前的观测值。表 8-3 为各个停靠评估点的真值、测量值与误差结果。图 8-14 为 3 种算法的绝对定位误差的分布情况。g_x 和 g_y 代表 x 方向和 y 方向的真值；ex1 和 ey1 对应 LIU-SLAM$\_x$ 和 LIU-SLAM$\_y$，代表该算法在 x、y 两个方向的测量值与真值的差，即误差值。ex2 和 ey2 代表 EKF-UWB 算法在 x、y 两个方向的误差，ex3 和 ey3 代表 ESKF-Fusion

表 8-3　评估点真值、测量值及误差　　　　　　单位: m

点位	g_x	g_y	ex1	ey1	ex2	ey2	ex3	ey3
1	1.730	−11.180	−0.138	1.365	0.096	0.346	0.261	0.765
2	2.248	−2.931	0.032	0.28	0.044	0.19	0.067	0.667
3	1.059	2.780	0.071	0.204	−0.014	0.169	−0.002	0.651
4	1.890	11.152	−0.205	0.126	−0.168	0.057	0.046	0.432
5	2.343	2.940	−0.148	−0.354	−0.155	0.094	−0.439	−0.224
6	2.442	−5.798	0.003	−0.181	0.037	0.378	−0.106	−0.016
7	2.091	−9.702	0.158	−0.068	0.136	0.397	0.153	−0.016
误差均值			**0.103**	**0.202**	0.092	0.214	0.136	0.334
误差最大值			0.205	0.354	0.168	0.397	0.439	0.667

注: 加粗数字表示误差最小; 在第一组数据的测量值获得时, 坐标系对齐过程尚未完成, 因此统计从点位 2 ~ 7 的均值和最大值。

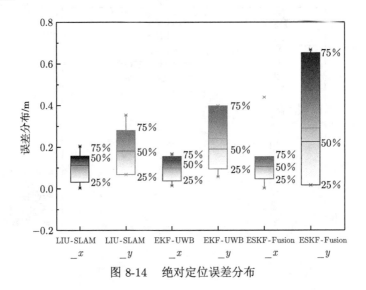

图 8-14　绝对定位误差分布

算法在两个方向的误差。由于获得第一组数据的测量值时，坐标系对齐过程尚未完成，因此统计从点位 2~7 的均值和最大值。结合图 8-14 和表 8-3 可以看出，LIU-SLAM 方法在 x 方向定位误差均值为 10.3 cm，y 方向定位误差均值为 20.2 cm，与 EKF-UWB 方法的误差接近，但显著优于 ESKF-Fusion 方法的定位精度。表 8-4 为各个测量点的绝对位置误差，计算了三个方向上测量值与真值差值的均方根。LIU-SLAM 平均定位精度 24.6 cm，高于 EKF-UWB 方法的 25.4 cm 以及 ESKF-Fusion 方法的 41.8 cm。

分析局部定位结果，LIU-SLAM 有更强的实用性，因为其利用鲁棒核函数降低错误 UWB 定位观测的同时，利用了历史上的 UWB 观测约束和激光惯性里程计约束，提高了算法的鲁棒性，在定位过程中波动小而且精度最高，可以实现 UWB 定位系统附近范围内，局部区域绝对平均定位精度 25 cm。

表 8-4　绝对位置误差　　　　　　　　　　　　　单位: m

点位	LIU-SLAM	EKF-UWB	ESKF-Fusion
2	0.282	0.195	0.67
3	0.216	0.17	0.651
4	0.241	0.177	0.434
5	0.384	0.181	0.493
6	0.181	0.38	0.107
7	0.172	0.42	0.154
均值	**0.246**	0.254	0.418

8.4.2　大范围巷道地图构建与定位试验

1. 试验条件及方法

为了进一步验证 LIU-SLAM 算法的高精度地图构建与精确定位性能，在将近 300 m 长的巷道场景进行试验。机器人仍然从 UWB 定位系统的外侧 ($y = -10.088$ m) 开始运动，进入和经过 UWB 定位系统时开始坐标系之间的对齐，之后继续前进直至走到巷道尽头。行走过程中，机器人停止 3 次，用全站仪测量了 3 个位置的绝对坐标，作为判断 LIU-SLAM 定位精度的依据。除停止位置外，机器人以接近 0.4 m/s 的速度匀速行驶。

2. 试验结果及结论

1) 建模精度分析

图 8-15 为 LIU-SLAM 算法获得的井下整体建图效果。图 8-15(a) 为算法生成的原始点云地图，图 8-15(b) 为经过光照渲染的稠密点云模型。直观分析可以看出，LIU-SLAM 算法构建的地图，在地图整体一致性上与真实环境匹配良好，可以直观准确地反映巷道环境的实际情况。表 8-5 为图上测量值与真值的对比，其中

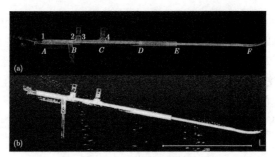

图 8-15　井下整体建图效果

$A, B, \cdots, F$ 的位置对应图 8-15(a) 中的位置，利用激光测距仪测量相对位置，与图上测量做对比，作为建模精度的定量评价指标。可以看出，最大误差段为 E-F 段。这主要是由于 UWB 定位系统安装在 A-B 段，在走到 C-D 段中间位置后，由于 UWB 信号被墙壁和风门遮挡，已经无法检测到连续可用的 UWB 位置观测和距离观测信息。后续由于没有 UWB 的绝对位置和距离的约束，激光扫描匹配在少结构环境中出现一定程度的退化，导致构建的地图距离有所缩短。

表 8-5　图上测量值与真值对比　　　　　　　　　　　　单位: m

距离	真值	图上测量值	误差	误差百分比
A-B	29.330	29.544	0.214	0.73%
B-C	34.640	35.296	0.656	1.89%
C-D	55.472	50.834	−4.638	8.36%
D-E	42.76	42.696	−0.064	0.15%
E-F	144.362	89.214	−55.148	38.20%

图 8-16 所示为构建的点云地图三维局部场景。图 8-16(a)~(k) 对应图 8-15 中 A-D 段，可以清晰分辨出三脚架、电控柜、通风管道、顶板裂缝甚至墙皮脱落。图 8-16(m)~(x) 对应图 8-15 中 D-F 段，可以明确分辨矿灯、锚杆、钻孔、轨道及石柱等物体。可以看出，在 A-D 段由于特征丰富、有 UWB 信号覆盖，激光点云建模精度非常高。在特征较少的长直巷道 (C-D、E-F) 中也可以较为精确地绘制无偏离、无扭曲的点云地图。

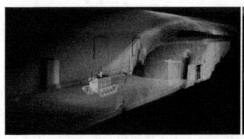

(a)　　　　　　　　　　　　　　　　　　　　(b)

(c)

(d)

(e)

(f)

(g)

(h)

(i)

(j)

(k)

(l)

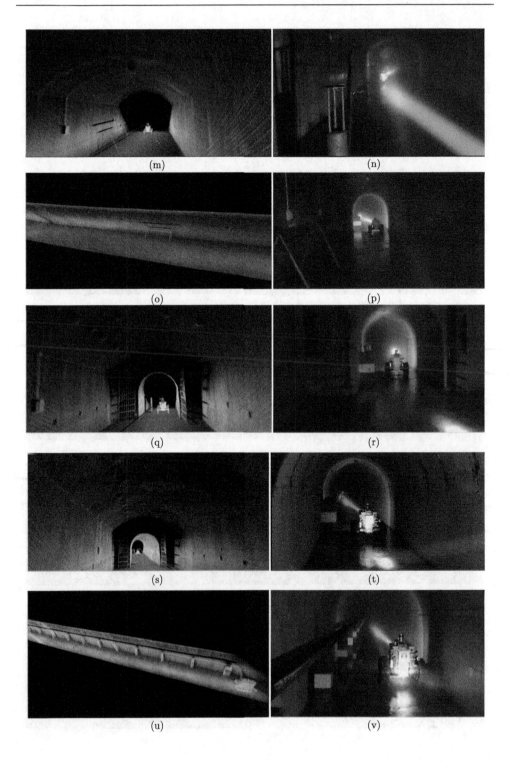

(m)

(n)

(o)

(p)

(q)

(r)

(s)

(t)

(u)

(v)

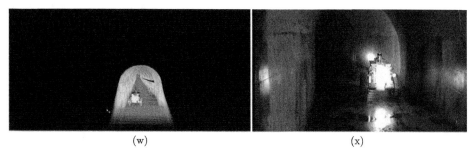

(w)　　　　　　　　　　　　　　　　(x)

图 8-16　局部建图效果

2) 定位精度分析

为了定量分析机器人在运动过程中的定位精度，机器人在行走一段距离后停止，使用全站仪测量位置真值，进而分析算法的定位精度。图 8-15(a) 中点 1 为机器人的初始出发点，点 2, 3, 4 为行走过程中停靠的三个位置。表 8-6 为这四个点的真值、观测值与绝对定位误差。x 轴方向的误差均值为 22.4 cm，而 y 轴方向的误差均值为 4 cm，水平方向的误差均值 [32] 为 23.1 cm。可以看出在 UWB 作用范围内，LIU-SLAM 算法可以实现大范围长距离的绝对定位精度均值 25 cm。

表 8-6　真值、观测值与绝对定位误差　　　　单位: m

点位	g_x	g_y	x1	y1	ex1	ey1	RMSE
1	1.905	−10.088	1.253	−8.700	—	—	—
2	1.685	19.444	1.491	19.468	−0.194	0.024	0.195
3	2.209	27.861	1.978	27.803	−0.231	−0.058	0.238
4	2.175	51.389	1.929	51.303	−0.246	−0.086	0.261
误差均值			−0.224		−0.04		0.231

图 8-17 所示为不同算法定位轨迹的对比。其中，虚线为 UWB 距离观测作用的范围，UWB 位置观测仅作用于 UWB 定位系统内部。可以看出 LIU-SLAM 获得与地理坐标一致的定位结果，而且稳定行走的距离最远。LOAM、LINS、LIO-mapping 无法与地理坐标系对齐。LOAM 表现最好，虽然也有退化但是估计比较鲁棒没有发散。LINS 轨迹明显缩短，而且结合图 8-16(b) 可以看出在退化场景的姿态已经反转，地图无法使用。LIO-mapping 在退化场景也出现漂移，后期已经严重超前机器人的实际位置。

综合分析井下大范围巷道的定位和建图试验，可以得出以下结论: LIU-SLAM 可以满足井下高精度地图构建的需求，在 UWB 信号覆盖范围内可以有效限制场景退化带来的负面影响。相较于其他的对比算法，构建地图的全局一致性最好，局部建模精度较高。从大场景的定点位置的绝对误差，以及连续轨迹对比结果可以看出，LIU-SLAM 在大范围场景下依然可以提供精确而可靠的定位。综合效果可

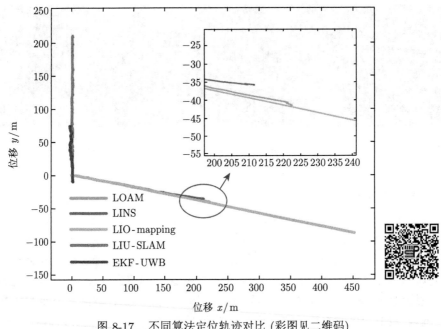

图 8-17　不同算法定位轨迹对比 (彩图见二维码)

以实现 UWB 覆盖范围内绝对定位精度均值 25 cm 以内, 且轨迹与真值的整体一致性相比其他算法更好。同时 LIU-SLAM 算法可以可靠实现激光惯性里程计坐标系与 UWB 定位系统坐标系的对齐, 可以实现高效构建与地理信息一致的井巷地图和精确的位姿估计。

　　本章介绍了矿用搜救机器人的定位与地图构建方法, 提出了适应井下复杂地形的基于 LiDAR 与 IMU 紧耦合的 LI-SLAM 算法, 以及进一步融合 UWB 观测、拥有绝对定位信息的、鲁棒性和精度更好的 LIU-SLAM 算法。开展了模拟井下环境局部区域连续定位试验以及大范围巷道环境下的定位和建图试验, 对比了提出的定位与地图构建方法的精度、鲁棒性等性能, 证明了提出的定位和建图算法对于矿用搜救机器人实际应用的有效性。

参 考 文 献

[1] Cadena C, Carlone L, Carrillo H, et al. Past, present, and future of simultaneous localization and mapping: Towards the robust-perception age[J]. IEEE Transactions on Robotics, 2016, 32(6): 1309-1332.

[2] Kanellakis C, Nikolakopoulos G. Evaluation of visual localization systems in underground mining[C]. 2016 24th Mediterranean Conference on Control and Automation (MED), Athens, 2016: 539-544.

[3] Jacobson A, Zeng F, Smith D, et al. Semi-supervised SLAM: Leveraging low-cost sensors on underground autonomous vehicles for position tracking[C]. 2018 IEEE/RSJ International Conference on Intelligent Robots and Systems (IROS), Madrid, 2018: 3970-3977.

[4] Zeng F, Jacobson A, Smith D, et al. LookUP: Vision-only real-time precise underground localisation for autonomous mining vehicles[C]. 2019 International Conference on Robotics and Automation, Montreal, 2019.

[5] Li J, Kaess M, Eustice R M, et al. Johnson-Roberson, Pose-Graph SLAM using forward-looking sonar[J]. IEEE Robotics and Automation Letters, 2018, 3(3): 2330-2337.

[6] Herranz F, Llamazares Á, Molinos E, et al. A comparison of slam algorithms with range only sensors[C]. 2014 IEEE International Conference on Robotics and Automation (ICRA), Hong Kong, 2014: 4606-4611.

[7] Blanco J L, González J, Fernández-Madrigal J A. A pure probabilistic approach to range-only SLAM[C]. 2008 IEEE International Conference on Robotics and Automation, Pasadena, 2008: 1436-1441.

[8] Zhou H, Yao Z, Lu M. Lidar/UWB fusion based SLAM with anti-degeneration capability[J]. IEEE Transactions on Vehicular Technology, 2021, 70(1): 820-830.

[9] Leingartner M, Maurer J, Ferrein A, et al. Evaluation of sensors and mapping approaches for disasters in tunnels[J]. Journal of Field Robotics, 2016, 33(8): 1037-1057.

[10] 李猛钢. 煤矿救援机器人导航系统研究 [D]. 徐州: 中国矿业大学, 2017.

[11] 程新景. 煤矿救援机器人地图构建与路径规划研究 [D]. 徐州: 中国矿业大学, 2016.

[12] Chen C, Zhu H, Wang L. et al. A stereo visual-inertial SLAM approach for indoor mobile robots in unknown environments without occlusions[J]. IEEE Access, 2019, 7: 185408-185421.

[13] 朱华, 陈常, 陈子文, 等. 一种双目相机和惯导融合的自主巡检机器人定位与三维地图构建方法: 中国, CN201910042766.9[P]. 2019.

[14] Li M, Zhu H, You S, et al. IMU-aided ultra-wideband based localization for coal mine robots. Intelligent robotics and applications[C]. Lecture Notes in Computer Science, Cham, 2019.

[15] Li M, Zhu H, You S, et al. UWB-based localization system aided with inertial sensor for underground coal mine applications[J]. IEEE Sensors Journal, 2020, 20(12): 6652-6669.

[16] 朱华, 李猛钢, 葛世荣, 等. 一种井下高精度导航地图构建系统及构建方法: 中国, CN2018 10961524.5[P]. 2018.

[17] 李猛钢, 朱华. 一种矿井下多传感器融合的外部参数标定及精准定位方法: 中国, 20181096 1524.5[P]. 2021.

[18] Graeter J, Wilczynski A, Lauer M. Limo: Lidar-monocular visual odometry[C]. IEEE/RSJ International Conference on Intelligent Robots and Systems (IROS), Madrid, 2018: 7872-7879.

[19] Shao W, Vijayarangan S, Li C, et al. Stereo visual inertial liDAR simultaneous localization and mapping[C]. IEEE/RSJ International Conference on Intelligent Robots and

Systems, Macau, 2019.

[20]　Zuo X, Geneva P, Lee W, et al. LIC-fusion: LiDAR-inertial-camera odometry[C]. IEEE/RSJ International Conference on Intelligent Robots and Systems (IROS), Macau, 2019: 5848-5854.

[21]　Qin C, Ye H, Pranata C E, et al. LINS: A lidar-inertial state estimator for robust and efficient navigation[C]. IEEE International Conference on Robotics and Automation (ICRA), Paris, 2020: 8899-8906.

[22]　Geneva P, Eckenhoff K, Yang Y, et al. LIPS: LiDAR-Inertial 3D plane SLAM[C]. IEEE/RSJ International Conference on Intelligent Robots and Systems (IROS), Madrid, 2018: 123-130.

[23]　Le Gentil C, Vidal-Calleja V, Huang S. IN2LAAMA: Inertial lidar localization autocalibration and mapping[J]. IEEE Transactions on Robotics, 2021, 37(1): 275-290.

[24]　Ye H, Chen Y, Liu M. Tightly coupled 3D lidar inertial odometry and mapping[C]. International Conference on Robotics and Automation (ICRA), Montreal, 2019: 3144-3150.

[25]　Zhang J, Singh S. LOAM: Lidar odometry and mapping in real-time[C]. Robotics: Science and Systems Berkeley, 2014: 9.

[26]　Shan T, Englot B. LeGO-LOAM: Lightweight and ground-optimized lidar odometry and mapping on variable terrain[C]. IEEE/RSJ International Conference on Intelligent Robots and Systems (IROS), Madrid, 2018: 4758-4765.

[27]　Berg M, Kreveld M, Overmars M, et al. Computation Geometry: Algorithms and Applications[M]. 3rd ed. Berlin: Springer, 2008.

[28]　Qin T, Li P, Shen S. Vins-mono: A robust and versatile monocular visual-inertial state estimator[J]. IEEE Transactions on Robotics, 2018, 34(4): 1004-1020.

[29]　李猛钢. 面向井卜钻孔机器人应用的精确定位与地图构建技术研究 [D]. 徐州: 中国矿业大学, 2020.

[30]　Li M, Zhu H, You S, et al. Efficient laser-based 3D SLAM for coal mine rescue robots[J]. IEEE Access, 2019, 7: 14124-14138.

[31]　Zhen W, Scherer S. Estimating the localizability in tunnel-like environments using LiDAR and UWB[C]. International Conference on Robotics and Automation (ICRA), Montreal, 2019: 4903-4908.

[32]　Sturm J, Engelhard N, Endres F, et al. A benchmark for the evaluation of RGB-D SLAM systems[C]. IEEE/RSJ International Conference on Intelligent Robots and Systems, Vilamoura-Algarve, 2012: 573-580.

第 9 章　机器人路径规划与自主避障

9.1　引　　言

智能机器人的最终目标是能够理解高级指令，实现告诉机器人任务目标，由机器人自主决策如何做某些事情来达成目标。但无论地面移动机器人、水下机器人还是无人机，其能顺利进行工作的先决条件是能到达某个地方。这个地方可能是特定环境中的一些特征点，例如，移动到高亮区域、几何坐标或地图上的目标点。在任何一种情况下，机器人都将沿一定路径到达目的地，并在行进的过程中面临各种挑战，如阻碍机器人前进的障碍、环境地图不完整或根本没有地图等状况。为此，如何实现快速、高效地形成一条既能保证机器人到达任务目标点，又能保证机器人安全行进的可行路径，一直是国内外学者所研究的热点课题[1-3]。

现阶段煤矿移动机器人大多采用遥操作为主、被动式避障为辅的控制方式。在人工智能大力发展的今天，地面上的无人驾驶技术已趋于成熟，许多优秀的控制方法与传感器被应用于无人驾驶车辆中，并开始进行应用试验。因此，将地面上先进的无人驾驶技术逐步引入到地面之下，实现煤矿中机器人的无人化操纵、自主决策，对促进煤矿生产智能化具有重要意义。为了使机器人具有自主决策与运动规划的能力，需要机器人能够充分地推理、感知和控制自身状态，主要涉及机器人运动学模型、规划方式与避障策略等问题。第 3 章已经分析了相关的运动机构形式以及运动学模型，因此本章对矿用搜救机器人的路径规划策略、轨迹规划策略、自主避障方案、相关控制算法以及主要传感器进行研究与验证。

9.2　机器人路径规划策略

路径规划是指在障碍空间中按照一定的代价函数 (路径最短、时间最少原则等)，找寻一条从机器人当前状态到目标状态的无碰撞路径[4]。机器人路径规划技术主要包含两个方面：路径搜索与轨迹规划[5]。通俗来讲，路径搜索是在静态的已知或半已知环境下，通过现有环境信息确定机器人可行走的路径；轨迹规划是在获得一条粗糙的参考路径作为先验信息后，通过解析机器人当前的运动状态，参照全局参考路径实时生成机器人所需行驶的路径。本节介绍几类常用的路径规划策略，包含基于图搜索的规划策略、基于采样的规划策略、基于生物启发的规划策略。

对于机器人来说，路径规划主要的功能是生成一组空间内无碰撞的空间位置信息序列，也可以包含姿态信息，与时间无关，即无须包含速度、加速度等信息。本节介绍的几种典型的路径规划策略，也可称为路径搜索策略，目标是生成全局路径参照点，为后续的轨迹规划 (局部规划) 提供参考。

9.2.1   基于图搜索的策略

此类方法是依据机器人探索过程中建立的环境地图，转换映射成供算法识别的地图格式后 (图 9-1)，在其中进行遍历搜索，来寻求一条能够连接机器人当前位置和目标点的有效路径。基于图搜索的路径规划策略在小规模简单环境中搜索效率极高，且具有完备性，生成的路径一定为最优路径，广泛应用于已知地图的环境与结构化地形探索，一般适用于在井巷中进行单向快速行进。

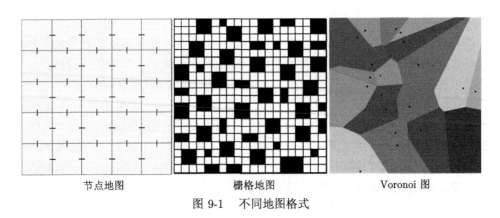

节点地图   栅格地图   Voronoi 图

图 9-1   不同地图格式

在基于图搜索的算法中，最有代表性的算法为 A* 算法 [6]，其对于任意子图 Gs 定义 A* 的评估函数 $f(s)$：

$$f(s) = g(s) + h(s) \tag{9-1}$$

式中，s 代表当前节点状态；$f(s)$ 是从起始节点到目标节点的预估代价；$g(s)$ 是从起始节点到当前节点的路径最小代价；$h(s)$ 是从当前节点到目标节点的最小代价路径的代价。A* 可以在以下条件最终找到最优解，即最优成本：

$$h(s) \leqslant \text{cost}^*(s, s_{\text{goal}}) \tag{9-2}$$

A* 算法在小于此代价时不会扩展搜索，并且 $h(s)$ 越大，在搜索最优解的情况下将扩展较少的状态。图 9-2 展示了 A* 算法在网格图中的函数图像化，白色网格为自由区域，黑色网格为障碍物，灰色网格为算法搜索区域。

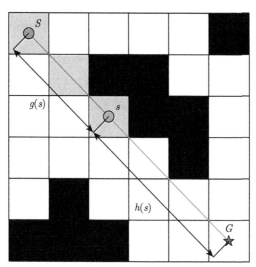

图 9-2 A* 算法在网格图中的函数图像化

A* 算法用 OPEN 表和 CLOSED 表两种集合管理所有节点，CLOSED 表中存放已进行扩展的节点；除了障碍之外，处于扩展节点的相邻节点被定义为其子节点，存于 OPEN 表中。

由于原始 A* 算法仅限于离散状态空间，在四向或八向网格的情况下可以转弯，但是这在现实情况中是不可能的，因为机器人存在非完整约束，不可能严格按照直角型的拐点进行运动。为了解决这个问题，Hybrid A* 算法考虑了车辆的运动学约束，与每个网格单元关联一个连续的三维状态 (x, y, θ)，其中 x, y 表示机器人位置，θ 表示航向角，以克服 A* 算法仅在离散空间进行规划的缺点，如图 9-3 所示的三种不同形式搜索策略示意图很好地展现了 Hybrid A* 算法相比 A* 算法 (离散搜索) 以及 Theta* 算法 (直线衔接) 的优越性。Hybrid A* 算法 [7] 由搜索策略、启发式方法、路径平滑方法三个部分组成，下面对这几个部分分别进行介绍。

1. 包含车辆约束的 Hybrid A* 搜索策略

当 Hybrid A* 搜索策略隐式地在离散网格上构建图时，原则上节点可以到达网格上的任何连续点。由于连续搜索空间不是有限的，采用网格单元形式的离散化，限制了搜索树的生长。由于从节点到节点的转换没有预先定义的形式，因此很容易在状态转换中加入非完整约束。Hybrid A* 的搜索空间通常是三维的，因此状态空间由 (x, y, θ) 组成，搜索策略如表 9-1 所示。

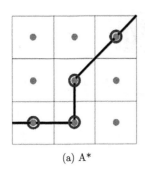
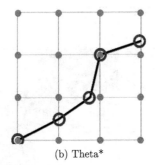
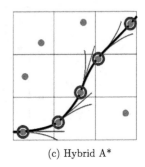

| (a) A* | (b) Theta* | (c) Hybrid A* |

图 9-3　三种不同形式搜索策略

2. 快速收敛搜索信息的启发式方法

为了加快搜索速度，减免不必要的扩展，需要对搜索策略进行一定的约定，也就是加入启发式函数，方法包括约束式启发和无约束式启发两种。约束式启发忽略了环境状态，仅考虑了车辆的特性。而无约束式启发忽略了车辆的特性，只考虑障碍物。约束式启发考虑到当前航向以及转弯半径，它确保车辆以正确的航向接近目标。该启发式可以预先计算车辆运动学约束路径，并将其存储在查找表中用作引导。而无约束式启发引导车辆远离死胡同和 U 形障碍物。

搜索以车辆的当前状态开始，Hybrid A* 将生成六个子节点；三个前进方向以及三个倒车方向，如图 9-3 (c) 所示。子节点由具有最小转弯半径的圆弧生成。所需的状态转换成本基于圆弧的长度，除了直线行驶外，改变驾驶方向、逆向行驶和转弯会产生额外的费用。转弯和逆向行驶的惩罚是成倍的 (取决于路径转向或倒车的部分)，而对驾驶方向的变化的惩罚是恒定的。若弧长小于单元网格面积的平方根，则顶点展开可导致子节点到达同一单元网格区域内。如果发生这种情况，就不足以根据节点的成本来比较它们，因为新节点的成本总是会更高。因此，需要基于两个节点的总估计成本进行比较。Hybrid A* 算法使用的是一致启发式函数，会导致这样的情况发生，即乐观估计将使接近目标的节点更加昂贵，因此需要在启发式函数前面添加一个束缚，以说明启发式的一致性。表 9-2 说明了这个过程，如果子节点更昂贵，则被丢弃，算法继续进行。

3. 基于梯度下降法的路径平滑方法

由于 Hybrid A* 算法产生的路径通常是由不必要的转向动作组成的，因此需要进行后处理使结果更平滑，其成本函数 P 一般包括以下四项：

$$P = P_{\text{obs}} + P_{\text{cur}} + P_{\text{smo}} + P_{\text{vor}} \tag{9-3}$$

表 9-1　Hybrid A* 搜索

算法: Hybrid A* 搜索

1: function ROUNDSTATE(x)
2:　　$x.\mathrm{Pos}_X = \max\{m \in \mathbf{Z} \mid m \leqslant x.\mathrm{Pos}_X\}$
3:　　$x.\mathrm{Pos}_Y = \max\{m \in \mathbf{Z} \mid m \leqslant x.\mathrm{Pos}_Y\}$
4:　　$x.\mathrm{Ang}_\theta = \max\{m \in \mathbf{Z} \mid m \leqslant x.\mathrm{Ang}_\theta\}$
5:　　return x
6: end function
7: function EXISTS(x_{succ}, L)
8:　　if $\{x \in L \mid \mathrm{roundState}(x) = \mathrm{roundState}(x_{\mathrm{succ}})\} \neq \varnothing$ then
9:　　　return true
10:　　else
11:　　　return false
12:　　end if
13: end function
Require: $x_s \cap x_g \in X$
14: OPEN $= \varnothing$
15: CLOSED $= \varnothing$
16: Pred(x_s) $\leftarrow$ null
17: OPEN.push(x_s)
18: while OPEN $\neq \varnothing$ do
19:　　x $\leftarrow$ OPEN.popMin()
20:　　CLOSED.push(x)
21:　　if roundState(x) = roundState(x_g) then
22:　　　return x
23:　　else
24:　　　for $u \in U(x)$ do
25:　　　　$x_{\mathrm{succ}} \leftarrow f(x,u)$
26:　　　　if $\neg$exists(x_{succ}, CLOSED) then
27:　　　　　$g \leftarrow g(x) + l(x,u)$
28:　　　　　if $\neg$exists(x_{succ}, OPEN) or $g < g(x_{\mathrm{succ}})$ then
29:　　　　　　Pred(x_{succ}) $\leftarrow x$
30:　　　　　　$g(x_{\mathrm{succ}}) \leftarrow g$
31:　　　　　　$h(x_{\mathrm{succ}}) \leftarrow$ Heuristic(x_{succ}, x_g)
32:　　　　　　if $\neg$exists(x_{succ}, OPEN) then
33:　　　　　　　OPEN.push(x_{succ})
34:　　　　　　else
35:　　　　　　　OPEN.decreaseKey(x_{succ})
36:　　　　　　end if
37:　　　　　end if
38:　　　　end if
39:　　　end for
40:　　end if
41: end while
42: return null

表 9-2　启发式方法

算法: 启发式方法
1: for $u \in U(x)$ do
2:　　$x_{\text{succ}} \leftarrow f(x, u)$
3:　　if $\neg \text{exists}(x_{\text{succ}}, \text{CLOSED})$ then
4:　　　if $\text{RoundState}(x) = \text{RoundState}(x_{\text{succ}})$ then
5:　　　　if $f(x_{\text{succ}}) > f(x_x) + \text{tieBreaker}$ then
6:　　　　　delete x_{succ}
7:　　　　　continue
8:　　　　end if
9:　　　$\text{Pred}(x_{\text{succ}}) \leftarrow x$
10:　　　$g(x_{\text{succ}}) \leftarrow g$
11:　　　$h(x_{\text{succ}}) \leftarrow \text{Heuristic}(x_{\text{succ}}, x_g)$
12:　　　if $\neg \text{exists}(x_{\text{succ}}, \text{OPEN})$ then
13:　　　　$\text{OPEN.push}(x_{\text{succ}})$
14:　　　else
15:　　　　$\text{OPEN.decreaseKey}(x_{\text{succ}})$
16:　　　end if
17:　　end if
18:　end if
19: end for

对于所有 $|\boldsymbol{x}_i - \boldsymbol{o}_i| \leqslant d_{\text{obs}}^{\vee}$ 的顶点 x_i，定义 P_{obs} 为碰撞惩罚项，它基于到下一个障碍的距离：

$$P_{\text{obs}} = w_{\text{obs}} \sum_{i=1}^{N} \sigma_{\text{obs}}(|\boldsymbol{x}_i - \boldsymbol{o}_i| - d_{\text{obs}}^{\vee}) \tag{9-4}$$

式中，$\boldsymbol{x}_i$ 表示顶点在路径中的 x，y 位置；$\boldsymbol{o}_i$ 表示距离 $\boldsymbol{x}_i$ 最近的障碍物。$d_{\text{obs}}^{\vee}$ 充当最大距离的阈值障碍会影响路径的代价。σ_{obs} 是二次惩罚函数，作用是增大接近障碍物时的代价。障碍权重 w_{obs} 用于控制障碍物对路径变化的影响。

曲率项 P_{cur} 用在每个顶点处限制路径的瞬时曲率，由 $\dfrac{\Delta \phi_i}{|\Delta \boldsymbol{x}_i|} > \kappa_{\max}$ 定义：

$$P_{\text{cur}} = w_{\text{cur}} \sum_{i=1}^{N-1} \sigma_{\text{cur}} \left(\frac{\Delta \phi_i}{|\Delta \boldsymbol{x}_i|} - \kappa_{\max} \right) \tag{9-5}$$

顶点 $\boldsymbol{x}_i$ 处的位移矢量定义为 $\Delta \boldsymbol{x}_i = \boldsymbol{x}_i - \boldsymbol{x}_{i-1}$，顶点切向角的变化可以表示为 $\Delta \phi_i = \arccos\left(\boldsymbol{x}_i \cdot \boldsymbol{x}_{i+1} / (|\boldsymbol{x}_i| \cdot |\boldsymbol{x}_{i+1}|)\right)$，最大允许曲率用 $\kappa_{\max}$ 表示。对最大允许曲率的偏差用二次惩罚函数 σ_{cur} 进行惩罚。曲率权重 w_{cur} 控制曲率对路径变化的影响。

平滑度项 P_{smo} 评估顶点之间的位移向量。它将代价分配给间距不均匀的顶点以及改变方向。平滑度权重 w_{smo} 影响路径的整体变化。

$$P_{\mathrm{smo}} = w_{\mathrm{smo}} \sum_{i=1}^{N-1} (\Delta \boldsymbol{x}_{i+1} - \Delta \boldsymbol{x}_i)^2 \qquad (9\text{-}6)$$

Voronoi 项 P_{vor} 引导路径远离障碍物 (类似在图 9-1 所示的 Voronoi 图中进行规划)，如果 $d_{\mathrm{obs}} \leqslant d_{\mathrm{vor}}^{\vee}$，则 P_{vor} 是确定的，因为它基于节点在 Voronoi 场中的位置。

$$P_{\mathrm{vor}} = w_{\mathrm{vor}} \sum_{i=1}^{N} \left(\frac{\alpha}{\alpha + d_{\mathrm{obs}}(x,y)} \right) \left(\frac{d_{\mathrm{vor}}(x,y)}{d_{\mathrm{obs}} + d_{\mathrm{vor}}(x,y)} \right) \left(\frac{(d_{\mathrm{obs}}(x,y) - d_{\mathrm{vor}}^{\vee})^2}{(d_{\mathrm{vor}}^{\vee})^2} \right)$$

$$(9\text{-}7)$$

到最近障碍物的正向距离用 d_{obs} 表示，d_{edg} 是距 GVD 最近边缘的正距离。$d_{\mathrm{vor}}^{\vee}$ 表示影响 Voronoi 势的最大距离障碍。$\alpha > 0$ 控制衰减率场地，Voronoi 权重 w_{vor} 影响路径的整体变化。

之后通过梯度下降法来快速求解最优解，梯度下降逐步进行，步长与函数的负梯度成正比，即通过 $\Delta x = -\nabla f(x)$ 来求解，其步骤如表 9-3 所示。

表 9-3 梯度下降法

算法: 梯度下降
1: iterations ← 1000
2: $i \leftarrow 0$
3: while $i <$ iterations do
4:　for all $x \in P$ do
5:　　cor ← (0, 0)
6:　　cor ← cor - obstacleTerm($\boldsymbol{x}_i$)
7:　　cor ← cor - smoothnessTerm($\boldsymbol{x}_{i-1}, \boldsymbol{x}_i, \boldsymbol{x}_{i+1}$)
8:　　cor ← cor - curvatureTerm($\boldsymbol{x}_{i-1}, \boldsymbol{x}_i, \boldsymbol{x}_{i+1}$)
9:　　cor ← cor - voronoiTerm($\boldsymbol{x}_i$)
10:　　$\boldsymbol{x}_i \leftarrow \boldsymbol{x}_i +$ cor
11:　end for
12:　$i \leftarrow i + 1$
13: end while
14: return null

图 9-4 所示场景是在具有真实物理碰撞效果的 Gazebo 物理引擎上建立的模拟巷道，其场景复杂情况高于一般的煤矿巷道，包含了多条直线巷道、硐室以及闭合障碍物。在此场景中来评估基于图搜索的 Hybrid A* 算法的路径规划性能 [8]。

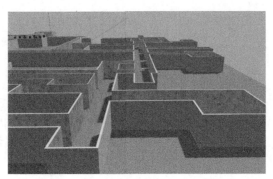

图 9-4　Hybrid A* 算法仿真试验场景

　　图 9-5 所示为 Hybrid A* 算法在模拟巷道中所规划的路径结果，此次规划综合了 Z 形巷道、规避闭合障碍、通过狭长巷道和探索障碍后的目标点 4 种行为，从搜索结果上看，当机器人在竖直 Z 形巷道中时，Hybrid A* 算法优先从矩形闭合障碍物前方路口通过，绕过模拟电柜障碍物时优先从靠近目标点的一侧进行规划，这说明了启发式函数对于搜索趋向具有决定作用。在探索过程中，机器人在过弯前采用 Dubins 曲线进行预调整，以便能够以一个合适的入弯角过弯。这是由 P_{vor} 项优化获得的结果。在狭长巷道中，机器人行驶路线出现了较多的波浪状轨迹，但整体较为平稳，这种现象与算法中平滑度项 P_{smo} 的选取有关。

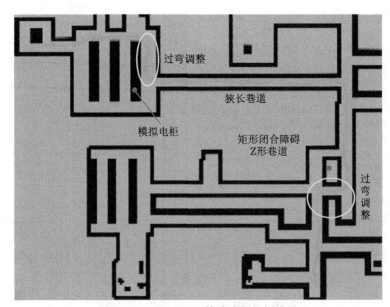

图 9-5　Hybrid A* 算法路径规划结果

从规划结果可以看出，Hybrid A* 算法能够很好地完成路径搜索的任务，并且能在转弯过程中采用平滑过渡的方式进行。

9.2.2 基于采样的策略

基于采样的规划策略是一种概率完备的路径规划算法，根据概率搜索的完备性进行优化求解，即如果在起止点间有路径解存在，只要规划或搜索的时间充足，就一定能确保找到一条路径解。基于采样的路径规划策略在大规模无序空间中的探索效率高于传统的图搜索算法，能够有效地解决高维空间和复杂约束的路径规划问题，一般用于无地图探索、灾后大范围非结构化地形探索。

快速搜索随机树 (rapid-exploration random tree，RRT) 算法是最典型的基于采样的搜索方法 [9]，它从起始点开始，在地图上进行随机采样或者随机撒点，进而根据采样点信息，结合障碍物检测等约束条件，构建一颗搜索树，直到树的枝叶延伸至目标点或达到预设的采样次数为止，再通过 Hybrid A* 等算法寻找出一条连接起点与终点的最短路径。其伪代码如表 9-4 所示，搜索过程如图 9-6 所示。

表 9-4   RRT

算法: RRT
1: Input: M, x_{init}, x_{goal}
2: Result: A path Γ from x_{init} to x_{goal}
3: T.init()
4: for $i = 1$ to n do
5:     $x_{\text{rand}} \leftarrow$ Sample(M)
6:     $x_{\text{near}} \leftarrow$ Near(x_{rand}, T)
7:     $x_{\text{new}} \leftarrow$ Steer(x_{rand}, x_{near}, StepSize)
8:     $E_i \leftarrow$ Edge(x_{new}, x_{near})
9:     if CollisionFree(M, E_i) then
10:         T.addNode(x_{new})
11:         T.addEdge(E_i)
12:         if $x_{\text{new}} = x_{\text{goal}}$ then
13:             Success()

RRT 类算法主要包括随机采样点 x_{rand}、寻找搜索树中距离采样点最近的点 x_{near}，在采样点和最近点连线上距离为 StepSize 的新点 x_{new}。当新点生成时，需要对 x_{rand} 和 x_{new} 之间的路径 E_i 进行碰撞检测，如果检测无碰撞，则将新点 x_{new} 之间的路径 E_i 加入搜索树，反之则丢弃该点。按照这个步骤进行迭代，直到找到目标点或达到最大搜索点数。基于 RRT 搜索的采样策略的好坏主要依赖 Near(x_{rand}, T) 策略的选择，如果将搜索树映射成 KD-tree(数据结构中的一种二叉树形式)，则 Near(x_{rand}, T) 就是 KD-tree 的搜索方式，可以通过更改搜索 KD-tree 的方法来提高 RRT 算法的搜索效率。

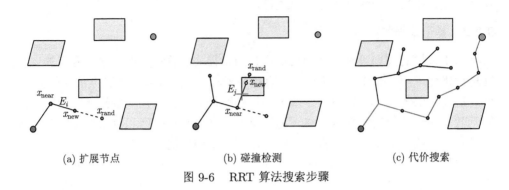

(a) 扩展节点　　　　　　　　　(b) 碰撞检测　　　　　　　　　(c) 代价搜索

图 9-6　RRT 算法搜索步骤

9.2.3　基于生物启发的策略

　　在移动机器人领域中，多机器人协同一直是一个热门话题，对于矿用搜救机器人来说，多机器人协同搜救是救援工作中必不可少的环节，具有多个目标点、探索区域等具有大范围多工作点的任务，随之而来的便是多机器人优化问题，也就是经典的旅行商问题 (traveling salesman problem，TSP)，对应于数学规划 (mathematical programming) 中的 NP-C 问题，由于其可行解空间范围巨大，基于图搜索与基于采样的算法难以进行此类规划。此类规划也属于机器人路径规划的基本问题之一。生物启发式的算法在多机器人编队协同控制中的路径搜索与分配中具有巨大优势，是此类问题的有效求解方法，包括模拟退火算法、遗传算法、蚁群算法、粒子群优化算法等。以下介绍一种基于细菌觅食算法改进的蚁群算法 [10]。

　　设 XY 为二维平面上的凸多边形有限运动区域，其内分布有限个静态障碍物 $\mathrm{Obs}_i(i=1,2,\cdots,n)$。在 XY 中建立系统直角坐标系，图 9-7 显示了一个 10×10 的栅格序列，从左至右、从上到下依次编码，图中填充代表障碍物。记 v 为 XY 平面内任意栅格，V 为 XY 平面内所有栅格总和。规定以任意栅格中心点坐标 x、y 作为该栅格的坐标，记为 $v_{(x,y)}$，则设 $N=\{1,2,\cdots,n\}$ 为栅格序列号集，记序列号为 $i(i\in N)$ 的栅格为 $v_i(x_i,y_i)$。

　　蚂蚁 m 在 t 时刻从栅格 v_i 向 v_j 转移的概率定义为 $P_{ij}^m(t)$，则

$$P_{ij}^m(t)=\begin{cases}\dfrac{[\tau_{ij}(t)]^\alpha\cdot[\eta_{ij}(t)]^\beta}{\displaystyle\sum_{v_m\in V_{\mathrm{allowed}}^m}[\tau_{im}(t)]^\alpha\cdot[\eta_{im}(t)]^\beta},&v_j\in V_{\mathrm{allowed}}^m\\[4mm]0,&\text{其他}\end{cases}\tag{9-8}$$

式中，V_{allowed}^m 为蚂蚁 m 在栅格 v_i 时下一步可行点的集合，不断变化，由环境地图决定；$\tau_{ij}(t)$ 为 t 时刻栅格 v_i 和 v_j 间残留的信息素；参数 α 为信息启发因子，

用于表示 $\tau_{ij}(t)$ 的相对重要程度；$\eta_{ij}(t)$ 表示时刻栅格 v_i 和 v_j 之间的期望启发函数，定义为栅格 v_i 和 v_j 之间的距离 d_{ij} 的倒数，即 $\eta_{ij}(t)=1/d_{ij}$；参数 β 为期望启发因子，用于表示 $\eta_{ij}(t)$ 的相对重要程度，反映了当前蚂蚁对于目标点的可见度。

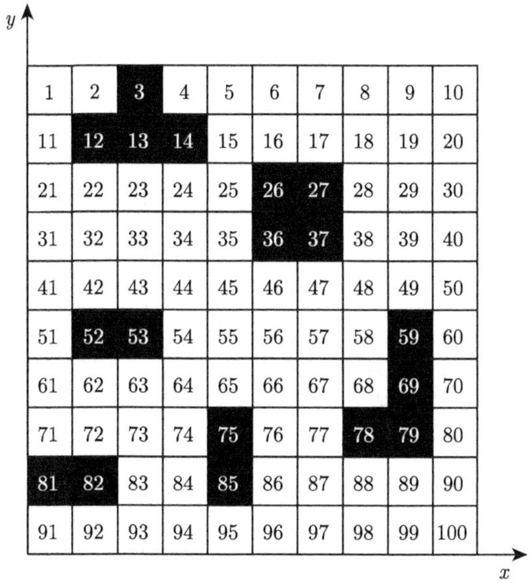

图 9-7　栅格序列图

蚂蚁走过的路径会留下信息素，同时为了避免路径上因残留信息素过多而造成启发信息被淹没，信息素会随着时间的流逝而挥发，设 $\rho(0 \leqslant \rho \leqslant 1)$ 为信息素挥发系数，$t + \Delta t$ 时刻栅格 v_i 和 v_j 上的信息素更新规则为

$$\tau_{ij}(t + \Delta t) = (1 - \rho) \cdot \tau(t) + \Delta\tau_{ij}(t) \tag{9-9}$$

$$\Delta\tau_{ij}(t) = \sum_{m=1}^{M} \Delta\tau_{ij}^{m}(t) \tag{9-10}$$

式中，$\Delta\tau_{ij}^{m}(t)$ 为第 m 只蚂蚁在本次循环中留在栅格 v_i 和 v_j 之间的信息素，这里采用 Dorigo 提出的 Ant-Cycle 模型，即

$$\Delta\tau_{ij}^{m}(t) = \begin{cases} \dfrac{Q}{L_m}, & v_i, v_j \in \text{Path}_m \\ 0, & \text{其他} \end{cases} \tag{9-11}$$

式中,Q 为信息素强度;L_m 为蚂蚁 m 在本次循环中所走过的路径的总长度;Path_m 为蚂蚁 m 在本次循环中从起点到终点所走过的栅格的集合。

蚁群算法中参数取值对蚁群算法性能起着至关重要的作用，合理的参数设置能够有效地增强算法的全局搜索能力，提高算法的收敛速度。从以上公式中不难发现，对蚂蚁 m 路径选择影响较大的主要是参数 α、β、ρ 和 Q，因此需要对这四个参数进行优化选择。

信息启发因子 α 表示信息素的相对重要性，反映了积累的信息素对蚂蚁行进所起的作用，其值越大，蚂蚁越倾向于选择前面蚂蚁经过的路径，蚂蚁间的协作性就越强，蚁群算法的收敛速度将越快，但容易使算法陷入局部最优解，降低了算法的全局搜索能力；α 值过小，虽然可以提高算法的随机特性和全局搜索能力，却减缓了算法的收敛速度。

期望启发因子 β 表示能见度的相对重要性，反映启发信息在蚂蚁选择路径过程中的受重视程度，其值越大，状态转移概率就越接近于贪心规则，即蚂蚁选择距离近的栅格的可能性就越大。如果 β 值过小或者等于 0，蚂蚁利用启发信息的程度将很小或根本无法利用，都会使算法很快进入停滞状态或者陷入局部最优。

信息素挥发系数 ρ 表示信息素挥发的程度，反映了蚂蚁间个体相互影响的强弱。为防止信息素的无限累积，通常 ρ 取值为 $[0,1]$。若 ρ 太小，算法的全局搜索能力就会下降；若 ρ 太大，算法的全局搜索能力会提高，但收敛速度会变慢。

信息素强度 Q 表示信息素总量，在一定程度上影响蚁群算法的收敛速度。较大的 Q 值会使信息素浓度过于集中，令算法陷入局部最优；而 Q 值太小又会使算法寻优的速度变慢。

蚂蚁总数 M 决定了可行最优解的个数，M 取值越大，可行最优解就越多，越能提高算法的全局搜索能力和稳定程度，但随着 M 值的增大，在短时间内所有路径上的信息素强度接近，这将减慢蚁群算法的收敛速度。反之，M 值减小，蚁群算法的全局搜索效果和稳定性将减弱，但蚁群算法的收敛速度将加快。本节取 $M = 40$。

细菌觅食算法作为优化求解的常用算法，可以对蚁群算法的参数选取提供帮助。细菌觅食算法主要包括趋化、繁殖和迁徙算子，具有群体智能算法并行搜索、易跳出局部极小值等优点。将任意一组参数 α_i、β_i、ρ_i 和 Q_i 迁移到一个四维数组上，定义为一个细菌个体 p_i，记 $p_i = (\alpha_i, \beta_i, \rho_i, Q_i)^{\mathrm{T}}$；$P$ 为细菌群体，记 $P = \{p_1, p_2, \cdots, p_n\}$。本节主要针对栅格地图环境下机器人路径规划蚁群算法的参数选择问题，记 path_i 为细菌个体 p_i 下机器人的路径，$\text{path}_i \in \text{PATH}$，故细菌觅食算法的适应度函数如式 (9-12) 所示：

$$f(p_i) = \text{Length}(\text{path}_i) \tag{9-12}$$

趋化算子 T_c^B 为细菌觅食算法的核心部分, 决定着细菌搜寻食物源时位置的改变方式, 并对细菌能否找到食物源起决定作用, 对算法的收敛性和算法的优劣有极其重要的影响。已知第 m 代 n 维细菌种群 $\boldsymbol{P}(m) = [p_1(m)\ p_2(m)\ \cdots\ p_n(m)]^{\mathrm{T}}$, 趋化算子定义如下:

$$\boldsymbol{P}_c^B(m) = T_c^B[\boldsymbol{P}(m)] = [p_1^{Bc}(m)\ p_2^{Bc}(m)\ \cdots\ p_n^{Bc}(m)]^{\mathrm{T}} \tag{9-13}$$

$\forall i \in [1, n]$, $p_i^{Bc}(m) = T_c^B[p_i(m)]$。

设 $p_i(m) = p_i(m, j, k, l)$, $p_i^{Bc}(m) = p_i(m, j+1, k, l)$, 细菌觅食算法中细菌位置按照式 (9-14) 进行调整:

$$p_i(m, j+1, k, l) = p_i(m, j, k, l) + \text{Step} \times \varphi(i) \tag{9-14}$$

式中

$$\varphi(i) = \frac{p_i(m, j, k, l) - p_{\text{rand}}(m, j, k, l)}{\text{sqrt}\{[p_i(m, j, k, l) - p_{\text{rand}}(m, j, k, l)]^{\mathrm{T}} \times [p_i(m, j, k, l) - p_{\text{rand}}(m, j, k, l)]\}} \tag{9-15}$$

其中, $p_i(m, j, k, l)$ 表示细菌个体 i 当前的位置; j 表示细菌的第 j 次趋化算子; k 表示细菌第 k 次繁殖算子; l 表示细菌第 l 次迁徙算子; Step 表示细菌每次前进的步长; $\varphi(i)$ 表示细菌随机翻滚的方向; $p_{\text{rand}}(m, j, k, l)$ 为当前细菌个体 $p_i(m, j, k, l)$ 邻域内的一个随机位置。

在趋化算子中, 细菌的运动模式包括翻转和前进。细菌向任意方向移动单位步长定义为翻转算子, 当细菌 $p_i(m)$ 执行完一次翻转算子后, 即 $p_i^{Bc}(m) = T_c^B[p_i(m)]$, 如果 $p_i(m)$ 的适应度值没有得到改善, 即 $f[p_i^{Bc}(m)] > f[p_i(m)]$, 则跳出循环; 若 $p_i(m)$ 的适应度值得到改善, 即 $f[p_i^{Bc}(m)] < f[p_i(m)]$, 则种群个体沿同一方向继续移送若干步, 直到种群个体的适应度值不再改善或达到最大的移动步数, 此过程定义为前进算子。

繁殖算子 T_r^B 保证了细菌种群总体优良性能的提高, 使得群体向着最优的方向移动, 有利于达到全局最优。繁殖算子定义如下:

$$\boldsymbol{P}_r^B(m) = T_r^B[\boldsymbol{P}_c^B(m)] = [p_1^{Br}(m)\ p_2^{Br}(m)\ \cdots\ p_n^{Br}(m)]^{\mathrm{T}} \tag{9-16}$$

设执行完趋化算子细菌群体的适应度值为 $\boldsymbol{P}_c^B(m)_{\text{value}}$, 计算如下:

$$\boldsymbol{P}_c^B(m)_{\text{value}} = f[\boldsymbol{P}_c^B(m)] = \text{Length}[\text{PATH}_c^B(m)] \tag{9-17}$$

以 $\boldsymbol{P}_c^B(m)_{\text{value}}$ 为标准，得到适应度值较坏的半数细菌群体 $\boldsymbol{P}_c^B(m)_{\text{bad}}$ 和适应度值较好的半数细菌群体 $\boldsymbol{P}_c^B(m)_{\text{good}}$，且 $\boldsymbol{P}_c^B(m) = \boldsymbol{P}_c^B(m)_{\text{bad}} \cap \boldsymbol{P}_c^B(m)_{\text{good}}$。然后使适应度值较坏的半数细菌死亡，适应度值较好的半数细菌分裂成两个子细菌，得到 $\boldsymbol{P}_r^B(m)$，即 $\boldsymbol{P}_r^B(m) = [\boldsymbol{P}_c^B(m)_{\text{good}}\ \boldsymbol{P}_c^B(m)_{\text{good}}]$。

迁徙算子 T_e^B 产生的新个体与灭亡的个体一般具有不同的位置，对趋化算子可能产生一定的促进作用，因为迁徙算子随机生成的新个体可能更逼近食物源区域，这样更有利于趋化算子跳出局部最优解和寻找全局最优解。迁徙算子定义如式 (9-18)：

$$\boldsymbol{P}_e^B(m) = T_e^B[\boldsymbol{P}_r^B(m)] = [p_1^{Be}(m)\ p_2^{Be}(m)\ \cdots\ p_n^{Be}(m)]^{\mathrm{T}} \tag{9-18}$$

$\forall i \in [1,n]$，$p_i^{Be}(m) = T_e^B[p_i^{Br}(m)]$。在算法中，一些细菌个体以一定的概率死亡并随机产生新位置的细菌。设细菌个体的迁徙 (死亡) 概率为 p_e，如果 rand $< p_e$，细菌个体 $p_i^{Br}(m)$ 死亡，则 $p_i^{Be}(m) = p_{\text{rand}}(m)$，$p_{\text{rand}}(m)$ 为随机生成的新的细菌个体。表 9-5 表示基于细菌觅食优化的蚁群算法的具体实现流程。

表 9-5　基于细菌觅食优化的蚁群算法

算法: ACO
1: Begin
2: 初始化：细菌种群 $\boldsymbol{P}$；趋化次数 N_c；趋化的最大步数 N_s；步长 Step；繁殖次数 N_r；迁徙次数 N_e；迁徙概率 p_e；最大世代数 G_{max}。
3: $m = 1$
4: while $m <= G_{\text{max}}$ do
5: 　for $j = 1 : N_e$ do
6: 　　for $k = 1 : N_r$ do
7: 　　　for $l = 1 : N_c$ do
8: 　　　　while $i \leqslant n$ do
$\boldsymbol{P}_c^B(m) = T_c^B[\boldsymbol{P}(m)] = [p_1^{Bc}(m)\ p_2^{Bc}(m)\ \cdots\ p_n^{Bc}(m)]^{\mathrm{T}}$;
$i = i+1$;
9: 　　　　end
10: 　　　end
11: 　　　$\boldsymbol{P}_r^B(m) = T_r^B[\boldsymbol{P}_c^B(m)] = [p_1^{Br}(m)\ p_2^{Br}(m)\ \cdots\ p_n^{Br}(m)]^{\mathrm{T}}$
12: 　　end
13: 　　If rand$<Pe$
14: 　　　$\boldsymbol{P}_e^B(m) = T_e^B[\boldsymbol{P}_r^B(m)] = [p_1^{Be}(m)\ p_2^{Be}(m)\ \cdots\ p_n^{Be}(m)]^{\mathrm{T}}$
14: 　　end
15: 　end
16: 　$m = m + 1$;
17: end
18: end

图 9-8 所示为三组优化参数下蚁群算法获得的最优路径。从图中可以看出，应

用细菌觅食算法所获得的路径最短，说明细菌觅食算法所获得的参数最合理，能够使细菌觅食算法的性能达到最优。

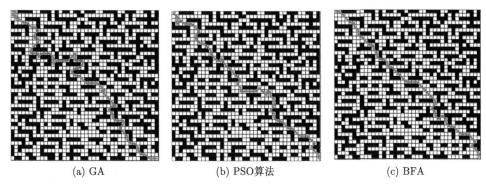

(a) GA　　　　　　　　　　(b) PSO算法　　　　　　　　　　(c) BFA

图 9-8　　不同参数组合下的最优路径

常见的全局路径规划算法性质如表 9-6 所示，各种算法在擅长环境、完备性、最优性、解算时间方面各有优劣，具体会根据需求进行选择。

表 9-6　　常见的全局路径规划算法性质

算法类型	代表算法	完备性	最优性	计算效率
基于搜索	Dijkstra，A*	完备	最优	$O(N\log N)$
基于采样	PRM，RRT	概率完备	非最优/渐近最优	$O(N)$
基于启发	GA，ACO	完备	非最优	$O(N^2)$

9.3　机器人轨迹规划策略

轨迹规划是机器人能够平滑与稳定运动的保证，在地图 (栅格地图、四/八叉树、RRT 地图等) 中进行路径规划后，得到的是一组可行域内的离散位置序列，不包括时间与机器人运动性能的约束，因此不能保证路径的平滑性。机器人在移动过程中需要考虑自身的结构限制、时间限制、速度限制等条件，才能进行顺畅的移动，并且能够对移动中出现的动态变化进行及时的反应以纠正运动状态。因此轨迹规划与轨迹跟踪控制是机器人能够进行自主导航的最后一个重要步骤。本节介绍两种典型的轨迹规划策略——最小振荡轨迹 [11,12](minimum snap trajectory) 和模型预测控制 [13](model predictive control, MPC)，分别对应了轨迹规划的整体控制与局部控制两种状态。

9.3.1　最小振荡轨迹

正如前面所述，路径搜索方法是为机器人取得了一条离散的无碰撞位置序列，其路径点分布状态与地图格式 (节点、栅格、Voronoi 图等) 有关，为了能更好地控制机器人运动，需要将离散而稀疏 (如 JPS 跳点法获得的路径点) 的路径点进行插值，生成适合于机器人行走的平滑曲线或者稠密轨迹点。图 9-9 所示为导航界面中由连续位姿坐标组成的平滑轨迹线，轨迹上的每一点都符合机器人的运动约束，每个位姿坐标按相同的时间间隔排布，可以看出在起点和终点位置处坐标稠密，表示在执行加速或减速运动 [14]。

图 9-9　导航界面中由连续位姿坐标组成的平滑轨迹线

最小振荡轨迹生成是进行路径点平滑的典型方法之一，其基本思想是通过对关键路径点施加位置 p、速度 v、加速度 a、jerk 与 Snap 的限制，采用多项式插值来获得一条满足移动机器人运动性能约束的平滑轨迹曲线，多用于高速无人机的运动规划当中，而在地面移动机器人中则少了 3 个自由度 (铅垂向、俯仰角、横滚角) 的约束，因此相较于无人机来说，地面移动机器人的优化函数形式相对简单，计算速度会更快。下面给出最小振荡轨迹生成的优化函数与二次规划 (quadratic programming，QP) 求解形式。

设机器人轨迹采用 n 阶多项式表示：

$$p(t) = p_0 + p_1 t + p_2 t^2 + \cdots + p_n t^n = \sum_{i=0}^{n} p_i t^i \tag{9-19}$$

式中，p_i 为轨迹参数，在 n 阶多项式中有 $n+1$ 项，轨迹参数可以进行向量化 $\boldsymbol{p} = [p_0, p_1, p_2, \cdots, p_n]^{\mathrm{T}}$。由式 (9-19) 可以看出，$p(t)$ 是关于时间的函数，之后可以通过求导得到任意时刻 t 的位置 p、速度 v、加速度 a、jerk、Snap 的向量化形式：

$$
\begin{cases}
p(t) = [1, t, t^2, \cdots, t^n] \cdot \boldsymbol{p} \\
v(t) = p'(t) = [0, 1, 2t, 3t^2, 4t^3, \cdots, nt^{n-1}] \cdot \boldsymbol{p} \\
a(t) = p''(t) = [0, 0, 2, 6t, 12t^2, \cdots, n(n-1)t^{n-2}] \cdot \boldsymbol{p} \\
\mathrm{jerk}(t) = p'''(t) = \left[0, 0, 0, 6, 24t, \cdots, \dfrac{n!}{(n-3)!}t^{n-3}\right] \cdot \boldsymbol{p} \\
\mathrm{Snap}(t) = p^{(4)}(t) = \left[0, 0, 0, 0, 0, \cdots, \dfrac{n!}{(n-4)!}t^{n-4}\right] \cdot \boldsymbol{p}
\end{cases}
\tag{9-20}
$$

当轨迹规划的关键路径点较多时，多项式的参数会增多，计算量也会大幅增长，为了减轻计算负担、加快求解速度，一般会通过时间分配将轨迹按照时间进行分段，每一段用一条三次或五次的多项式曲线表示：

$$
p(t) =
\begin{cases}
[1, t, t^2, \cdots, t^n] \cdot \boldsymbol{p}_1, & t_0 \leqslant t < t_1 \\
[1, t, t^2, \cdots, t^n] \cdot \boldsymbol{p}_2, & t_1 \leqslant t < t_2 \\
\qquad\qquad \vdots \\
[1, t, t^2, \cdots, t^n] \cdot \boldsymbol{p}_k, & t_{k-1} \leqslant t < t_k
\end{cases}
\tag{9-21}
$$

式中，k 为轨迹的段数；$\boldsymbol{p}_i = [p_{i0}, p_{i1}, p_{i2}, \cdots, p_{in}]^{\mathrm{T}}$ 是第 i 段轨迹的参数向量。轨迹规划的目的是求解一组满足一系列约束条件的 $\boldsymbol{p}_1$ 到 $\boldsymbol{p}_k$ 的轨迹多项式参数，但多项式矩阵并不满秩，满足条件的轨迹有无数条，因此需要构建一个优化函数 $f(\boldsymbol{p})$，在可行的轨迹与限制中找出最优轨迹。设定起点和终点在内的 $k+1$ 个路径点、初始速度 v_0 和加速度 a_0、终点速度 v_{e}、加速度 a_{e} 以及总时间 T。则轨迹可划分为 k 段，计算每段距离，并将时间 T 按距离平均分配，得到时间序列 t_0，$t_1, \cdots, t_k$。对 x, y 维度单独规划轨迹。则 Minimum Snap 的优化函数 J 为

$$
\begin{aligned}
\min J &= \min \int_0^{\mathrm{T}} [p^{(4)}(t)]^2 \mathrm{d}t = \min \sum_{i=1}^{k} \int_{t_{i-1}}^{t_i} [p^{(4)}(t)]^2 \mathrm{d}t \\
&= \min \sum_{i=1}^{k} \boldsymbol{p}^{\mathrm{T}} \int_{t_{i-1}}^{t_i} \left[0, 0, 0, 6, 24t, \cdots, \frac{n!}{(n-4)!}t^{n-4}\right]^{\mathrm{T}} \\
&\quad \cdot \left[0, 0, 0, 6, 24t, \cdots, \frac{n!}{(n-4)!}t^{n-4}\right] \mathrm{d}t \cdot \boldsymbol{p} \\
&= \min \sum_{i=1}^{k} \boldsymbol{p}^{\mathrm{T}} \boldsymbol{Q}_i \boldsymbol{p}
\end{aligned}
\tag{9-22}
$$

式中

$$\boldsymbol{Q}_i = \int_{t_{i-1}}^{t_i} \left[0, 0, 0, 6, 24t, \cdots, \frac{n!}{(n-4)!}t^{n-4} \right]^{\mathrm{T}} \left[0, 0, 0, 6, 24t, \cdots, \frac{n!}{(n-4)!}t^{n-4} \right] \mathrm{d}t$$

$$= \begin{bmatrix} 0_{4\times4} & & 0_{4\times(n-3)} \\ 0_{(n-3)\times4} & \dfrac{r!}{(r-4)!}\dfrac{c!}{(c-4)!}\dfrac{1}{(r-4)+(c-4)+1}\left(t_i^{r+c-7} - t_{i-1}^{r+c-7}\right) \end{bmatrix}$$

$$(9\text{-}23)$$

r, c 分别为矩阵的行索引和列索引，索引从 0 开始，即第一行 $r = 0$。则参数矩阵 $\boldsymbol{Q}$ 表示为 $\boldsymbol{Q} = \mathrm{diag}\{\boldsymbol{Q}_1, \boldsymbol{Q}_2, \cdots, \boldsymbol{Q}_k\}$，由此可将优化问题转化成 QP 问题。

为了构成一个等式约束，可以设定某一个点的位置、速度、加速度或者其他限定条件为一个特定的值，例如，起始点的 p_0、v_0、a_0：

$$p_0 = \left[1, t_0, t_0^2, \cdots, t_0^n, \underbrace{0\cdots0}_{(k-1)(n+1)} \right] \cdot \boldsymbol{p}$$

$$v_0 = \left[0, 1, 2t_0, \cdots, nt_0^{n-1}, \underbrace{0\cdots0}_{(k-1)(n+1)} \right] \cdot \boldsymbol{p} \qquad (9\text{-}24)$$

$$a_0 = \left[0, 0, 2, \cdots, n(n-1)t_0^{n-2}, \underbrace{0\cdots0}_{(k-1)(n+1)} \right] \cdot \boldsymbol{p}$$

相邻段之间的位置、速度、加速度连续也可以构成一个等式约束，例如，第 i、$i+1$ 段的位置连续构成的等式约束如式 (9-25) 所示，速度、加速度约束类似。

$$\left[\underbrace{0\cdots0}_{(i-1)(n+1)}, 1, t_i, \cdots, t_i^n, -1, -t_0, \cdots, -t_i^n, \underbrace{0\cdots0}_{(k-i+1)(n+1)} \right] \cdot \boldsymbol{p} = 0 \qquad (9\text{-}25)$$

合并所有等式约束，可以得到 $\boldsymbol{Ap} = \boldsymbol{d}$ 的形式，展开后的形式如式 (9-26) 所示，其等式约束个数 $4k+2$ 等于起终点位置 p、速度 v、加速度 a(6 个)，$k-1$ 个中间点 p_i，$3(k-1)$ 个中间点位置 p、速度 v、加速度 a 连续约束之和。

$$
\cdot \boldsymbol{p} =
\begin{bmatrix}
1, t_0, \cdots, t_0^n, \underbrace{0 \cdots 0}_{(k-1)(n+1)} \\[4pt]
0, 1, 2t_0, \cdots, nt_0^{n-1}, \underbrace{0 \cdots 0}_{(k-1)(n+1)} \\[4pt]
0, 0, 2, \cdots, n(n-1)t_0^{n-2}, \underbrace{0 \cdots 0}_{(k-1)(n+1)} \\[4pt]
\vdots \\[4pt]
\underbrace{0 \cdots 0}_{(i-1)(n+1)}, 1, t_i, \cdots, t_i^n, \underbrace{0 \cdots 0}_{(k-i+1)(n+1)} \\[4pt]
\vdots \\[4pt]
\underbrace{0 \cdots 0}_{(k-1)(n+1)}, 1, t_k, \cdots, t_k^n \\[4pt]
\underbrace{0 \cdots 0}_{(k-1)(n+1)}, 0, 1, 2t_0, \cdots, nt_k^{n-1} \\[4pt]
\underbrace{0 \cdots 0}_{(k-1)(n+1)}, 0, 0, 2, \cdots, n(n-1)t_k^{n-2} \\[4pt]
\underbrace{0 \cdots 0}_{(i-1)(n+1)}, 1, t_i, \cdots, t_i^n, -1, -t_0, \cdots, -t_i^n, \underbrace{0 \cdots 0}_{(k-i+1)(n+1)} \\[4pt]
\underbrace{0 \cdots 0}_{(i-1)(n+1)}, 0, 1, 2t_i, \cdots, nt_i^{n-1}, 0, -1, -2t_0, \cdots, -nt_i^{n-1}, \underbrace{0 \cdots 0}_{(k-i+1)(n+1)} \\[4pt]
\underbrace{0 \cdots 0}_{(i-1)(n+1)}, 0, 0, 2, \cdots, \frac{n!}{(n-2)!}t_i^{n-2}, 0, 0, -2, \cdots, -\frac{n!}{(n-2)!}t_i^{n-2}, \underbrace{0 \cdots 0}_{(k-i+1)(n+1)}
\end{bmatrix}_{(4k+2)\times(n+1)k}
$$

$$
\begin{bmatrix}
p_0 \\
v_0 \\
a_0 \\
\vdots \\
p_0 \\
\vdots \\
p_k \\
v_k \\
a_k \\
0 \\
0 \\
0
\end{bmatrix}
\tag{9-26}
$$

QP 问题一般采用迭代的方式进行求解, 但在 QP 问题存在闭式解 (Close Form) 的情况下, 闭式求解效率要比迭代求解快很多, 只采用矩阵运算就可以直接求解, 不需要迭代优化的过程。在轨迹规划问题中, 如果 QP 解析式中只有等式约束没有不等式约束，那么是可以闭式求解的 [13]。闭式求解将等式约束 $\boldsymbol{Ap} = \boldsymbol{d}$ 转换为 $\boldsymbol{p} = \boldsymbol{A}^{-1}\boldsymbol{d}$ 的形式，主要计算量在 $\boldsymbol{A}$ 矩阵的求逆运算中，所以效率比较高。闭式求解需要构建分段 QP 等式约束，将 $\boldsymbol{Ap} = \boldsymbol{d}$ 分解到每段曲线，构造成如下形式：

$$\boldsymbol{A}_i\boldsymbol{p}_i = \boldsymbol{d}_i, \quad \boldsymbol{A}_i = [\boldsymbol{A}_0 \ \boldsymbol{A}_t]_i^{\mathrm{T}}, \quad \boldsymbol{d}_i = [\boldsymbol{d}_0 \ \boldsymbol{d}_t]_i \tag{9-27}$$

式中，$\boldsymbol{d}_0$，$\boldsymbol{d}_t$ 为第 i 段曲线起点和终点的各阶导数组成的向量，例如，只有位置、速度、加速度的向量组为 $\boldsymbol{d}_0 = [p_0, v_0, a_0]^{\mathrm{T}}$，合并各段轨迹的约束方程得到：

$$\underbrace{\boldsymbol{A}}_{k(n+1)\times 6k}\begin{bmatrix}\boldsymbol{p}_1 \\ \vdots \\ \boldsymbol{p}_k\end{bmatrix} = \begin{bmatrix}\boldsymbol{d}_1 \\ \vdots \\ \boldsymbol{d}_k\end{bmatrix} = [p_1(t_0) \ v_1(t_0) \ a_1(t_0) \ \cdots \ p_1(t_k) \ v_1(t_k) \ a_1(t_k)]_{1\times 6k}^{\mathrm{T}}$$

$$\tag{9-28}$$

k 为轨迹段数；n 为轨迹的阶数。假设只考虑位置 p、速度 v 和加速度 a 三个约束量，$\boldsymbol{A}$ 的阶数为 $(n_{\mathrm{order}} + 1)k \times 6k$，并且矩阵中元素均是已知参数，因此只需要将向量 $\boldsymbol{d}$ 中的变量分开为已知 (Known) $\boldsymbol{d}_{\mathrm{K}}$ 和未知 (Unknown) $\boldsymbol{d}_{\mathrm{U}}$ 两部分，根据对应的映射矩阵求得 $\boldsymbol{d}_{\mathrm{U}}$，从而获得向量 $\boldsymbol{d}$。在推导过程中，对时间戳进行了简化，没有考虑置零操作；一般在工程应用中，为了避免时间戳太大引起数值溢出，需要将每段曲线开始的时间戳都归 0。

连续性约束是保证轨迹平滑的重要约束之一，而上面构造等式约束时，并没有加入连续性约束，而是类似于主成分分析 (PCA) 中的降维功能，通过映射矩阵 $\boldsymbol{M}$，将向量 $\boldsymbol{d}$ 中重复的变量消除掉，其具体形式为

$$\boldsymbol{d} = \boldsymbol{M}\boldsymbol{d}' = \underbrace{\begin{bmatrix}\boldsymbol{d}_1 \\ \vdots \\ \boldsymbol{d}_k\end{bmatrix}}_{6k\times 1} = \underbrace{\begin{bmatrix}1 \\ & 1 \\ & & 1 \\ & & & 1 \\ & & & & 1 \\ & & & & & 1 \\ & & & & & & 1 \\ & & & & & & & 1 \\ & & & & & & & & 1 \\ & & & & & & & & & \ddots \\ & & & & & & & & & & 1 \\ & & & & & & & & & & & 1 \\ & & & & & & & & & & & & 1\end{bmatrix}}_{\boldsymbol{M}}\underbrace{\begin{bmatrix}p(t_0) \\ v(t_0) \\ a(t_0) \\ p(t_1) \\ v(t_1) \\ a(t_1) \\ p(t_2) \\ v(t_2) \\ a(t_2) \\ \vdots \\ p(t_k) \\ v(t_k) \\ a(t_k)\end{bmatrix}}_{3(k+1)\times 1} \tag{9-29}$$

得到精简的向量 d' 之后，通过左乘一个置换矩阵 $\boldsymbol{\Omega}$ 将其中的已知部分 d_{K} 和未知部分 d_{U} 分离：

$$d' = \boldsymbol{\Omega} \left[\begin{array}{c} d_{\mathrm{K}} \\ d_{\mathrm{U}} \end{array} \right] \tag{9-30}$$

将式 (9-29)、式 (9-30) 代入闭式求解的基本公式 $\boldsymbol{p} = \boldsymbol{A}^{-1}\boldsymbol{d}$ 中整理得到

$$\boldsymbol{p} = \boldsymbol{A}^{-1}\boldsymbol{d} = \boldsymbol{A}^{-1}\boldsymbol{M}\boldsymbol{d}' = \boldsymbol{A}^{-1}\boldsymbol{M}\boldsymbol{\Omega} \left[\begin{array}{c} d_{\mathrm{K}} \\ d_{\mathrm{U}} \end{array} \right] = \boldsymbol{\Theta} \left[\begin{array}{c} d_{\mathrm{K}} \\ d_{\mathrm{U}} \end{array} \right] \tag{9-31}$$

将式 (9-31) 代入优化函数 $\min J = \min \boldsymbol{p}^{\mathrm{T}}\boldsymbol{Q}\boldsymbol{p}$，注意，$\boldsymbol{Q}$ 为对称矩阵，因此 $\boldsymbol{\Sigma}$ 也为对称矩阵：

$$\begin{aligned} J &= \left[\begin{array}{c} d_{\mathrm{K}} \\ d_{\mathrm{U}} \end{array} \right]^{\mathrm{T}} \underbrace{\boldsymbol{\Theta}^{\mathrm{T}}\boldsymbol{Q}\boldsymbol{\Theta}}_{\boldsymbol{\Sigma}} \left[\begin{array}{c} d_{\mathrm{K}} \\ d_{\mathrm{U}} \end{array} \right] = \left[\begin{array}{c} d_{\mathrm{K}} \\ d_{\mathrm{U}} \end{array} \right]^{\mathrm{T}} \left[\begin{array}{cc} \boldsymbol{\Sigma}_{\mathrm{KK}} & \boldsymbol{\Sigma}_{\mathrm{KU}} \\ \boldsymbol{\Sigma}_{\mathrm{UK}} & \boldsymbol{\Sigma}_{\mathrm{UU}} \end{array} \right] \left[\begin{array}{c} d_{\mathrm{K}} \\ d_{\mathrm{U}} \end{array} \right] \\ &= d_{\mathrm{K}}^{\mathrm{T}}\boldsymbol{\Sigma}_{\mathrm{KK}}d_{\mathrm{K}} + d_{\mathrm{K}}^{\mathrm{T}}\boldsymbol{\Sigma}_{\mathrm{KU}}d_{\mathrm{U}} + d_{\mathrm{U}}^{\mathrm{T}}\boldsymbol{\Sigma}_{\mathrm{UK}}d_{\mathrm{K}} + d_{\mathrm{U}}^{\mathrm{T}}\boldsymbol{\Sigma}_{\mathrm{UU}}d_{\mathrm{U}} \\ &= d_{\mathrm{K}}^{\mathrm{T}}\boldsymbol{\Sigma}_{\mathrm{KK}}d_{\mathrm{K}} + 2d_{\mathrm{K}}^{\mathrm{T}}\boldsymbol{\Sigma}_{\mathrm{KU}}d_{\mathrm{U}} + d_{\mathrm{U}}^{\mathrm{T}}\boldsymbol{\Sigma}_{\mathrm{UU}}d_{\mathrm{U}} \end{aligned} \tag{9-32}$$

令优化函数 J 对 d_{U} 求导数等于 0 可得到极值点，即得到优化函数的最优值：

$$\begin{aligned} \frac{\partial J}{\partial d_{\mathrm{U}}} &= 2d_{\mathrm{K}}^{\mathrm{T}}\boldsymbol{\Sigma}_{\mathrm{KU}} + 2d_{\mathrm{U}}^{\mathrm{T}}\boldsymbol{\Sigma}_{\mathrm{UU}}d_{\mathrm{U}} = 0 \\ &\Rightarrow d_{\mathrm{U}} = -\boldsymbol{\Sigma}_{UU}^{-1}\boldsymbol{\Sigma}_{\mathrm{KU}}^{\mathrm{T}}d_{K} \end{aligned} \tag{9-33}$$

至此，得出了未知向量 d_{U} 的值，从而可以采用闭式解的方式计算出参数向量 $\boldsymbol{p}$。虽然闭式解计算效率高，但并没有考虑到不等式约束来限制位置 p、速度 v、加速度 a 等最优解的数值，在复杂情境下会出现 "反常规" 的异常轨迹导致规划失败，所以在规划时遇到不合理的中间点只能加强约束 (等式约束)；并且空间可行通道约束也不能直接加到 QP 问题中，在遇到轨迹超出可行区间时，只能通过将异常点位置压入可行区间中的方式来实现轨迹再优化。

在 MATLAB 2016b 中对最小振荡轨迹生成策略进行了模拟，选定 $(0,0)$、$(1,2)$、$(3,3)$、$(4,6)$、$(5,2)$ 共 5 个坐标作为途径的路径点，给定起点与终点处的初始速度 v、加速度 a 均为 0；给定总执行时间 $T=5$ s，且平均分配每段轨迹的时间；采用 5 阶多项式作为轨迹插值曲线，采用闭式求解的方式。导航轨迹计算可以在毫秒级内 (0.054 s) 完成，计算结果如图 9-10 所示。图 9-10 (a) 所示为规划出的平滑轨迹线，该轨迹满足机器人对运动学中位置 p、速度 v、加速度 a、jerk

的约束。图 9-10 (b) 所示为平面轨迹中两个方向上各个运动参数的变化曲线，可以看出各参数变化平滑，没有发生突变、振荡以及出现不可导的情况，保证了电机安全与平顺地运转，避免了冲击与振荡，这也是最小振荡轨迹规划的优势所在。

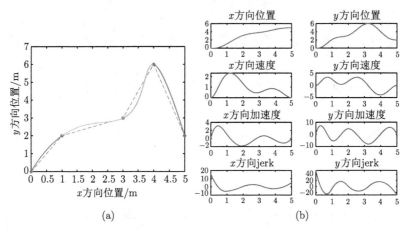

(a)   (b)

图 9-10　最小振荡轨迹方法生成的运动轨迹图及运动参数变化

9.3.2　模型预测控制

模型预测控制 (MPC) 是利用系统的模型通过最小化目标函数来获得最优控制序列的一种最优控制策略。一般具有三个步骤：预测模型、滚动优化与反馈校正。可以利用一个已知的模型、系统的当前状态和未来的控制参量去预测系统的未来输出。MPC 算法在路径规划过程中常作为轨迹跟踪模块 (trajectory tracking controller，以下简称为 MPC-TT 算法) 来对未来的变化进行预测调整，以保证机器人运动轨迹的连续性与稳定性。

由第 3 章可知，差速运动模型是非线性的优化问题。虽然非线性模型预测控制 (NMPC) 已经得到了很好的发展，但所需的计算量远高于线性 MPC 算法。因此为了提高效率，可以将非线性优化问题离散化后，转变为连续线性优化问题，以控制输入为决策变量，将优化问题转化为 QP 问题来优化。QP 问题可以通过数值鲁棒求解器来求解，从而得到全局最优解。

根据一般差动模型的动力学公式可知

$$\dot{\boldsymbol{\zeta}}_{\text{in}} = f(\boldsymbol{\zeta}_{\text{in}}, \boldsymbol{u}_{\text{in}}) \tag{9-34}$$

式中，$\boldsymbol{\zeta}_{\text{in}} \triangleq [x\ y\ \theta]^{\mathrm{T}}$ 表示在世界坐标系下的车体中心的参数；$\boldsymbol{u}_{\text{in}} = [v\ w]^{\mathrm{T}}$ 表示输入的控制量，v 和 w 分别是机器人线速度与角速度。通过计算车辆的误差模型得到线性模型，其移动轨迹 $\boldsymbol{\zeta}_r, \boldsymbol{u}_r$ 可表示为

$$\dot{\boldsymbol{\zeta}}_r = f(\boldsymbol{\zeta}_r, \boldsymbol{u}_r) \tag{9-35}$$

在 $(\boldsymbol{\zeta}_r, \boldsymbol{u}_r)$ 处对式 (9-35) 进行泰勒级数展开，抛弃高阶项后可得

$$\dot{\boldsymbol{\zeta}}_{\text{in}} = f(\boldsymbol{\zeta}_r, \boldsymbol{u}_r) + \frac{\partial f(\boldsymbol{\zeta}_{\text{in}}, \boldsymbol{u}_{\text{in}})}{\partial \boldsymbol{\zeta}_{\text{in}}}\bigg|_{\substack{\boldsymbol{\zeta}_{\text{in}}=\boldsymbol{\zeta}_r \\ \boldsymbol{u}_{\text{in}}=\boldsymbol{u}_r}} (\boldsymbol{\zeta}_{\text{in}} - \boldsymbol{\zeta}_r) + \frac{\partial f(\boldsymbol{\zeta}_{\text{in}}, \boldsymbol{u}_{\text{in}})}{\partial \boldsymbol{u}_{\text{in}}}\bigg|_{\substack{\boldsymbol{\zeta}_{\text{in}}=\boldsymbol{\zeta}_r \\ \boldsymbol{u}_{\text{in}}=\boldsymbol{u}_r}} (\boldsymbol{u}_{\text{in}} - \boldsymbol{u}_r)$$

$$(9\text{-}36)$$

为了便于推导，式 (9-36) 可简化表示为

$$\dot{\boldsymbol{\zeta}} = f(\boldsymbol{\zeta}_r, \boldsymbol{u}_r) + f_{\boldsymbol{\zeta},r} (\boldsymbol{\zeta} - \boldsymbol{\zeta}_r) + f_{\boldsymbol{u},r} (\boldsymbol{u} - \boldsymbol{u}_r) \tag{9-37}$$

式中，$f_{\boldsymbol{\zeta},r}$ 和 $f_{\boldsymbol{u},r}$ 是优化函数 f 分别关于 $\boldsymbol{\zeta}_{\text{in}}$ 和 $\boldsymbol{u}_{\text{in}}$ 在点 $(\boldsymbol{\zeta}_r, \boldsymbol{u}_r)$ 处的雅可比矩阵，将式 (9-34) 与式 (9-35) 作差后可得

$$\dot{\tilde{\boldsymbol{\zeta}}} = f_{\boldsymbol{\zeta},r}\tilde{\boldsymbol{\zeta}} + f_{\boldsymbol{u},r}\tilde{\boldsymbol{u}} \tag{9-38}$$

式中，$\tilde{\boldsymbol{\zeta}} \triangleq \boldsymbol{\zeta} - \boldsymbol{\zeta}_r$ 表示相对于车体参考系的扰动；$\tilde{\boldsymbol{u}} \triangleq \boldsymbol{u} - \boldsymbol{u}_r$ 表示输入控制扰动。对进行 $\dot{\boldsymbol{\zeta}}$ 前向差分，得到了如下离散系统模型，其中 T 为采样周期，t 为采样时间：

$$\begin{cases} \tilde{\boldsymbol{\zeta}}(t+1) = \boldsymbol{A}(t)\,\tilde{\boldsymbol{\zeta}}(t) + \boldsymbol{B}(t)\,\tilde{\boldsymbol{u}}(t) \\[2mm] \boldsymbol{A}(t) \triangleq \begin{bmatrix} 1 & 0 & -v_r(t)\sin\theta_r(t)T \\ 0 & 1 & v_r(t)\cos\theta_r(t)T \\ 0 & 0 & 1 \end{bmatrix} \\[6mm] \boldsymbol{B}(t) \triangleq \begin{bmatrix} \cos\theta_r(t)T & 0 \\ \sin\theta_r(t)T & 0 \\ 0 & T \end{bmatrix} \end{cases} \tag{9-39}$$

为了实现预测模型的功能，首先将要最小化的目标函数定义为状态和控制输入的二次函数：

$$\Psi(t) = \sum_{i=1}^{N} \tilde{\boldsymbol{\zeta}}^{\text{T}}(t+i\,|t)\boldsymbol{Q}\tilde{\boldsymbol{\zeta}}(t+i\,|t) + \tilde{\boldsymbol{u}}^{\text{T}}(t+i-1\,|t)\boldsymbol{R}\tilde{\boldsymbol{u}}(t+i-1\,|t) \tag{9-40}$$

式中，N 表示预测范围；$\boldsymbol{Q}$ 和 $\boldsymbol{R}$ 为权重矩阵，且 $\boldsymbol{Q} \geqslant 0$，$\boldsymbol{R} \geqslant 0$。令 $a(m\,|n)$ 表示在 n 时刻预测 m 时刻 a 的值。因此优化函数可以表示为找到一组参数 $\tilde{\boldsymbol{u}}^{\Theta}$，使得优化函数取得最小值：

$$\tilde{\boldsymbol{u}}^{\Theta} = \underset{\tilde{\boldsymbol{u}}}{\arg\min}\{\Psi(t)\} \tag{9-41}$$

由于式 (9-40) 最小化问题可以在每个时间步骤 t 中分别解决，因此产生了一个最优解序列 $\{\tilde{\boldsymbol{u}}^{\Theta}(t\,|t), \cdots, \tilde{\boldsymbol{u}}^{\Theta}(t+N-1\,|t)\}$ 和一个最优成本 $\Psi^{\Theta}(t)$。并可以得出 MPC 控制系统的一次单位时间中的 $\tilde{\boldsymbol{u}}^{\Theta}(t\,|t)$ 控制模型，如图 9-11 所示。

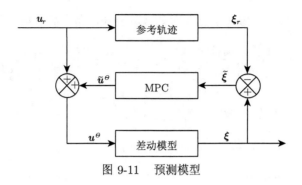

图 9-11　预测模型

为了将优化问题转化为更容易计算的 QP 形式，需要对以上优化函数进行改写，引入时间迭代向量：

$$\bar{\boldsymbol{\zeta}}(t+1) \triangleq \begin{bmatrix} \tilde{\boldsymbol{\zeta}}(t+1\,|\,t) \\ \tilde{\boldsymbol{\zeta}}(t+2\,|\,t) \\ \vdots \\ \tilde{\boldsymbol{\zeta}}(t+N\,|\,t) \end{bmatrix}, \quad \bar{\boldsymbol{u}}(t+1) \triangleq \begin{bmatrix} \tilde{\boldsymbol{u}}(t\,|\,t) \\ \tilde{\boldsymbol{u}}(t+1\,|\,t) \\ \vdots \\ \tilde{\boldsymbol{u}}(t+N-1\,|\,t) \end{bmatrix} \tag{9-42}$$

将式 (9-40) 改写为

$$\begin{cases} \boldsymbol{\Psi}(t) = \bar{\boldsymbol{\zeta}}^{\mathrm{T}}(t+1)\,\bar{\boldsymbol{Q}}\bar{\boldsymbol{\zeta}}(t+1) + \bar{\boldsymbol{u}}^{\mathrm{T}}(t)\,\bar{\boldsymbol{R}}\bar{\boldsymbol{u}}(t) \\ \bar{\boldsymbol{Q}} \triangleq \mathrm{diag}\{\boldsymbol{Q},\cdots,\boldsymbol{Q}\}, \quad \bar{\boldsymbol{R}} = \mathrm{diag}\{\boldsymbol{R},\cdots,\boldsymbol{R}\} \end{cases} \tag{9-43}$$

因此可以将式 (9-39) 扩展至一组预测时间 $\bar{\boldsymbol{\zeta}}(t+1)$ 内的滚动优化形式：

$$\begin{cases} \bar{\boldsymbol{\zeta}}(t+1) = \bar{\boldsymbol{A}}(t)\,\bar{\boldsymbol{\zeta}}(t) + \bar{\boldsymbol{B}}(t)\,\bar{\boldsymbol{u}}(t) \\ \bar{\boldsymbol{A}}(t) \triangleq \begin{bmatrix} \boldsymbol{A}(t\,|\,t) \\ \boldsymbol{A}(t\,|\,t)\boldsymbol{A}(t+1\,|\,t) \\ \vdots \\ \varepsilon(t,0) \end{bmatrix} \\ \bar{\boldsymbol{B}}(t) \triangleq \begin{bmatrix} \boldsymbol{B}(t\,|\,t) & \boldsymbol{0} & \cdots & \boldsymbol{0} \\ \boldsymbol{A}(t+1\,|\,t)\boldsymbol{B}(t\,|\,t) & \boldsymbol{B}(t+1\,|\,t) & \cdots & \boldsymbol{0} \\ \vdots & \vdots & & \vdots \\ \varepsilon(t,1)\boldsymbol{B}(t\,|\,t) & \varepsilon(t,2)\boldsymbol{B}(t+1\,|\,t) & \cdots & \boldsymbol{B}(t+N-1\,|\,t) \end{bmatrix} \\ \varepsilon(k,j) \triangleq \prod_{i=j}^{N-1} \boldsymbol{A}(k+i\,|\,k) \end{cases}$$

$$\tag{9-44}$$

根据式 (9-43) 和式 (9-44) 可将式 (9-40) 整理成标准二次规划 (QP) 目标函数，其中矩阵 $\boldsymbol{H}$ 为正的黑塞矩阵 (Hessian Matrix)，它描述了目标函数的二次部分。向量 $\boldsymbol{f}$ 描述了函数的线性部分。向量 $\boldsymbol{d}$ 独立于 $\tilde{\boldsymbol{u}}$ 且与 $\tilde{\boldsymbol{u}}^{\Theta}$ 的确定无关。

$$
\begin{cases}
\varPsi(t) = \dfrac{1}{2}\bar{\boldsymbol{u}}^{\mathrm{T}}(t)\,\boldsymbol{H}(t)\,\bar{\boldsymbol{u}}(t) + \boldsymbol{f}^{\mathrm{T}}(t)\,\bar{\boldsymbol{u}}(t) + \boldsymbol{d}(t) \\[2mm]
\boldsymbol{H}(t) \triangleq 2\left(\bar{\boldsymbol{B}}^{\mathrm{T}}(t)\,\bar{\boldsymbol{Q}}\bar{\boldsymbol{B}}(t) + \bar{\boldsymbol{R}}\right) \\[2mm]
\boldsymbol{f}(t) \triangleq 2\bar{\boldsymbol{B}}^{\mathrm{T}}(t)\,\bar{\boldsymbol{Q}}\bar{\boldsymbol{A}}(t)\,\tilde{\boldsymbol{\xi}}(t\,|\,t) \\[2mm]
\boldsymbol{d}(t) \triangleq \tilde{\boldsymbol{\xi}}^{\mathrm{T}}(t\,|\,t)\,\bar{\boldsymbol{A}}^{\mathrm{T}}(t)\,\bar{\boldsymbol{Q}}\bar{\boldsymbol{A}}(t)\,\tilde{\boldsymbol{\xi}}(t\,|\,t)
\end{cases}
\tag{9-45}
$$

至此，获得了 MPC 在非完整约束的差速运动模型中的轨迹跟踪问题的优化函数，并给出了用标准 QP 方法求解优化问题的方法。

9.4 机器人自主避障方案

机器人自主导航系统中的轨迹规划 (局部规划) 算法绝大部分都是在速度空间中采样多组速度，并模拟这些速度在一定时间内的运动轨迹，再通过一个评价函数对这些轨迹打分，最后选择最优的轨迹及速度发送给下位机，即实现自主规避障碍的功能。因此对于移动机器人来说，如何确定障碍物是实现避障策略的重要前提，本节先后介绍机器人进行避障时可以选用的传感器以及常用的避障控制算法。

9.4.1 移动机器人避障常用传感器

1. 激光测距传感器

激光测距传感器利用激光来测量到被测物体的距离或者被测物体的位移等参数。比较常用的测距方法是由脉冲激光器发出持续时间极短的脉冲激光，经过待测距离后射到被测目标，回波返回，由光电探测器接收。根据主波信号和回波信号之间的间隔，即激光脉冲从激光器到被测目标之间的往返时间，就可以算出待测目标的距离，也就是 TOF(Time of Flight) 原理。由于光速很快，在测小距离时光束往返时间极短，因此这种方法不适合测量精度要求很高 (亚毫米级别) 的距离。

机械激光雷达使用机械部件旋转来改变激光发射器的发射角度，将多束激光点均匀地撒播在一个放射性圆锥环上，可以对周围环境进行成像。它是最早开始研发的一种激光雷达，成本较低，大多数无人驾驶公司使用的都是机械激光雷达。图 9-12 为知名雷达厂商 Velodyne 公司生产的机械激光雷达拆解图。

图 9-12　Velodyne 公司生产的机械激光雷达

MEMS 全称 Micro-Electro-Mechanical System，是将原本激光雷达的机械结构通过微电子技术集成到硅基芯片上。本质上 MEMS 激光雷达是一种混合固态激光雷达，并没有做到完全取消机械结构。但相比于机械式的旋转机构，固态雷达的机械结构使用寿命要更长。图 9-13 为固态激光雷达成像原理。

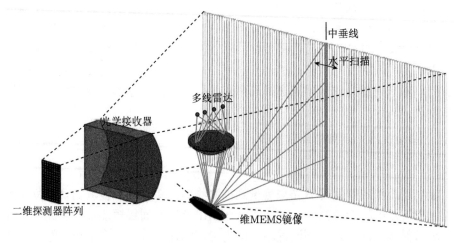

图 9-13　固态激光雷达成像原理

2. 视觉传感器

视觉传感器的优点是探测范围广、获取信息丰富，实际应用中常使用多个视觉传感器或者与其他传感器配合使用，通过一定的算法可以得到物体的形状、距离、速度等诸多信息。或是利用一个摄像机的序列图像来计算目标的距离和速度，还可采用 SSD 算法，根据一个镜头的运动图像来计算机器人与目标的相对位移。如果采用双目相机还可以模拟人眼的效果，进行深度与距离的探测，在图像分割、目标识别与避障中发挥着重要作用。但在图像处理中,边缘锐化、特征提取等图像处理方法计算量大、实时性差,对处理器要求高。而且视觉测距法检测不能检测到玻璃等透明障碍物的存在,另外受视场光线强弱、烟雾的影响很大。一般相机在煤矿灾害环境中需要搭配主动光源才能进行正常工作,也可采用免光源或弱光源的红外相机,但由于采集的图像为灰度图,因此不适合用来进行避障工作。

近年来出现了一种新兴的视觉传感器——双目相机,成像原理类似于人的双眼,如图 9-14 所示,通过左右相机的拍摄图像的差异 (视差) 来确定距离,这种差异与物体的远近距离成反比。对相机镜头标定可以得到畸变参数和相机基线距离、焦距等参数,那么就可以利用视差来计算出物体的距离,即保存了图像的深度信息。但由于双目成像非常依赖物体表面的纹理,对具有单一纹理的煤矿结构化巷道适应性不佳;且由于双目成像基于三角法原理,随着距离的增加误差呈非线性增长,因此仅适合在近距离避障条件下使用。

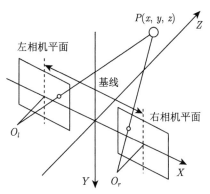

图 9-14 双目相机成像原理

3. 红外传感器

大多数红外传感器测距都是基于三角测量原理。红外发射器按照一定的角度发射红外光束,当遇到物体以后,光束会反射回来,如图 9-15 所示。反射回来的红外光线被 CCD 检测器检测到以后,会获得一个偏移距 L,利用三角关系,在知道了发射角度 α、偏移距 L、中心矩 X 以及滤镜的焦距 f 以后,传感器到物体的距离 D 就可以通过几何关系计算出来。红外传感器的优点是不受可见光影响,白天黑夜均可测量,角度灵敏度高、结构简单、价格较便宜,可以快速感知物体的存在,但测量时受环境影响很大,物体的颜色、方向、周围的光线都能导致测量误差,测量不够精确。因此在矿用搜救机器人上该传感器仅作为应急避障的冗余措施之一。

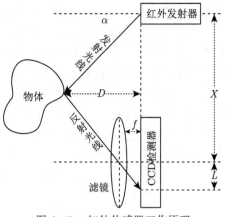

图 9-15   红外传感器工作原理

4. 超声波传感器

图 9-16 为超声波传感器测距原理示意图。与激光测距传感器原理一致，超声波传感器是测出发出超声波至再检测到发出的超声波的时间差，同时根据声速计算出物体的距离。由于超声波在空气中的速度与温湿度有关，在比较精确的测量中，需把温湿度的变化和其他因素考虑进去。超声波传感器一般作用距离较短，普通的有效探测距离都在 5~10 m，但是会有一个最小探测盲区，一般在几十毫米。由于超声波传感器的成本较低，实现方法简单，技术成熟，是移动机器人中常用的传感器。但超声波不具备穿透性，因此在需要防爆密闭的矿用搜救机器人中并不能直接使用，需要选用适于防爆区域专用的型号。

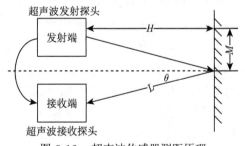

图 9-16   超声波传感器测距原理

5. 毫米波雷达

毫米波雷达是工作在毫米波波段 (millimeter wave) 的探测雷达。工作频段一般为 30~ 300 GHz，波长 1~10 mm，介于微波和厘米波之间，兼具有微波雷达和光电雷达的一些优点。毫米波雷达相比厘米波雷达具有体积小、易集成和空间分辨率高的特点。毫米波雷达利用高频电路产生特定调制频率 (FMCW) 的电磁波，并通过天线发送电磁波和接收从目标反射回来的电磁波，通过发送和接收电磁波的参数来计算目标的各个参数。可以同时对多个目标进行测距、测速以及方位测量；测速是根据多普勒效应，而方位测量 (包括水平角度和垂直角度) 是通过天线的阵列方式来实现的。相比于摄像头和激光雷达，毫米波雷达的优势在于全天候、全天时工作特性；环境适应性强，穿透能力强，雨、雾、灰尘等对毫米波雷达干扰较小；测速，测距能力强。它多用于无人驾驶车辆中，用于探测前方 50~ 100 m 的障碍物。图 9-17 为短距毫米波雷达与长距毫米波雷达有效范围与应用功能示意图。

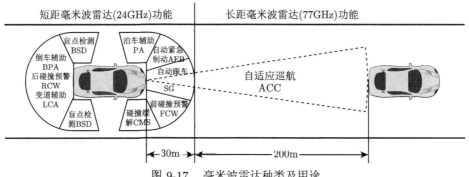

图 9-17 毫米波雷达种类及用途

9.4.2 移动机器人避障控制方法

1. 神经网络避障控制法 [15]

神经网络 (neural network，NN)(又称人工神经网络) 是一种模仿生物神经网络的结构和功能的数学模型或计算模型。神经网络由大量的人工神经元连接进行计算。大多数情况下人工神经网络能在外界信息的基础上改变内部结构，是一种自适应系统。人工神经网络通常通过一个基于数学统计学类型的学习方法优化，是一种非线性统计性数据建模工具，可以对输入和输出间复杂的关系进行建模。

传统的神经网络路径规划方法往往是建立一个关于机器人从初始位置到目标位置行走路径的神经网络模型，模型输入是传感器信息和机器人前一位置或者前一位置的运动方向，通过对模型训练输出机器人下一位置或者下一位置的运动方向。可以建立基于动态神经网络的机器人避障算法，动态神经网络可以根据机器人环境状态的复杂程度自动地调整其结构，实时地实现机器人的状态与其避障动作之间的映射关系，能有效地减轻机器人的运算压力。还有研究通过使用神经网络避障的同时与混合智能系统 (HIS) 相连接，可以使移动机器人的认知决策避障能力和人相近。

2. 模糊逻辑控制法 [16]

模糊控制 (fuzzy control) 是一类应用模糊集合理论的控制方法，它没有像经典控制理论那样把实际情况加以简化从而建立起数学模型，而是通过人的经验和决策进行相应的模糊逻辑推理，并且用具有模糊性的语言来描述整个时变的控制过程。对于移动机器人避障用经典控制理论建立起的数学模型将会非常粗糙，而模糊控制则把经典控制中被简化的部分也综合起来加以考虑。

对于移动机器人避障的模糊控制而言，其关键问题就是要建立合适的模糊控制器，模糊控制器主要完成障碍物距离值的模糊化、避障模糊关系的运算、模糊决策以及避障决策结果的非模糊化 (精确化) 处理等重要过程，以此来智能地控制移动机器人的避障行为。利用模糊控制理论还可将专家知识或操作人员经验形成的语言规则直接转化为自动控制策略。通常使用模糊规则查询表，用语言知识模型来设计和修正控制算法。

3. 人工势场避障控制法 [17]

人工势场避障控制法，是一种比较简单又新颖的方法，仿照物理学中电势和电场力的概念，建立机器人工作空间中的虚拟势场，通过构造目标位姿引力场和障碍物周围斥力场共同作用的人工势场，来搜索势函数的下降方向，然后寻找无碰撞路径，实现局部路径规划。该方法对于简单环境很有效，但是都是在静态的场景中得出的避障路径，没有考虑动态障碍物的速度和加速度的影响，所以在动态避障控制中，人工势场法避障控制不是很理想。在复杂的多障碍环境中，不合理的势场数学方程容易产生局部极值点，导致机器人未到达目标就停止运动，或者产生振荡、摆动等现象。另外，传统的人工势场法着眼于得到一条能够避障的可行路径，并没有考虑最优路径问题。

9.5　路径规划与自主避障试验验证

为了验证矿用搜救机器人路径规划与自主避障的能力，研发了机器人精确定位与自主导航系统试验样机，如图 9-18 所示，该机器人采用双履带差速运动形式，配备了两台三维激光雷达、一台双目相机、一个 UWB 定位天线以及红外避障模块，精确定位与自主导航系统集成在隔爆设备箱中 [18]。

为了能够适应灾后透水、高粉尘的现场，且可能存在瓦斯溢出及电磁干扰等情况，机器人系统各组成部分按照工业级或更高等级的标准进行选型和设计。所设计的机器人精确定位与自主导航系统电气布置如图 9-19 所示。通过智能化设计，矿用搜救机器人获得了对外界环境感知以及定位建图、自主规划和行走的能力，并附带有强大的实时计算处理系统。

图 9-18 矿用搜救机器人试验样机

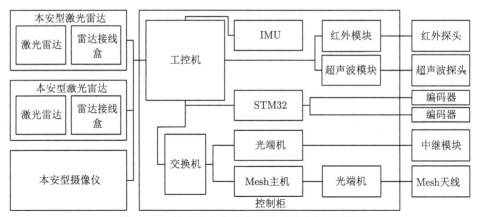

图 9-19 精确定位与自主导航系统电气布置图

9.5.1 试验环境

矿用搜救机器人自主导航系统试验现场为中国矿业大学瓦斯煤尘爆炸实验室 (图 9-20(a)) 中的模拟井下巷道,以验证路径规划、轨迹跟踪算法的实用性能及效果。巷道环境两边均为等宽的长距离墙壁,纹理重复,定位系统性能会受到很大影响。该模拟巷道可分为准备巷道、硐室、开采巷道以及运输巷道四个部分,机器人可翻越入口防水隔离带进入准备巷道中进行导航试验 (图 9-20(b)),此举可验证灾后井下存在大量杂物和障碍物导致路面崎岖时,机器人行走的稳定性。本次试验选择准备巷道和硐室作为试验场景。

该模拟巷道环境地形较为复杂,在准备巷道和硐室接口处巷道较窄,而且两边都有杂物堆放，地面上有较多障碍物和凹坑，还有小斜坡等，如图 9-21 所示。因此，模拟巷道是一个综合的试验场地，对规划算法以及控制系统的要求较高。试验分为直线导航测试和拐弯导航测试两部分进行。

　　　　(a)　　　　　　　　　　　　　　　　　　　(b)

图 9-20　瓦斯煤尘爆炸实验室

图 9-21　模拟巷道现场

1. 场景一：模拟井下巷道直线轨迹跟踪试验

直线轨迹跟踪试验在准备巷道和硐室中进行，测试区域全长约为 60 m，机器人从准备巷道出发，到达硐室中间设定的目标点，试验环境如图 9-22 所示。

图 9-22　模拟巷道直线轨迹跟踪试验场景

2. 场景二：模拟井下巷道拐弯轨迹跟踪试验

煤矿井下巷道纵横交错，机器人在巷道中穿梭也需要拐弯行进，因此拐弯场景的导航也是十分重要的。拐弯轨迹跟踪试验处有多个 90° 拐角，且活动空间较大，如图 9-23 所示。机器人在行进过程中，需要跨过拐角处的两个障碍物并顺利到达指定的目标点。

图 9-23　模拟巷道拐弯轨迹跟踪试验场景

9.5.2　测试步骤及方案

矿用搜救机器人自主导航系统的研发能够显著提高机器人的智能性和实用性。在现场试验中，矿用搜救机器人的导航系统采用 Hybrid A* 算法作为全局路径规划算法，使用 MPC-TT 算法保证机器人按照预设的期望路径到达目标地点，并利用 PID 算法控制电机使机器人能够按照规划的速度运动[19]。

在 9.2.1 节中已经通过仿真试验验证了基于图搜索的 Hybrid A* 全局规划的有效性。为了对导航系统所采用的局部轨迹规划算法的基本性能进行验证，对比了三种不同轨迹跟踪算法的性能，即 MPC-TT 算法、TEB 算法与 DWA 算法，试验过程如下。

(1) 遥控操作机器人利用 Hector-SLAM 算法对现场环境进行建图。

(2) 基于先验的全局地图采用 Hybrid A* 算法对全局的最佳路线进行设定，在进行测试的过程中，将 MPC-TT、TEB、DWA 算法作为局部规划 (轨迹) 控制器。

(3) 利用 ROS 系统的 rosbag 工具对定位数据、机器人位姿、编码器信息等数据进行记录，由于 rosbag 采集的数据量比较大，因此对原始数据进行降采样处理，并在预设的轨迹上随机设置 20 个测量点，每当机器人经过时测量一次并记录下对应的时间，对比三种算法的控制精度以及对煤矿环境的适应性，最终选择最适合应用于矿用搜救机器人的控制算法。

众所周知，全局地图包含的环境信息越多，越有利于机器人进行导航与避障，然而，Hector-SLAM 算法是基于单线激光扫描得到全局的二维地图，且 Hybrid A* 算法是基于二维栅格地图来进行全局规划的，单线激光扫描的地图在煤矿井下中的应用具有一定的局限性，若障碍物高于或低于单线激光雷达的扫描高度，则该障碍物会被忽略，这对于路径规划来说是一个致命的问题。为了解决这一问题，需要在代价地图中引入时空体素层进行环境信息的扩展与丰富。时空体素层能够充分利用多线激光的优势，通过将多线激光扫描得出的点云数据转换为栅格地图的信息，可实现三维地图向二维地图的转化，其效果如图 9-24 所示。

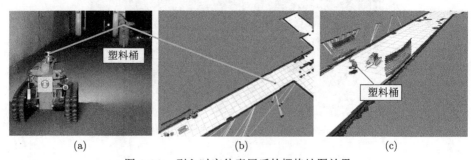

图 9-24　引入时空体素层后的栅格地图效果

如图 9-24 (a) 所示，在真实的环境中，机器人前方有一塑料桶，但是由于激光雷达的单线激光只能扫描到塑料桶上的一根细长的铁管，即图中圆圈的部分，因此，机器人所建的二维栅格地图上，塑料桶的位置处为一个黑点，如图 9-24 (b) 所示。引入时空体素层后，当机器人靠近塑料桶时，如图 9-24 (c) 所示，激光雷达能够将整个塑料桶的三维信息反馈到路径规划中的全局代价地图模块进行处理，转化成二维栅格地图的障碍物信息，这显著提升了自主导航的可靠性。

试验中设定机器人最大运行速度为 0.2 m/s，将分别采用 DWA 算法、TEB 算法以及 MPC-TT 算法作为局部规划中轨迹跟踪控制器，并对其在实际环境中的应用效果进行对比。

9.5.3 现场试验结果与分析

1. 场景一：直线轨迹跟踪试验

本次试验在准备巷道和硐室中进行，全局搜索路径全长为 52 m，机器人从准备巷道出发，图中左侧矩形块部分为机器人本体，贯穿左右侧的细直线为直线期望轨迹 (即全局搜索路径)，右侧圆点及箭头代表目标点位置及目标航向角，如图 9-25 所示。

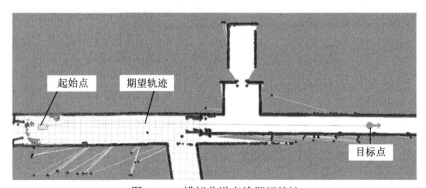

图 9-25　模拟巷道直线期望轨迹

机器人行进过程如图 9-26 所示。在机器人的前进路线中，放置了两个障碍物，用于测试机器人在直线行走环境下的应变能力，障碍物位于激光雷达的扫描盲区，机器人在行进过程中，在准备巷道处跨越了一个障碍物，然后经过一个小斜坡和窄门进入硐室，由于硐室较为狭窄，机器人也可以直接跨过障碍物前进。可以看出机器人能够很轻松地跨越低矮的障碍物，并能在窄门中间行进，避免与门框发生碰撞。

三种控制算法下直线轨迹跟踪效果和位置误差曲线如图 9-27 所示。从图 9-27 (a) 可以看出，三种控制算法的跟踪效果差异较为明显，MPC-TT 算法明显跟踪到期望轨迹，说明机器人基本上沿着期望轨迹行进。TEB 算法和 DWA 算法整体的跟随效果较差。TEB 算法控制下，机器人在起始阶段能够沿期望轨迹前行，行进一段距离后，偏移了期望轨迹，在后半程重新跟踪到期望轨迹，其原因可能是在准备巷道中，TEB 算法的局部路径优化反作用于全局最优路径的规划，使机器人并非按最初的期望轨迹前进。DWA 算法虽然基本上也跟踪到期望轨迹，但其效果不佳，在上坡处机器人的位置变化出现了较大的振荡，说明此时机器人在左右摆动，其原因可能是在上坡过程中，机器人的可行区域变窄，导致机器人为寻求最优的可行路线而不断调整姿态，这说明 DWA 算法对于相关阈值的设置较为敏感。从 9-27 (b) 可以看出，MPC-TT 算法的横向误差几乎为 0 m，纵向误差的产生是由于位姿的调整，整体误差基本在 0.05 m 以内。TEB 算法和 DWA 算法控制下的纵向误差均比较大，机器人没能顺利到达目标位置。

(a) 　　　　　　　　　　　(b) 　　　　　　　　　　　(c)

图 9-26　机器人在模拟煤矿巷道直线行进过程

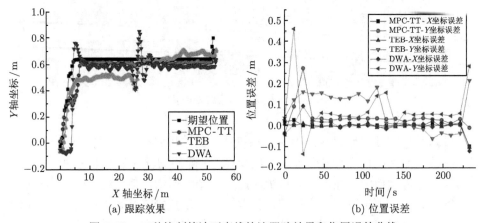

(a) 跟踪效果　　　　　　　　　　　　　(b) 位置误差

图 9-27　三种控制算法下直线轨迹跟踪效果和位置误差曲线

2. 场景二：拐弯轨迹跟踪试验

拐弯试验如图 9-28 所示，图中矩形部分为机器人本体，细弯折线为 Hybrid A* 算法全局路径搜索生成的期望轨迹，圆点及箭头代表目标点位置及目标航向角，黑色线条为墙壁，浅灰色区域为障碍物膨胀区。

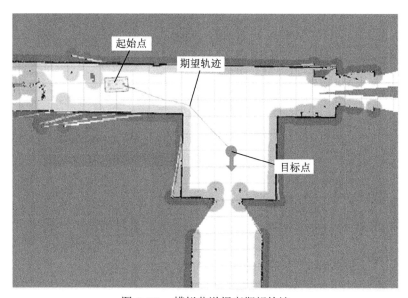

图 9-28 模拟巷道拐弯期望轨迹

三种控制算法下拐弯轨迹跟踪效果和位置误差曲线如图 9-29 所示。从图 9-29 (a) 中可以看出，MPC-TT 算法和 TEB 算法均能使机器人顺利通过拐角并且到达指定的目标位置，但前者更加贴近期望轨迹，而 DWA 算法经过多次测试后仍然不能通过拐角，这再次验证了 DWA 算法对于相关阈值的设置较为敏感。从图 9-29 (b) 中可以看出，由于机器人跨越障碍物产生打滑，其横向误差较大，但在 MPC-TT 算法的控制下，其误差值基本在 0.05 m 以内，而 TEB 算法控制下的最大误差却达到了 0.39 m。

在进行了两个场景的现场试验之后，针对上述两组试验分析了机器人的速度控制转变，如图 9-30 所示。图 9-30 (a)、(b) 分别代表两组试验下 MPC-TT 算法的规划速度和机器人实际速度曲线的变化。从图中可以看出，在两种轨迹跟踪状态下，机器人实际速度相比规划速度略有延迟，但依然能够迅速达到与规划速度相一致的状态，这是 PID 控制算法对两侧驱动电机进行速度调整的结果。地形发生变化以及翻越障碍物为矿用搜救机器人带来了冲击载荷，但控制系统仍然能够保持稳定的速度输出并能做出及时调整，证明了 MPC-TT 算法作为轨迹跟踪控制器具备较强的鲁棒性。

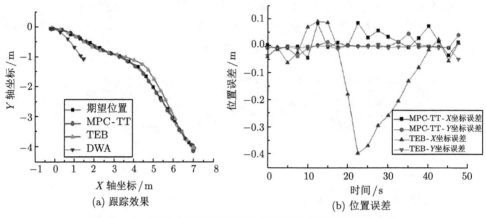

图 9-29　三种控制算法下拐弯轨迹跟踪效果和位置误差曲线

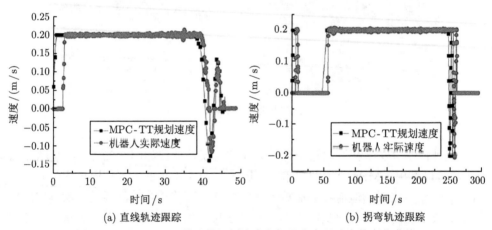

图 9-30　MPC-TT 算法的规划速度和机器人实际速度的变化曲线

　　综上所述，矿用搜救机器人自主导航系统主要由三部分组成：基于图搜索的 Hybrid A* 全局路径规划算法，作为局部规划轨迹跟踪控制器的 MPC-TT 算法，以及控制底层驱动电机的 PID 算法。基于该导航系统，矿用搜救机器人自主行走的整体效果比较好，运动变化趋势正确。在直线环境的导航中，规划及控制效果最好，但是机器人需要转弯前进时，其局部规划跟踪能力也会有所下降，究其原因主要是硐室内为平滑砖地，不能为履带提供足够的转向摩擦力，若为软质地面或水泥地则轨迹跟踪效果会有所提升。综合对比 MPC-TT 算法、TEB 算法和 DWA 算法，MPC-TT 算法在煤矿环境下控制性能较为突出，应用效果较好。总体而言，所设计的矿用搜救机器人自主导航系统可以应用在矿用搜救机器人上，具备一定的工程应用价值。

参 考 文 献

[1] 由韶泽, 朱华, 赵勇, 等. 煤矿救灾机器人研究现状及发展方向 [J]. 工矿自动化, 2017, 43(4): 14-18.

[2] Corke P. Robotics, Vision and Control: Fundamental Algorithms in MATLAB® Second, Completely Revised[M]. Berlin: Springer, 2017.

[3] LaValle S M. Planning Algorithms[M]. Cambridge: Cambridge University Press, 2006.

[4] Bast H, Delling D, Goldberg A, et al. Route Planning in Transportation Networks [M]. Cham: Springer, 2016: 19-80.

[5] González D, Pérez J, Milanés V, et al. A review of motion planning techniques for automated vehicles[J]. IEEE Transactions on Intelligent Transportation Systems, 2015, 17(4): 1135-1145.

[6] Hart P E, Nilsson N J, Raphael B. A formal basis for the heuristic determination of minimum cost paths[J]. IEEE Transactions on Systems Science and Cybernetics, 1968, 4(2): 100-107.

[7] Dolgov D, Thrun S, Montemerlo M, et al. Path planning for autonomous vehicles in unknown semi-structured environments[J]. The International Journal of Robotics Research, 2010, 29(5): 485-501.

[8] 刘宇. 煤矿井下履带式机器人路径规划方法研究 [D]. 徐州: 中国矿业大学, 2021.

[9] Karaman S, Frazzoli E. Sampling-based algorithms for optimal motion planning [J]. The International Journal of Robotics Research, 2011, 30(7): 846-894.

[10] Li P, Zhu H. Parameter selection for ant colony algorithm based on bacterial foraging algorithm[J]. Mathematical Problems in Engineering, 2016: 1-12.

[11] Mellinger D, Kumar V. Minimum snap trajectory generation and control for quadrotors[C]. 2011 IEEE International Conference on Robotics and Automation, Shanghai, 2011: 2520-2525.

[12] Mao S Y. MinimunSnap Trajectory Generation[EB/OL]. https://blog.csdn.net/q597967420/category_ 6987330.html [2022-01-25].

[13] Kuhne F, Lages W F, Jr da Silva J G. Model predictive control of a mobile robot using linearization[C]. Proceedings of Mechatronics and Robotics, Aachen, 2004: 525-530.

[14] Richter C, Bry A, Roy N. Polynomial Trajectory Planning for Aggressive Quadrotor Flight in Dense Indoor Environments[M]. Cham: Springer, 2016: 649-666.

[15] Chi K H, Lee M F R. Obstacle avoidance in mobile robot using neural network[C]. 2011 International Conference on Consumer Electronics, Communications and Networks, Xianning, 2011: 5082-5085.

[16] Kim C J, Chwa D. Obstacle avoidance method for wheeled mobile robots using interval type-2 fuzzy neural network[J]. IEEE Transactions on Fuzzy Systems, 2014, 23(3): 677-687.

[17]　Chen Y, Luo G, Mei Y, et al. UAV path planning using artificial potential field method updated by optimal control theory[J]. International Journal of Systems Science, 2016, 47(6): 1407-1420.

[18]　朱华, 由韶泽. 新型煤矿救援机器人研发与试验 [J]. 煤炭学报, 2020, 45(6): 2170-2181.

[19]　陈子文. 煤矿井下履带式移动机器人运动控制技术研究 [D]. 徐州: 中国矿业大学, 2021.

第 10 章　井下环境与生命探测

10.1　引　　言

前面各章研发了矿用搜救机器人履带式移动平台、有线与无线相结合的机器人通信系统,实现了机器人井下定位、矿图构建和自主行走,完成了矿用搜救机器人的运载功能的研发。根据不同应用需求,可在机器人载体上装备各类探测传感器、机械手或消防器材等,实现矿用搜救机器人的搜救功能。

作为主要用于煤矿灾后井巷环境与生命探测的矿用搜救机器人,在煤矿井下发生瓦斯、煤尘爆炸等灾害事故后,机器人将进入灾区,通过自身携带的各种传感器,探测井巷中的甲烷、一氧化碳、氧气、温度、湿度、风速、灾害场景以及呼救声讯等信息,并回传至机器人终端显示器,再通过井下通信系统传送到地面救援指挥中心,为救援决策提供依据。也可通过机器人携带的生命探测装备、生活给养、药品和简易工具等,发现遇险矿工并使其生命得到维持,以待后续救援人员对其实施营救。本章以救援行动需要掌握的环境信息为依据,重点介绍矿用搜救机器人环境探测系统的功能设计方案、环境信息采集卡、环境信息采集程序和甲烷传感器等相关软硬件的设计方法,以及可装备于矿用搜救机器人的用于矿工人员生命探测的相关技术和设备。

10.2　井下巷道环境探测

10.2.1　灾后环境及探测任务

我国的煤矿多为深井煤矿,且瓦斯气体含量较高,大部分煤矿灾害的主因是瓦斯爆炸,因此瓦斯气体的浓度是煤矿安全检测的必检项目。瓦斯气体是对煤矿井下各种有害气体的总称,它的主要成分是甲烷 (CH_4),并含有少量的二氧化碳 (CO_2)、一氧化碳 (CO)、硫化氢 (H_2S)、氢气 (H_2) 等。甲烷在瓦斯气体中的含量占 80% 以上,是引起瓦斯爆炸的主要气体,因此应保证煤矿井下工作区甲烷的浓度在安全值以下。所有的爆炸气体都有一个爆炸限值,只有在这个爆炸限值内才可能发生爆炸,而在爆炸限值外不会发生爆炸。以甲烷为例,在空气中甲烷的爆炸下限是 4.9%,爆炸上限是 15.4%,即空气中甲烷浓度在 4.9%~15.4% 时处于爆炸危险区 [1]。煤矿常见可燃气体与空气混合的爆炸限值如表 10-1 所示。

表 10-1　　煤矿常见可燃气体与空气混合爆炸限值 (P=101.3 kPa，t=20℃)

气体	爆炸下限/%	爆炸上限/%	引燃温度/℃
CH_4	4.9	15.4	645
CO	12.5	74.5	605
H_2S	4.3	45.5	270
H_2	4.0	75.2	565

在煤矿井下的新鲜空气中，氧气 (O_2) 的含量为 20.9%，发生瓦斯爆炸时，爆炸过程会消耗大量的氧气，使矿井中的氧气含量降低到 2%~18%，并且会产生大量的二氧化碳。若爆炸发生在爆炸上限，爆炸过程还会产生大量的一氧化碳。若煤矿中硫含量较高，爆炸过程中还会产生大量的二氧化硫 (SO_2)。当空气中氧气含量在 18.0% 以上时，人能正常呼吸；当氧气含量在 16.0%~18.0% 时，人就有窒息的危险，大量的一氧化碳也会使人中毒而死亡。《煤矿安全规程》规定井下作业场合氧气的浓度不低于 20%，一氧化碳的浓度应控制在 0.0024%(24 ppm) 以下 [2]。瓦斯爆炸后气体成分如表 10-2 所示。

表 10-2　　瓦斯爆炸后气体成分

气体	爆炸下限时/%	最佳爆炸浓度时/%	爆炸上限时/%
O_2	16~18	6	2
CO	—	微量	12
CO_2	微量	9	微量
水蒸气	小于 10	小于 10	小于 4

瓦斯爆炸还会放出大量的热量，在通风设施被破坏的情况下，巷道温度一般在 40~60℃，局部燃烧过的地点，温度可能更高。通风状况的好坏决定了新鲜空气进入矿井的速度，好的通风状况是救援人员正常呼吸的保证。另外，湿度和气压也是救援过程中防护应考虑的问题。

煤矿瓦斯爆炸等灾害事故发生后，为了采取有针对性的救援措施和提高救援行动的效率，救援人员急需获取井下环境信息。通过以上瓦斯爆炸前后煤矿环境所发生的变化，可将救援人员急需获取的井下环境信息总结如下：

(1) 瓦斯爆炸的地点及爆炸波及范围；

(2) 一氧化碳、二氧化硫、硫化氢等有毒气体含量；

(3) 瓦斯气体中甲烷的含量，发生二次爆炸的可能性；

(4) 氧气的含量，能否满足救援人员的正常呼吸需求；

(5) 是否发生了火灾，火灾是否还在持续，灾害现场的高温信息；

(6) 井下被困矿工的伤亡状况和需求；

(7) 井下通风状况，包括风速大小和风流方向。

如果在没有弄清楚上述灾害现场环境信息之前，救援人员贸然进入灾区势必会给自身的生命安全带来威胁。因此，矿用搜救机器人替代救援队进入灾区进行灾后环境探测，将灾区场景、气体浓度及温度等环境信息准确及时地传送到地面救援指挥中心，为救援人员选择合适的救援方式提供有力的依据，是研发矿用搜救机器人并使其服务于煤矿救援行动的意义所在。

10.2.2　环境探测系统功能设计

根据灾后救援人员急需获取的四种环境信息，可将矿用搜救机器人的环境探测功能设计如下：

(1) 气体检测，主要包括甲烷、一氧化碳、二氧化碳、硫化氢、二氧化硫等危险气体以及氧气含量的检测；

(2) 风速检测，包括巷道中风速的大小、风流方向的检测；

(3) 温度检测，获取灾后现场的高温情况；

(4) 湿度检测，获取灾后空气湿度信息。

基于上述矿用搜救机器人的环境探测功能，设计适用于矿用搜救机器人的环境探测系统，主要包括湿度检测单元、温度检测单元、气体检测单元、风速检测单元、语音通信单元和图像获取单元，如图 10-1 所示。

图 10-1　环境探测系统

环境探测系统中的温度检测单元、湿度检测单元、气体检测单元和风速检测单元由集成化多参数测定器 CD10 提供，该测定器可实现对甲烷、氧气、一氧化碳、二氧化碳、硫化氢、二氧化硫共 6 种气体含量的检测，以及对温度、湿度、压差和风速的检测，即多参数测定器 CD10 可对煤矿井下 10 种环境参数进行检查。

矿井空气中的甲烷浓度可达到 80% 以上，而 CD10 中的甲烷浓度量程只有 4%，不能满足甲烷检测要求，因此专门设计了一种全量程 (100%) 的小型红外甲烷传感器来弥补高浓度甲烷的检测。关于小型甲烷传感器的设计和多参数测定器 CD10 的使用方法将在本章后面分别介绍。

10.2.3 环境数据采集卡设计

环境数据采集卡是矿用搜救机器人环境探测系统的重要组成单元，是采集各个传感器数据并发送给机器人上位机的信息枢纽[3]。环境数据采集卡的设计包括硬件设计和软件设计两部分，其中硬件设计主要包括传感器接口电路、电源电路、晶振电路、复位电路的设计；软件设计主要包括主应用程序、数据处理程序、中断服务程序。

1. 环境数据采集卡硬件电路设计

环境数据采集卡的功能是完成环境探测系统中全量程甲烷传感器、多参数测定器 CD10 以及电源管理系统信息的读取、重组与上传。环境数据采集卡核心处理器采用 STM32 微处理器，其结构如图 10-2 所示，采集卡的硬件电路主要包括传感器接口电路、电源电路、时钟电路和复位电路等，其中传感器接口电路有 RS232 接口和 RS485 接口。

通过 RS232 接口实现与甲烷传感器的通信，通过 RS485 接口实现与多参数测定器 CD10 和电源管理系统的通信，通过 RJ45 以太网接口实现与上位机的通信。环境数据采集卡实物如图 10-3 所示。

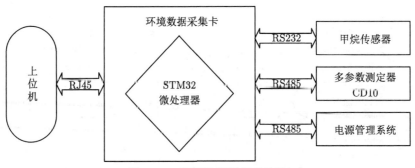

图 10-2 环境数据采集卡结构

2. RS232 接口电路

全量程甲烷传感器的通信接口为 RS232，它能够实现全双工异步通信。DB9 是 RS232 常用的物理接口，虽然分别规定了各线的作用，如表 10-3 所示，但在实际使用时，最简通信电路只需要三根线来实现，即发送线 TXD、接收线 RXD 和逻辑地线 GND。RS232 的通信采用负逻辑电平，其逻辑电平规定 $-15 \sim -3V$ 表示逻辑 1，$+3 \sim +15$ V 表示逻辑 0，噪声容限为 2 V。

图 10-3   环境数据采集卡实物图

表 10-3   RS232 引脚定义

引脚编号	信号	方向	功能
1	CDC	输入	载波检测
2	RXD	输入	接收数据
3	TXD	输出	发送数据
4	DTR	输出	数据终端准备好
5	GND	—	信号地
6	DSR	输入	数据准备好
7	RTS	输出	请求发送
8	CTS	输入	允许发送
9	RT	输出	振铃提示

环境数据采集卡核心处理器 (STM32 微处理器) 采用电平为 0~3.3 V 的 TTL 电平，由于电气接口的定义不同，RS232 接口不能与其 I/O 口直接相连，必须要有一个中间介质将两者的电平进行转换。采用 Maxim 公司的 MAX3232 电平转换芯片可实现单片机 TTL 电平与 RS232 接口电平对接。芯片资料显示，该款芯片的工作电压为 3.3 V，外围电路与四个 0.1 μF 左右的电容即可完成电平的转换，电路结构简单，如图 10-4 所示，其中 MAX3232 芯片的 T2IN 和 R2OUT 分别与 STM32 微处理器的串行异步通信接口的发送管脚 USART1_TX 和接收管脚 USART1_RX 相连，T2OUT 和 R2IN 分别与传感器的 RS232 接口的 RXD 和 TXD 相连。

3. RS485 接口电路

多参数测定器 CD10 和电源管理系统的通信接口为 RS485 总线接口，该接口总线采用差分电路结构，两根通信线上的电压值相同，但符号相反，它们的电压之差即为接收到的信号。由于两条通信线上的噪声信号大小相同，并且同时出现，因此刚好可以相互抵消，从而削弱了噪声信号的影响，提高了通信的抗干扰性。

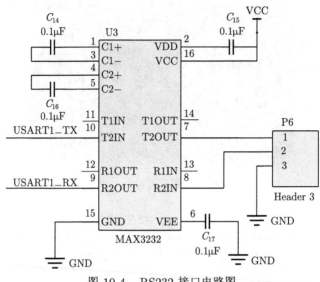

图 10-4　RS232 接口电路图

与 RS232 不同，RS485 信号采用负逻辑，$-6 \sim -2$ V 表示逻辑 1，$+2\sim+6$ V 表示逻辑 0。由于电气接口的定义不同，RS485 接口不能与 STM32 微处理器的 I/O 口直接相连，必须要有一个中间介质将两者的电平进行转换。采用 Sipex 公司的 SP3485 芯片可实现单片机 I/O 口的 TTL 电平与传感器的 RS485 接口电平兼容。

RS485 接收器允许的对地电压范围是 $-7 \sim+12$ V，当电压超过这个范围就有被破坏的可能，因此需对 RS485 的信号采取过压保护措施。采用 TVS 瞬态抑制二极管和接地电阻可以很好地泄放瞬变高压带来的浪涌电流，如图 10-5 所示。另外，通常采用电阻匹配法来解决终端阻抗匹配问题，即在总线的开始和末端分别与一个电阻并联，通常电阻取 120 Ω。

4. 其他主要电路

RS232 和 RS485 接口电路均为单片机的外设应用电路，在实际应用的单片机电路中还需要最基本的电路，即单片机最小系统。单片机最小系统是实现单片机运行的最小硬件组成电路，它由电源电路、时钟电路、复位电路和程序接口电路组成。

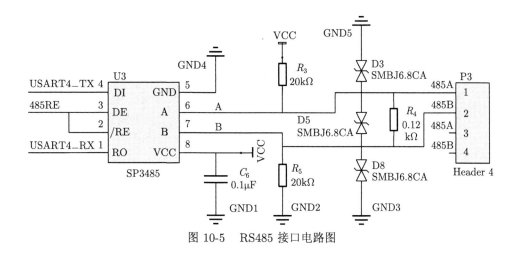

图 10-5　RS485 接口电路图

1) 电源电路

与开关电源相比，线性电源具有较好的输出，因此选用线性稳压器为模拟部分供电。为了过滤掉电源芯片输出中的高频噪声信号，需要在电源附近添加一个 0.1 μF 左右的电容和一个 10 μF 左右的电容。电容具有通交流阻直流的功能，0.1 μF 的电容用来过滤高频率的噪声，10 μF 的电容用来过滤低频率的噪声，如图 10-6 所示。

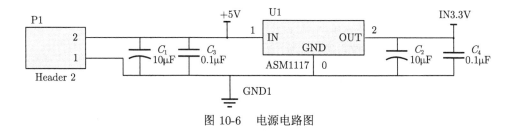

图 10-6　电源电路图

2) 时钟电路

时钟电路由晶体振荡器 (简称晶振)、高增益反相放大器和起振补偿电容组成。高增益反相放大器位于芯片内部，在芯片引脚 XTAL1 和 XTAL2 之间接晶振，在晶振两端和逻辑地之间各接一个补偿电容，如图 10-7 所示，Y1 为 8 MHz 频率的晶振，C_{18} 和 C_{23} 是 20 pF 的瓷片电容。

3) 复位电路

在系统上电后，STM32 微处理器首先需要进入复位操作，该芯片是低电平复位，$\overline{\text{RST}}$ 是复位引脚，当该引脚为低电平且时间持续至少 3 个时钟周期时才能完成复位操作。电路的复位时间是由电阻 R 和电容 C 的值决定的，时钟为 72 MHz

时的复位时间为 42 ns，考虑到振荡器上电后的稳定时间，设置复位电平时间为 100~200 ns。复位电压表示为

$$V_{\text{RST}} = \text{VCC} \left(1 - e^{-\frac{1}{\tau}} \right) \tag{10-1}$$

式中，τ 为时间常数

$$\tau = RC \tag{10-2}$$

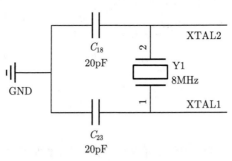

图 10-7　时钟电路图

取高低电平的分界点为 $V_0 = 0.8$ V，当 $V = V_0$ 时所经历的时间为

$$t_0 = -RC \ln \left(1 - \frac{V_0}{\text{VCC}} \right) \tag{10-3}$$

选择 $R = 10$ kΩ，$C = 0.1$ μF，VCC $= 3.3$ V，根据式 (10-3) 可得 $t_0 = 278$ ns，满足系统复位要求。复位电路设计如图 10-8 所示。

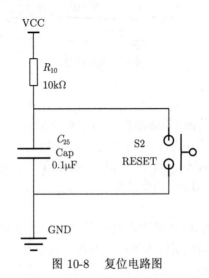

图 10-8　复位电路图

当需要手动复位系统时，按下 RESET 键，电容两端通过 RESET 键短接，同时芯片复位引脚 RST 与 GND 接通，电容迅速将存储的电量释放，当松开 RESET 键后，与上电自动复位过程类似，电容充电至复位完成，系统正常工作。

4) 程序接口电路

程序接口电路即为搭建好的单片机系统烧写编译好的程序接口电路。STM32 微处理器支持 JTAG 在线仿真测试，为了方便测试程序功能是否正常，程序接口选用 20 针 JTAG 接口，如图 10-9 所示。

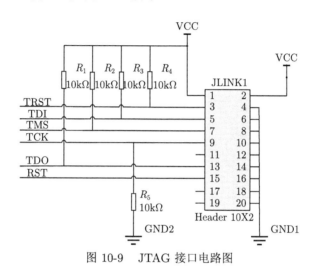

图 10-9　JTAG 接口电路图

5. 环境数据采集卡软件程序设计

1) 程序设计思路

以 C 语言为基础的单片机编程需要有一个主函数，而单片机的运行需要系统时钟的支持，因此数据采集程序中首先应包含主程序设计和系统时钟初始化程序。从功能上看，环境数据采集卡需要完成环境探测系统中全量程甲烷传感器、多参数测定器 CD10 以及电源管理系统信息的读取、数据的重组，以及与机器人上位机控制器进行数据和命令的通信；从环境数据采集卡的物理接口看，数据采集结构有 RS232 接口、RS485 接口和 RJ45 以太网接口。每一个接口都有相对应的驱动程序，并且在数据收发之前需要进行初始化设置，在程序接收过程中需要用到串口接收中断。由于有多个传感器的数据需要接收，定时器可以分配好向各个传感器发送读取数据的命令，使传感器的数据能够按顺序发送和接收。另外，在数据的接收过程中，定时器可以用来判定数据是否已接收和数据是否已接收完毕。因此，在程序设计中，需要用到处理器的定时器资源，并且在使用定时器之前需要对其进行初始化设置，在程序运行过程中，通过定时器的中断程序来完成数据接收和接收完毕等功能。

数据采集程序采用模块化的方式来设计，根据所需要的功能，将程序分解为主程序设计、初始化程序设计、中断程序设计、通信端口设计和通信协议设计。

主程序设计：对数据采集程序的总体框架进行设计。

初始化程序设计：系统时钟初始化、定时器初始化、串口初始化。

中断程序设计：定时器中断程序的设计和串口中断程序的设计。

通信端口设计：串口通信发送程序和接收程序。

通信协议设计：分析解析读取的传感器数据，按照特定的序列编码发送环境数据。

如图 10-10 所示为环境数据采集主程序流程图。当系统上电后，程序开始运行，首先进入 main() 函数主程序，之后完成对各模块的初始化，延时 1 min(传感器预热)，待各传感器数据稳定后开启各个中断，等待中断到来。

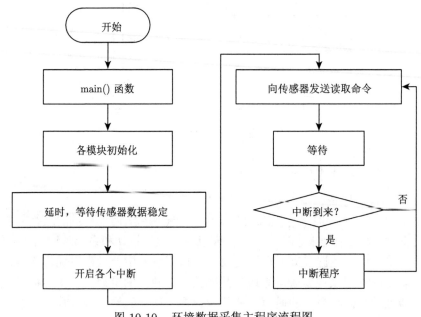

图 10-10　环境数据采集主程序流程图

2) 中断服务程序

数据采集卡对甲烷传感器、多参数测定器 CD10 和电源管理系统的数据采集都是通过串口中断程序来完成的。串口中断接收程序流程图如图 10-11 所示。

主程序开始执行后进入中断等待状态,当串口接收到来自传感器的数据时,立即跳转至串口中断程序模块,串口中断分为发送中断和接收中断,当进入接收中断时，其主要过程为：

(1) 判断第一个字符是否接收正确；

(2) 接收当前帧数据；

(3) CRC 校验；

(4) 判断属于哪个传感器的数据；

(5) 标志位置位；

(6) 中断返回，回到主程序。

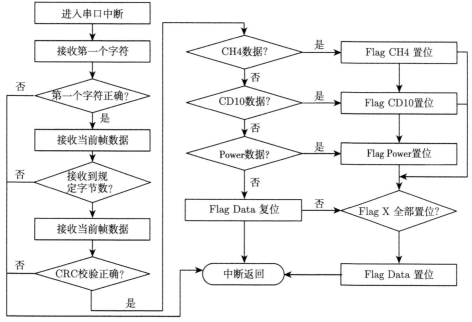

图 10-11　串口中断接收程序流程图

3) 环境数据采集通信协议

环境数据采集的通信协议包括两部分：一是数据采集卡与各个传感器测量单元的通信协议；二是数据采集卡与上位机之间数据与命令传输的通信协议。机器人上安装有多种传感器，每种传感器都有各自的通信协议，如果直接用各自的通信协议实现与上位机的通信，会带来条理性差、可读性差、编程不方便等方面的问题，而将数据采集板和运动控制板采集到的数据按照预先设置好的帧结构规则打包后发送给上位机，上位机的运动控制命令和数据读取请求也按照相应各规则来编写，可很好地改善以上问题。矿用搜救机器人研发中设计的多机器人与上位机的通信协议命令和数据帧的结构如图 10-12 所示，数据帧的结构定义如表 10-4 所示。

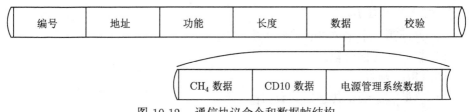

图 10-12　　通信协议命令和数据帧结构

表 10-4　　数据帧的结构定义

项目	数据帧长度/B	含义
编号	1	机器人编号：0x01，0x02，0x03
地址	1	运动控制板的地址为 0x01 数据采集板地址为 0x02
功能	1	机器人行为控制 传感器开关控制
长度	1	数据的长度
数据	0~83	数据包含的信息
校验	1	对完整帧的校验

10.2.4　小型甲烷传感器设计

甲烷是煤矿灾害环境中的主要危险气体，也是矿用搜救机器人进入煤矿灾害现场必须探测的气体之一，瓦斯爆炸后的矿井中含有高浓度的甲烷气体，浓度可达到 80% 以上，因此需要用全量程的甲烷传感器来测量。

矿用搜救机器人上采用的是集成化的多参数测定器 CD10，其中的甲烷浓度的测量量程只有 4%，不能满足应用需求。同时 CD10 在机器人上的安装高度距离地面只有 50 cm，而甲烷气体较轻，为了测量准确，要求传感器的测量高度距离地面 1.5 m 左右，这就需要在测量时将 CD10 提高到相应的高度，即要求将其安装在一个升降平台上。但 CD10 是一个测量多参数的集成设备，集多参数测量显示、声光报警、红外遥控等功能于一体，体积大、质量重、不便于升降。为了解决上述问题，研发了体积小、质量轻、便于升降的全量程的甲烷传感器 [4]。

1. 甲烷检测方法的选择

国内外现有的甲烷气体浓度检测方法有催化元件法、热传导法、光干涉法和光谱吸收法。

催化元件法原理：催化元件法利用了甲烷氧化放热反应，将涂有催化物的电阻取代电桥中的一个电阻，当环境中的甲烷遇到电桥电阻上的催化物时，其放出的热量使电阻阻值发生变化，打破电桥原来的平衡，电桥输出电压发生变化，通过电桥原理，计算电阻的变化值，从而计算出甲烷的浓度[5]，其原理图如图 10-13 所示。

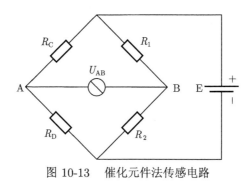

图 10-13 催化元件法传感电路

热传导法原理：在一个平衡的电桥电路中，两个相同的热敏电阻分别处于有甲烷和无甲烷的空气中，由于空气与甲烷的热导率不同，热敏电阻阻值发生变化，从而反映在电桥的输出电压上[6]，其原理图如图 10-14 所示。

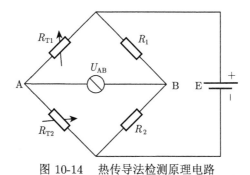

图 10-14 热传导法检测原理电路

光干涉法原理：光在空气中的折射率随气体中甲烷浓度的不同而不同，通过甲烷浓度在光折射率上的反应可以计算出甲烷的浓度[7]。

光谱吸收法原理：利用比尔–朗伯吸收定律，依据不同气体对不同波长的光的吸收率不同，且光的吸收强度与相关气体的浓度成正比，依次检测甲烷气体的浓度[8]。

表 10-5 为甲烷检测方法比较，对比以上国内外常用的四种检测甲烷气体浓度的方法，光谱吸收法的综合性价比更高，为此选用基于光谱吸收法原理设计的小型红外甲烷传感器用于矿用搜救机器人的甲烷气体检测。

表 10-5　　甲烷检测方法的比较

检测方法	优点	缺点
催化元件法	电路结构简单，价格低廉	寿命短，测量范围小， 易中毒，稳定性差
热传导法	结构简单，不中毒，寿命长，高浓 度时稳定性好	对热导率不同于空气的气体敏感， 低浓度时灵敏度低
光干涉法	精度高，测量范围广，稳定性好， 不中毒，寿命长	结构复杂，选择性差，温度变 化和气压变化会带来误差，易受 其他气体影响
光谱吸收法	结构简单，选择性好，灵敏度高， 响应时间短，寿命长，检测范围大	受气压变化影响

2. 甲烷传感器的设计

甲烷传感器主要由壳体、红外甲烷传感器探头、本安型甲烷传感器电路板等组成。壳体用来保护和固定内部其他各模块，红外甲烷传感器探头用来完成甲烷浓度信息的采集、放大、处理、编码、输出和指令输入，本安型甲烷传感器电路板用来完成甲烷传感器探头的信号转化和收发。甲烷传感器如图 10-15 所示，它安装在一个升降机构上，如图 10-16 所示，平时处于水平状态，使用时升至垂直状态，距离地面的测量高度为 1.5 m。

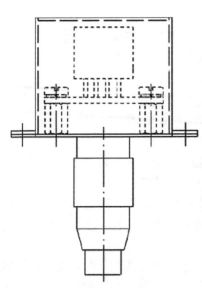

(a) 甲烷传感器结构图　　　　　　　　(b) 甲烷传感器实物图

图 10-15　　甲烷传感器

图 10-16　安装在升降机构上的甲烷传感器

甲烷传感器

10.2.5　数据采集性能测试

对环境感知系统的多参数测定器 CD10、小型红外甲烷传感器、电源管理系统以及图像、语音通信模块进行性能测试，以验证矿用搜救机器人感知系统的有效性。

1. 多参数测定器 CD10 测试

多参数测定器 CD10 如图 10-17 所示，它可以同时连续检测 CH_4、O_2、CO、CO_2、H_2S、SO_2 等 6 种气体的浓度，以及压差、温度、湿度、风速共 10 种参数。多参数测定器 CD10 在矿用搜救机器人上安装位置如图 10-18 所示。

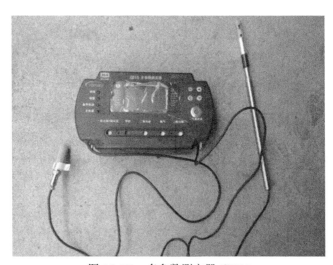

图 10-17　多参数测定器 CD10

图 10-18   CD10 在机器人上的安装位置

多参数测定器 CD10 的测量范围和基本误差如表 10-6 所示。通过 CD10 检测的环境参数检测数据显示如图 10-19 所示。

表 10-6   多参数测定器 **CD10** 的测量范围和基本误差

气体名称	测量范围	基本误差
甲烷浓度/%	0.00~1.00	±0.10
	1.00~3.00	真值的 ±10%
	3.00~4.00	±0.30
氧气浓度/%	0.0~5.0	±0.5
	5.0~25.0	±3%F.S.
一氧化碳浓度/($\times 10^{-6}$)	0~20	±2
	20~100	±4
	100~500	真值的 ±5%
	500~1000	真值的 ±6%
二氧化碳浓度/%	0.00~0.50	±0.1
	0.50~5.00	±（0.05 ＋真值的 5%）
硫化氢浓度/($\times 10^{-6}$)	0~49	±3
	50~100	真值的 ±10%
二氧化硫浓度/($\times 10^{-6}$)	0~49	±3
	50~100	真值的 ±10%
温度/℃	0.0~40.0	± 2.5%F.S.
湿度/%	25.0~95.0	±8
压差/Pa	0.0~100.0	±2%F.S.
风速/(m/s)	0.0~15.0	±0.1

2. 小型红外甲烷传感器测试

红外甲烷传感器检测试验接线图如图 10-20 所示。

首先对红外甲烷传感器进行校准，将稳压电源调至 5.0 V 输出，预热 5 min

后依次用清洁空气、5.0%浓度 CH_4 和 50%浓度 CH_4 的标准气样对红外甲烷传感器进行零点和灵敏度校准。如图 10-21 所示为红外甲烷传感器测试数据显示界面。

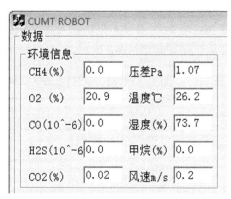

图 10-19 CD10 环境参数检测数据显示

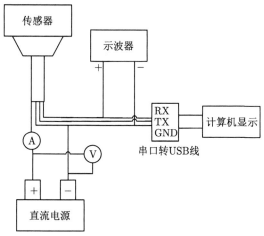

图 10-20 红外甲烷传感器检测试验接线图

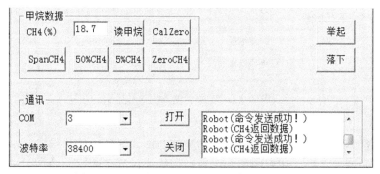

图 10-21 红外甲烷传感器测试数据显示界面

在对红外甲烷传感器进行校准后，测试红外甲烷传感器的准确度。待变送器零点在清洁空气中稳定后，将 CH₄ 浓度为 0.50%、8.50%、20.0%、35.0%、60.0% 和 85.0% 的标准气样由低到高依次通入甲烷传感器 3 min，记录输出信号值。每种标准气样重复测定 3 次，取 3 次的算术平均值与标准气样的差值，计算基本误差。甲烷传感器准确度测试结果如表 10-7 所示。

表 10-7　　红外甲烷传感器准确度测试结果

标准气样	读数			算术平均值	基本误差
0.50%	0.42	0.43	0.43	0.423	−0.073
8.50%	7.87	7.99	8.01	7.956	−0.543
20.0%	18.7	18.5	19.3	18.84	−1.167
35.0%	33.9	33.3	32.2	33.16	−1.867
60.0%	63.3	62.7	62.8	62.94	+2.933
85.0%	89.5	89.4	89.2	89.34	+4.367

从表 10-7 的准确度测试数据可以看出，传感器在低浓度下的误差较大，在高浓度下的误差较小，但误差都在 8% 以内，准确度较高，能满足使用要求。

3. 电源管理系统测试

机器人行驶过程中读取电源管理系统的数据包含输出电流、剩余电量、已耗电量、电源电压、单体电压、电池温度和 SOC，如图 10-22 所示。

图 10-22　电源管理系统信息显示

除了对环境感知系统的多参数测定器 CD10、红外甲烷传感器、电源管理系统进行性能测试之外，还对图像和语音通信性能进行了测试，验证了矿用搜救机器人感知系统的可行性。图 10-23 所示为机器人传感器数据综合显示界面。

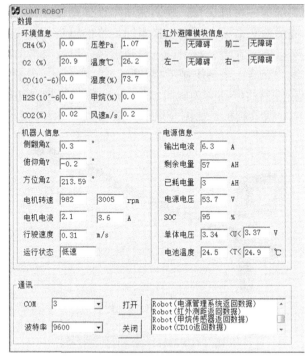

图 10-23 机器人传感器数据综合显示界面

10.3 矿工人员生命探测

10.3.1 基于视觉的搜救设备

人类对外界的感知大部分来源于视觉,因此基于视觉的传感器最方便搜救人员的使用。目前与视觉相关的搜救设备主要有窥镜式搜寻设备以及红外生命探测仪。

1. 窥镜式搜寻设备

窥镜式搜寻设备能够辅助搜救观测受困于狭缝中的被困人员,直接观察其具体位置和基本生存状态。依据其通信通道的力学特性,该设备分为硬性内窥镜搜寻设备和软性内窥镜搜寻设备。

硬性内窥镜搜寻设备由可塑性软探杆、摄像头和液晶显示器组成。摄像头为防水型,可在水下工作,内置照明装置,基于 CCD 摄像头和 TFT-LCD 显示技术,可提供高清晰度的全彩色的液晶视频图像,帮助操作人员进行快速检查,还可直接连接一台标准 VCR 进行录像和回放。探杆可弯曲,更适合狭窄空间的搜寻。液晶显示器可固定在腰间或胸前,方便观看。另有伸缩探杆、信号发射器/接收器、红外摄像头等附件可以选择。模块化结构设计使该设备的配件更便于自由组合，以满足不同的检测需要，通过更换不同规格的镜头使该设备实现多种成像模式。这种镜头可以安装在直杆窥镜或光纤窥镜上，以及灵活的鹅颈弯管上、延伸线缆上、可伸缩的套筒上或者机械手接头上。

此类设备较为成熟的产品有美国研制的 SearchCam 搜寻相机，以及英国研制的蛇眼 SnakeEye 搜寻相机，如图 10-24 和图 10-25 所示。

图 10-24　SearchCam 搜寻相机

图 10-25　蛇眼 SnakeEye 搜寻相机

软性内窥镜是利用光导纤维与透镜组合来完成传导光线与图像，也有采用 CCD 光电转换原理实现图像信号传输的电子软性内窥镜。由于它具有良好的柔软性和方便的操作性能，可方便地进入并到达硬性内窥镜无法到达的地方。加上头部弯曲机构，可消除盲区。但受其本身特性及光源强度的限制，探头达不到和不能面对的区域将无法观察，因此在使用中最困难的是确定光纤插入空隙时的方向。目前具有代表性的产品有德国 viZaar 公司的 INVIZ 系列窥镜，如图 10-26 所示。

2. 红外生命探测仪

井下灾后救援工作中，可能面临低光照或无光照的情况，因此红外生命探测仪将有助于对受困人员的搜救工作。红外探测设备最早主要是应用于军事方面，而

图 10-26 INVIZ 软性内窥镜

后随着科学技术的不断发展其应用范围也越来越广泛。1988 年瑞典 AGA 公司推出了全功能热像仪，它能够对温度进行测量，并对温度变化进行分析，同时还能对图像进行采集和存储。该公司利用这一技术研制出了一种便携式全功能热像仪，并将其应用于军事侦察方面。随着社会的不断发展与进步，各个国家陆续开始加大了对用来减少在自然灾害中造成人员伤亡的技术设备的研究力度，因此红外探测技术也由最开始的军事用途转变为一种救援设备——红外生命探测仪。

红外生命探测仪是一种无源被动式传感器，其探测原理是：自然界一切高于绝对温度为零度的物体都会不断地向外辐射红外线即热辐射，而且同一物体不同部位或不同物体之间的热辐射不同，从而会形成温差分布。红外生命探测仪收集并探测外界的辐射能，然后对探测器的信号重新排列，进而形成与目标辐射分布对应的热图像。红外热成像系统正是借助于对红外线特定波段敏感的红外探测器把目标产生的不可见红外辐射转换成可见光图像[9-11]。

物体的热辐射峰值处在人类的视觉敏感范围之外的 0.78~1000 μm 波段的红外光谱段，因而人眼不能看到常温物体的热辐射。人体的红外辐射能量大都集中在中心波长 9.4 μm，而人的皮肤的红外辐射范围为 3~50 μm，其中 8~14 μm 就占了全部人体红外辐射能量的大约 46%，因此这个波长通常是设计人体红外探测仪最重要的一个技术参数。红外生命探测仪能够很好地帮助搜救人员定位灾区废墟或者其周围遇险人员的位置，并显示出遇险人员的体温，帮助搜救人员很快确定遇险人员的位置以及存活状况，及时地采取各种适时的救援方案。美国"9·11"事件中便使用了一种能够穿透浓烟和灰尘的红外生命探测仪[12,13]。

红外生命探测仪是一个集光、机、电为一体的成像系统，主要由红外光学系统、红外探测器、信号处理电路和显示设备组成，每个组成部分的性能都对成像有重要影响，针对不同的应用环境都有不同的选择。

　　红外光学系统负责接收物体辐射能量，并把它传送给探测器。目前常用的红外光学系统主要有反射式、折射式和全透式，由于场景中的许多物体都会有大致相同的温度，由物体发出的辐射的差值在典型情况下很小，常常小于 1%。传统的单视场系统难以满足对目标进行搜索、瞄准和跟踪的要求，而且实现连续变焦的成本较高。双视场可以观察大范围区域，还可放大可疑目标。这类光学系统的光轴稳定性好，系统切换时间短、透过率高。

　　在红外生命探测仪中，探测器输出的信号非常微弱，因此必须对接收到的红外信号进行放大、噪声抑制、图像增强等一系列处理，其中信号处理部分尤为重要。通常利用非制冷红外焦平面探测器采集目标的红外辐射，将其转换为电压信号，然后由 FPGA 板对采集信号进行校正和处理。然后送到行缓冲存储器中，并向 DSP 申请中断。当一个行消隐过程到来时，将数据读入存储区，在下一个行消隐期到来之前完成处理并将其存到内部帧存储器中，最终将信号以 PAL 制式形式输出，并显示图像。

　　红外生命探测仪虽然不受光照的影响，但其探测距离近，不能穿透障碍物，如果现场有高温物体的存在，将会影响到探测结果。现阶段较常见的红外热像仪包括美国的 RNO 和 FLIR-LS 系列、德国的 InfraTech 系列和日本的 TVS 系列等。我国自行设计生产的防爆型 YOSEEN-DS-EN 红外热像仪已投入使用，目前主要用于井下的隐性火源分布的检测等。图 10-27 所示为德国和中国研发的红外热像仪，其中图 10-27(a) 为德国 InfraTech 基本型红外热像仪，图 10-27(b) 为我国YOSEEN-DS-EN 防爆型红外热像仪。

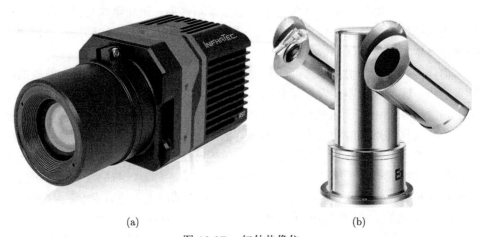

(a)   (b)

图 10-27　红外热像仪

10.3.2 基于听觉的搜救设备

基于听觉的搜救设备通过获取在空气中传播的微弱声波并放大信号来探测救援目标。该设备主要基于声波和振动波的原理,利用先进的声音振动传感器和微电子处理器,通过采集全方位的振动信息,能够探测到以空气作为载体的声波和以其他介质作为载体的所有振动信息,并且能将非目标的噪声波以及其他无关背景的一些扰波过滤,从而快速确定被困者所在的方位。其中高灵敏度的音频生命探测仪主要采用了两级的放大技术,其探头内嵌有频率放大器,使得其接收频率的范围高达 1~4000 Hz,主机在接收到目标信号后能够将其再次放大。这样,它可以通过探测地下微弱的信号,例如,被困者的求救声、呻吟声、轻微的挪动或者是敲打周围物体等所产生的振动波以及音频声波,判断所探测的位置是否存在生命体。基于听觉的搜救设备包括如下。

音频生命探测仪是一套以人机交互为基础的探测系统,包括了对信号的检测、监听、拾取、存储和处理等几个方面。在研制过程中所采用的关键技术有:高灵敏度传感器的研究和制作;声波和振动波数学模型的研究;信号有效性的判别方法;对有效信号源所在位置的判定。

电子监听设备的出现显著扩大了搜寻范围,它能够通过搜索幸存者在很深的废墟下发出的声波和听不见的振动,来定位幸存者。

声源定位系统的研究在国外起步较早,1999 年日本会津大学[14] 研制配备实时声源定位和障碍物探测声呐系统,并将其用于移动机器人系统。该定位系统组建了麦克风阵列,3 个麦克风组成的等腰三角形。具体步骤为:第一步,自由回声触发探测;第二步,计算各麦克风之间的时间差;第三步,对声源方位角进行估计。2007 年京都大学[15] 开发了能够在日常生活环境中选择和跟踪目标的机器人系统。对于声音定位,提出了联合互功率谱分析和最大期望的方法。

音频生命探测仪目前已发展较为成熟。世界上已有美国、英国、法国、日本、新加坡、以色列等 10 多个国家的消防救援人员,正在使用音频生命探测仪寻找被困的生命。例如,美国的 80M287612 迷你型音频生命探测仪,探测频率为 1~3000 Hz,可同时接收 2 个传感器信息,同时波谱显示 2 个传感器信息,并且配备了小型对讲机,能与被困者直接对话。此外,在市场上使用较多的还有法国的 SZR 系列音频生命探测仪,如图 10-28 所示。该仪器通过两个极灵敏的音频振动探测仪,能够识别在空气或固体中传播的微小振动,适合搜寻被困在混凝土、瓦砾或者其他固体下的幸存者,并可通过音频传输系统与被掩埋人员建立联系。该仪器使用两个音频滤波器,可以对周围的背景噪声进行过滤处理,能够有效地屏蔽来自救援现场的重型卡车或者其他重型机械所产生的噪声。

图 10-28　法国 SZR 系列音频生命探测仪

　　我国在此类产品的研究上也取得了突破性进展。早在"十五"期间，成都理工大学[16] 研制出了声波振动生命探测仪，如图 10-29 所示，它在地震救灾实用化方面取得了较好的表现。通过对声波/振动数理模型的深入研究，利用特别设计的高灵敏度、宽频带传感器探测地震现场被掩埋人员发出的微弱声振信号；利用小波变换进行信号滤波，采用基于 2 层神经网络的 ICA(独立变量分离) 方法分离多振动源信号，用相关分析识别信号，实现了对有效信号的辨别；通过对 3 点定位和 4 点定位方法的研究，进一步探索了有效信号源位置的判定方法。其主要部件均为自主研发，仪器主机和应用软件方便实用，功能齐全，适用于各种因建筑物倒塌造成的灾害的救援工作。此外，我国自主研发的 DVL-360 全角度的音视频生命探测仪，性能也比较好，价格相比国外的产品也更加便宜。

图 10-29　声波振动生命探测仪

　　在具体的实际应用中音频生命探测仪还有一定的局限性。由于音频生命探测仪是一种被动地接收音频信号以及振动信号的设备，在其应用的场合需要有一定的孔洞或者裂隙才能够将探测设备伸入其中。因此，音频生命探测仪只适用于对一些大空间或者浅表层进行探测，在下雨或者火灾现场使用消防用水的情况下会受到或多或少的环境干扰，而且探测速度较慢。这些局限性在很大程度上影响了音频生命探测仪在实际当中的应用。

10.3.3 DKL 搜救设备

DKL 是 DKL Life Guard 的缩写，是美国 DKL 公司结合超低频传导及介电泳技术研发而成的，它是通过感应人体所发出超低频电波产生的电场 (由心脏产生) 来找到活人的位置。

介电泳 (dielectrophoresis，DEP)，也称为双向电泳，指的是微粒由于在不均匀的电场中被介电极化从而受力产生的定向移动 [17]。它的本质是由于介电粒子自身在被外加电场诱导下产生电偶极，该电偶极同外加电场交互作用而产生的一种现象。

在 20 世纪 80 年代，美国海军为了能够确定苏联核潜艇的位置，将介电泳和人体心脏的生理学相结合从而发明出了 DKL 生命探测仪，如图 10-30 所示。在 20 世纪 90 年代，美军在伊拉克战争中把 DKL 改装并且用于陆军武器装备，用来探测 2000 m 之外的伊拉克军队的埋伏地点。随着科技的不断发展，DKL 生命探测仪技术也越来越成熟，已经能够广泛地应用于军事、海关、航天、消防以及安全救援等领域。

图 10-30 DKL 生命探测仪

人体的每一个部分都会产生电场，但心脏周围是主要的电场产生地。人类心脏的每次跳动产生一个微弱的电场信号，这些信号可以产生 30 Hz 以下的超低频的非一致性电场，并且从人体 360° 向外发散。由于一般的障碍物会对高频电磁能量吸收或者反射，而对于超低频的电磁能量却能够很容易地传达而且比高频能量损耗要小得多。因此，人体心脏发出的超低频电场可以轻易地穿过木板、钢筋混凝土墙壁以及水等介质。当电介质处于这个非一致性电场的时候，就可以产生出极化现象。DKL 生命探测仪就是依靠这个人体所发出的超低频的电场并且通过介电泳力的作用所产生的极化现象感应出活人所在的位置。

DKL 生命探测仪为了能够只感应到人体所产生的电场，都配备有极化电波过滤器，该探测器的滤波电路允许只有人体非均匀电场才能对生命探测器中的特殊电介质材料进行极化。这样就能做到区别各种生命体所产生的不同的电场，可以区别不同于人类的动物所产生的电场，例如，猪、狗、牛、羊等产生的电场，从而将不同于人类的频率过滤去除。因此 DKL 生命探测仪就只能够感应到 30 Hz以及 30 Hz 以下的电波，即人体所产生的电场，从而只允许人体所产生的非均匀电场才能够对生命探测仪中的特殊电介质材料进行极化。当生命探测仪穿过人体电场时，电介质材料被极化，正电荷和负电荷分离，并且分别被收集到设备的两端。生命探测天线就指向非均匀电场的最强部分。这样 DKL 生命探测仪在搜救过程中就能够准确地发现仍然具有生命体征的人，不会受到任何其他动物活动的干扰。

10.3.4　基于雷达的搜救设备

基于雷达的搜救设备是利用雷达天线定向集中地向外发射电磁波，该电磁波能穿透碎石瓦砾、混凝土墙壁等，当电磁波与人体接触后反射并发生变化。因为这种变化受人体心跳活动的影响，反射后经过变化的电磁波将被接收器接收，通过过滤其中的干扰，某些特有的波谱经过计算机软件处理分析，并在显示器上进行显示 [18-20]。通过对不同时间段接收到的回波信号进行比较算法处理，就能够判断出目标是否处于运动状态，从而判断是否有生命体的存在。

雷达生命探测仪中较先进的是超宽谱雷达生命探测仪，它具有很强的穿透能力，能够较好地探测到被埋生命体的心跳、脉搏以及呼吸等生命特征，同时能够精确计算出被掩埋的生命体的距离深度，而且还具有很强的抗干扰能力，不易受到外界环境的干扰，因而其应用前景十分广泛。超宽谱雷达生命探测仪都具有很大的相对带宽，一般大于 25%，探测人体生命参数都是采用脉冲形式的微波束对人体进行照射。因为人体的生命活动包括心跳、脉搏以及呼吸等的存在，所以经过人体反射回来的回波脉冲序列的重复周期将产生一定的变化。通过对被人体反射回来的回波信号进行解调、积分、放大以及滤波等处理并将其输入计算机进行数据处理和分析，就能够得到与被测人体生命特征相关的一些生命参数 [21-24]。

目前使用较为广泛的是美国莱福雷达生命探测仪，该探测仪具有如下特点：没有探针、没有线缆、体积很小、质量较轻、现场安装十分方便、操作也很简单、定位十分精确，而且坚固耐用、具有防水功能，能够在雨天以及有消防用水的火灾现场操作。我国针对雷达生命探测技术的研究相对起步较晚，在 2005 年研制出了第一台警用隔墙探人雷达，如图 10-31 所示。在 2006 年研制出了用于人员搜救的超宽带生命探测雷达，如图 10-32 所示。因此我国成为继美国之后，具有自主知识产权并且能够自主研制超宽带生命探测仪的国家之一。

图 10-31　警用隔墙探人雷达

图 10-32　超宽带生命探测雷达

　　受超宽带脉冲源功率的限制及超宽带条件下电磁兼容问题的制约，超宽带电磁探测技术目前主要用于浅层目标探测和短距离探测领域。地下浅层目标的探测表现在它能够在一定程度上克服与频率有关的衰减效应，对于土壤等有耗介质具有较强的穿透能力，并能保证一定的分辨率；短距离探测领域包括对墙内目标的探测和穿墙探测。这些现存的探测方法和试验都将为井下救灾搜寻提供参考。

10.3.5　基于嗅觉的搜救设备

基于嗅觉的搜救设备主要是二氧化碳探测仪以及具有巨大潜力的电子鼻搜救系统。目前二氧化碳探测仪已经初步用于地震狭小环境的灾后搜救。

二氧化碳探测仪搜救主要是检测人类呼出的二氧化碳,在搜索现场的一定范围内的气体浓度增加到了 1100 ppm 及其以上的时候,气敏生命探测仪就能够探测到人或者动物等生命体存在的信号。该探测仪适合于货柜、地下室等密闭空间,在进行生命目标搜寻的时候不需要打开货柜或者进行挖掘,而且操作十分简单。气敏生命探测仪采用的是碱性 AA 电池,这种电池成本比较低,其工作时间最长可达 12 h。在汶川地震期间,日本前往我国帮助救援的救援队中就采用了该种二氧化碳探测仪。

目前灾后搜救的主要手段之一是借助经过特殊训练的警犬对被困人员进行搜救,而电子鼻则是希望利用电子设备取代警犬从而提高搜救机器人的搜救能力。

电子鼻的研究始于 20 世纪 90 年代,实质上是一种传感器阵列 [25] (或称阵列检测器),是仿生技术发展的产物,具有广泛而重要的应用前景。英国华威大学的 Gardner 首次使用“电子鼻”这一术语并给出了目前广为接受的定义:“一种由具有部分选择性的化学传感器阵列和适当的模式识别系统组成的,能够辨别简单或复杂气味的仪器。”

电子鼻主要由气味取样操作器、气体传感器阵列和信号处理系统三种功能器件组成。电子鼻识别气味的主要机制是在阵列中的每个传感器对被测气体都有不同的灵敏度,例如,一号气体可在某个传感器上产生高响应,而对其他传感器则是低响应,同样,二号气体产生高响应的传感器对一号气体则不敏感,归根结底,整个传感器阵列对不同气体的响应图案是不同的,正是这种区别,才使系统能根据传感器的响应图案来识别气味。其核心器件是气体传感器。气体传感器根据原理的不同,可以分为金属氧化物型、电化学型、导电聚合物型、质量型、光离子化型等很多类型。目前应用最广泛的是金属氧化物型。

电子鼻的工作可简单归纳为:传感器阵列—信号预处理—神经网络和各种算法—计算机识别 (气体定性定量分析)。从功能上讲,气体传感器阵列相当于生物嗅觉系统中的大量嗅感受器细胞,神经网络和计算机识别相当于生物的大脑,其余部分则相当于嗅神经信号传递系统。

利用“嗅觉”来获知外界信息具有巨大的应用前景,因此各国研究者也在不断探索。目前已知的较完善的有英国 Somalogic 公司推出的“数字气味分析系统”;法国 Alpha MOS 公司推出的“Fox 2000”;英国 Neotronics Scientific 公司的“NOSE”等。美国 Sensigent 公司的 Cyranose 320 电子鼻已经实现了便携式设计。此外,还有美国的 Znose 电子鼻,检测灵敏度已经远超过人类。目前国内常见的 PEN 便携式电子鼻由德国 AirSense 公司开发，该气体传感器通过一定的训练后可识别多达 10 种不同的化合物。图 10-33 所示为 PEN 便携式电子鼻。

图 10-33　PEN 便携式电子鼻

　　我国天津大学的孟庆浩教授及其团队 [26] 对于主动嗅觉机器人的研究较多也较深入。2007 年，他们对室外时变气流环境中的机器人味源定位技术进行了仿真实验，提出了一种基于进化梯度搜索的群机器人主动搜索策略，包括气体烟羽的发现、跟踪及确认三个过程。实验结果证明群机器人系统利用该算法能够准确找到气味源的位置。

　　目前电子鼻成熟产品的主要应用场合包括环境监测、产品质量监测 (如食品、烟草、发酵产品、香精香料等)、医学诊断、爆炸物检测等。但对于野外或煤矿灾害搜救工作，尚需要提高电子鼻的灵敏度。因此，将电子鼻用于灾后受困人员的搜救仍处于探索阶段。

参 考 文 献

[1]　尉存娟. 水平管道内甲烷-空气预混气体爆炸过程研究 [D]. 太原: 中北大学, 2010.

[2]　国家安全生产监督管理总局. 煤矿安全规程 [M]. 北京: 中国法制出版社, 2016.

[3]　马宏伟, 聂珍, 尚长春. 煤矿救援机器人环境信息检测与处理系统研究 [C]. 第七届全国信息获取与处理学术会议, 桂林, 2009: 256-259.

[4]　朱华, 李猛钢, 马西良, 等. 本质安全型红外甲烷变送器: 中国, CN201620961679.5[P]. 2017.

[5]　丁黎明, 赵景波. 催化燃烧型甲烷传感器的研究 [J]. 微计算机信息, 2007, (1): 177-178.

[6]　徐开先, 叶济民, 徐洪. 用热敏电阻作检测元件的甲烷浓度传感器 [J]. 仪器制造, 1984, (2): 13-18.

[7]　于洋, 李鑫, 崔宏明, 等. 智能光干涉甲烷传感器的设计 [J]. 煤矿安全, 2011, (1): 74-77.

[8]　关中辉, 贺玉凯, 吴久晏. 基于光谱吸收原理光纤甲烷传感器实验分析与研究 [J]. 现代电子技术, 2006, (9): 96-98.

[9]   孟祥忠, 宋保业, 许琳. 热释电红外传感器及其典型应用 [M]. 仪器仪表用户, 2007, 14(4):
       42-43.

[10]   袁博. 红外生命探测仪的设计研究 [D]. 长春: 长春理工大学, 2010.

[11]   石国安, 商文忠, 张晗. 生命探测中的红外技术 [J]. 红外, 2008, (11): 12-16.

[12]   程素平. 热释电红外传感器及其报警电路 [J]. 建材技术与应用, 2007, (10): 16-17.

[13]   张敬贤, 李玉丹. 微光与红外成像技术 [M]. 北京: 北京理工大学出版社, 2004.

[14]   Jie H, Supaongprapa T, Terakura I, et al. A model-based sound localization system
       and its application to robot navigation[J]. Robotics & Autonomous Systems, 1999,
       27(4):199-209.

[15]   Kim H D, Komatani K, Ogata T, et al. Auditory and visual integration based lo-
       calization and tracking of multiple moving sounds in daily-life environments[C]. IEEE
       International Symposium on Robot & Human Interactive Communication, Jeju, 2007.

[16]   肖忠源. 分布式微型音频生命探测系统的研制 [D]. 成都: 成都理工大学, 2009.

[17]   于洋, 张志芹. 介电泳在生命探测器中的应用 [J]. 现代物理知识, 2010, 22(5): 46-47.

[18]   赵伟. 雷达波生命探测技术研究 [D]. 长沙: 国防科技大学, 2009.

[19]   陈宇杰. 雷达式生命探测仪中强杂波对消技术的仿真研究 [D]. 西安: 西安第四军医大学,
       2006: 13-19.

[20]   王健琪. 呼吸、心率的雷达式非接触检测系统设计与研究 [J]. 中国医疗器械, 2001, 25(3):
       132-135.

[21]   李述为, 高梅国, 傅雄军, 等. 雷达式穿墙检测呼吸和心跳的信号分析 [J]. 仪器仪表学报,
       2006, 27(6): 8-10.

[22]   左强. 生命探测雷达信号处理硬件设计 [D]. 西安: 西安电子科技大学, 2006.

[23]   宋华, 李禹. 超宽带穿墙探测雷达的运动目标检测技术 [J]. 电讯技术, 2004, (6): 133-136.

[24]   郭玉萍, 倪原, 李智, 等. 非接触生命探测雷达中的脉冲发生器的设计 [J]. 生命科学仪器,
       2008, 6(3): 59-60.

[25]   田晓静. 基于电子鼻和电子舌的羊肉品质检测 [D]. 杭州: 浙江大学, 2014.

[26]   孟庆浩, 李飞, 张明路, 等. 湍流烟羽环境下多机器人主动嗅觉实现方法研究 [J]. 自动化学
       报, 2008, (10): 1281-1290.

第 11 章　机器人防爆设计

11.1　引　　言

煤矿井下存在瓦斯和煤尘，是一个易燃易爆的环境。国家防爆认证标准《爆炸性环境 第 1 部分：设备 通用要求》(GB/T 3836.1—2021) 中明确规定，任何电气设备在煤矿井下环境中使用时，必须完成相应的防爆设计 [1]。矿用搜救机器人作为井下灾变后执行搜救任务的机电自动化装备，其设计必须符合煤矿防爆标准，这是与其他非爆炸性环境下应用的机器人设计的最大差别 [2]。井下危险气体的组分和浓度影响到机器人整体和各单元的防爆设计。本章首先介绍防爆理论和常用防爆类型，通过分析比较不同防爆类型的特点，提出矿用搜救机器人隔爆兼本安型的复合型防爆设计方法；然后阐述矿用搜救机器人主箱体和驱动电机等部件的隔爆设计方法，以及甲烷探测器、终端操控设备和机械手等单元的本安设计方法；最后对机器人主箱体的防爆与结构轻量化优化设计方法进行了详细介绍。

11.2　防爆理论及其应用

11.2.1　防爆原理与防爆类型

防爆，即指 "防止爆炸"，而发生爆炸必须同时满足以下五个条件：

(1) 有可燃性物质，该种物质可以是气体或是粉尘；

(2) 有助燃剂，如空气中的氧气；

(3) 可燃性物质与助燃剂形成均匀混合物；

(4) 混合物处于相对封闭的空间，即形成相对密闭的环境；

(5) 相对封闭的空间内有足够的能量点燃源。

由于只要限制了其中任意一个必要条件，就能限制爆炸的产生，因而防爆的措施也可以有多种。针对我国煤矿井下环境，其主要爆炸物质是甲烷或粉尘，助燃剂为空气中的氧气，点燃源有明火、火花及高温等。

从限制以上几方面因素的角度，研究人员做了大量基础性研究工作，其中最重要的成果是国家防爆认证标准 GB/T 3836 系列，目前该防爆系列标准已更新至 2021 版本，该标准与国际防爆标准 IEC、CENELEC 等互通。

依据国家防爆认证标准，可以按潜在危险爆炸环境中存在可燃性物质的物态不同，将危险环境划分为爆炸性气体环境和可燃性粉尘环境。按危险环境中可燃性物质存在时间的长短,可将危险场所划分为三个区,即对爆炸性气体环境,为 0 区、1 区和 2 区;对可燃性粉尘环境, 为 20 区、21 区和 22 区。

煤矿井下环境属于爆炸性气体环境,其危险爆炸物为甲烷气体。《爆炸性环境 第 14 部分:场所分类 爆炸性气体环境》(GB 3836.14—2014) 规定了危险区域划分的具体标准, 见表 11-1。

表 11-1   煤矿井下危险区域划分

区域划分	全年危险气体存在时间/h	典型区域	危险程度
0 区	> 1000	采掘工作面	很高
1 区	10 ~ 1000	煤矿非采掘面	高
2 区	< 10	通风口	一般

0 区是指爆炸性气体环境长时间存在的场所, 全年危险气体存在时间大于 1000 h, 其典型区域为煤炭采掘工作面; 1 区是指在正常运行时, 爆炸性气体有可能出现的场所, 全年危险气体存在时间不足 1000 h 但超过 10 h, 其典型区域为煤矿非采掘面; 2 区是指在正常运行时, 不可能出现爆炸性气体环境, 或仅是短时间存在的场所, 全年危险气体存在时间不足 10 h。

同时, 标准还规定了煤矿井下电气设备表面的最高温度限制, 温度组别分为 T1~T6 共 6 个等级, 其中 T1 的温度值最高, 达 450 ℃, 这一组别对电气设备的散热要求不高; 推理可知, 对电气设备表面温度限制最高的标准为 T6, 为 85℃。温度组别与对应温度如表 11-2 所示。

表 11-2   矿用电气设备允许表面最高温度分组

组别	温度
T1	450℃
T2	300℃
T3	200℃
T4	135℃
T5	100℃
T6	85℃

从上述危险区域的划分可以看出, 在煤矿井下彻底消除危险气体是不现实的, 消除空气中的氧气也不现实。因此, 研究人员主要考虑针对消除点燃源来采取措施。煤矿井下环境中的点燃源主要来自以下几个方面。① 机械原因:碰撞、摩擦、绝热压缩。② 电气原因:电弧、电火花、静电。③ 高温:热辐射。④ 化学:明火、自燃。

针对消除点燃源采用的不同措施, 可以将防爆类型划分为以下几种。① 外壳隔离式:如隔爆型、气密型、粉尘隔离型。② 介质隔离式:如正压外壳型、浸油型、充砂型、浇封型。③ 能量控制式：增安型、本质安全型 (本安型)。

11.2.2 常用防爆型式

1. 本安型

依据《爆炸性环境 第 4 部分：由本质安全型 "i" 保护的设备》(GB/T 3836.4—2021) 的说明，本安型 (Exi a 或 Exi b) 是一种通过控制设备本身能量水平，使其在正常工作或故障条件下均低于点燃爆炸性气体的临界条件，不至于产生火花或高于点燃爆炸性气体的温度，而不用通过其他方式屏蔽或阻拦的防爆处理类型 [3]。此种防爆处理的基本原则是限制点燃源能量，这种点燃源一般是电火花和热效应。

通过限制电气设备电路的各种参数，或采取保护措施来限制电路的火花放电能量和热能，使其在正常工作和规定的故障状态下产生的电火花和热效应均不能点燃周围环境的爆炸性混合物，从而实现了电气防爆；这种电气设备的电路本身就具有防爆性能，也就是从 "本质" 上就是安全的。

但由于本安型电气设备的最大输出功率为 18 W，其使用范围受到了限制，目前多用于通信、监控、信号和控制系统，以及仪器、仪表等。

2. 隔爆型

依据《爆炸性环境 第 2 部分：由防爆外壳 "d" 保护的设备》(GB/T 3836.2—2021) 说明，隔爆型 (Ex d) 是一种利用隔爆壳体承受其内部爆炸性气体混合物爆炸时产生的爆炸压力，并阻止内部爆炸向周围爆炸性混合物传播的防爆处理类型 [4]。隔爆型可以在 1 区使用，但不允许在 0 区使用。此种防爆处理的基本原则是包容爆炸，隔爆型是最为优良也是最为原始的防爆类型，是其他防爆类型的先驱。隔爆型一般用于电机、灯具等，近年来，有许多学者利用隔爆型进行了产品设计，促进了煤矿井下机电设备的发展。

从限制条件看，隔爆型对电器的功率没有限制，因而其适用范围较广，机器人的各个部件都可以选用隔爆型作为防爆处理方案。

然而，在采用隔爆型时必须注意两个基本条件：第一个条件，隔爆壳体要能承受内部的爆炸压力且不被损坏；第二个条件，隔爆接合面不传爆。另外，隔爆型防爆箱体需满足静压和爆炸试验。进行防爆检测时，静压试验的压力要大于爆炸试验，因此满足静压试验的隔爆箱体通常也满足爆炸试验。

3. 正压外壳型

正压外壳型电气设备是指具有正压外壳的电气设备。防爆标志为 "p"。所谓正压外壳是指保持内部保护气体的压力高于周围爆炸性气体环境的压力，阻止外部混合物进入的外壳。其制造检验标准为《爆炸性环境 第 5 部分：由正压外壳"p" 保护的设备》(GB/T 3836.5—2021)[5]。

正压外壳型电气设备有连续气流正压、泄漏补偿正压、静态正压三种结构类型。连续气流正压是指保护气体连续通过正压外壳，使外壳保持正压的方法；泄漏补偿正压是指在各个排气口封闭时，对正压外壳和管道内保护气体不可避免的泄漏进行补偿，使壳内保持正压的方法；静态正压是指不添加保护气体而保持危险场所中正压外壳内正压值的方法。

正压外壳型电气设备的防爆类型是以外部的爆炸环境 (1 区、2 区)、是否有内释放、正压外壳内部是否有点燃能力设备为依据来划分的。它们是：px 型——将正压外壳内的危险分类从 1 区降至非危险区或从 I 类降至非危险的正压保护；py 型——将正压外壳内的危险分类从 1 区降至 2 区的正压保护；pz 型——将正压外壳内的危险分类从 2 区降至非危险的正压保护。

4. 浇封型

浇封型电气设备的防爆原理是将电气设备有可能产生点燃爆炸性混合物的电弧、火花或高温的部分浇封在浇封剂中，避免这些电气部件与爆炸性混合物接触，从而使电气设备在正常运行或认可的过载和故障情况下均不能点燃周围的爆炸性混合物。浇封型电气设备有整台设备浇封的，也有部件浇封的。对于采取浇封防爆措施的浇封型部件不能单独在爆炸性环境中使用，必须与使用该部件的防爆电气设备组合后才能在爆炸性环境中使用。常用的浇封型电气设备或浇封型部件主要有电池、蓄电池、熔断器、电压互感器、电机和变压器绕组、电缆接头等，浇封型电气设备的防爆标志为 "m"。

5. 浸油型和充砂型

两种防爆类型原理相同，均是采用介质将带电或者高热部件与可燃气环境或者与空气隔绝开来，起到防止爆炸的目的。浸油型的介质是油，电气设备是全部或部分部件浸在油内，使设备不能点燃油面以上的或外壳外的爆炸性混合物，其防爆标志为 "o"[6]。充砂型的介质是石英砂粒，将设备的导电部件或带电部分埋在石英砂防爆填料层之下，使之在规定的条件下，在壳内产生的电弧、传播的火焰、外壳壁或石英砂材料表面的温度都不能点燃周围爆炸性混合物，其防爆标志为 "q"[7]。

11.2.3　复合型防爆理论

复合型防爆电气设备是指一种由几个同一防爆类型或不同防爆类型的防爆电气单元组装在一起完成某种功能的防爆电气设备或装置。虽然复合型防爆电气设备由不同类型的防爆电气单元组成，但防爆能力却不是相应地叠加，通常情况下复合型防爆电气设备的防爆能力反而会降低。因此，为了使复合型防爆电气设备满足危险环境下的防爆性能要求，使其不成为危险气体的潜在点燃源，原则上要求首先确定复合型防爆电气设备的整体防爆水平，然后对配套的防爆电气单元进行选择。在选择防爆电气单元时，要依据"木桶定律"，必须避免采用防爆水平低于整体防爆水平的电气设备。所谓防爆水平，是指防爆电气设备适用的危险区域和温度组别。

依据《爆炸性环境 第 15 部分：电气装置的设计、选型和安装》(GB 3836.15—2017) 的规定，除特殊情况外，只有 ia 级本安型电气设备才可以应用到 0 区，而可以应用到 1 区的电气设备为 ib 级本安型电气设备，如隔爆型电气设备、正压外壳型电气设备、浇封型电气设备等。

依据"木桶定律"，当复合型防爆电气设备的防爆等级设定为 1 区时，可以采用 ia 级本安型电气设备或隔爆型电气设备；而当复合型防爆电气设备的防爆等级设定为 0 区时，只允许使用 ia 级本安型电气设备，不允许使用隔爆型电气设备。在选定防爆电气单元的温度组别时同样需要考虑这一点。由于复合型防爆电气设备是由不同防爆电气单元组合而成的，因此不仅各个防爆电气单元需取得防爆合格证，复合型防爆电气设备整体也必须取得相应的防爆合格证。

复合型防爆电气设备具有选型灵活、试制周期短等优点；即便花费一定的时间进行安全电气设备的安全性能试验，仍较传统单一防爆类型的产品具有更好的市场反应速度，因此复合型防爆设备在国内得到了大量应用，最为典型的复合类型为隔爆型兼本安型。

11.2.4 机器人防爆类型选择分析

防爆设计是煤矿机器人与常规机器人最主要的区别，也是机器人质量增加的主要因素。因此对于不同防爆类型的适用性分析问题可以简化为：使用何种防爆类型可以有效地减少机器人质量的增加。

如前所述，本安型设计的电气设备的电路本身就具有防爆性能，即本质上就是安全的。因此，在进行矿用搜救机器人防爆设计时首先会想到本安型防爆类型。但是由于本质安全型要求机器人电气元件的功率小于 18 W，若电气元件中存在电容或者电感，这个功率还要降低。而矿用搜救机器人需要携带探测与救援设备，机器人的整机质量不可能太小，因而整机功耗无法降低到本质安全的程度，机器人的电源、电气、电机等主要单元仍适宜采用隔爆型或其他防爆类型 [8]。但矿用搜救机器人携带的各种小型传感器具有电路结构简单、功耗极低等特点，因而可以采用本质安全型防爆类型。

在其他防爆型设计类型中，浇封型需要将电气设备或电气部件浇封，但除了机器人所用的一些电气元件是浇封型之外，机器人动力电机等运动器件和主箱体内的电气设备等都无法浇封，因此浇封型防爆设计不适用于煤矿井下移动机器人。隔爆型、正压外壳型、浸油型和充砂型防爆类型从防爆原理上均满足机器人基本工作要求，可用于矿用搜救机器人防爆设计。

但是隔爆设计的腔体需要满足 1.5 MPa 的静压试验和爆炸试验，经过隔爆设计后的机器人质量将大幅增加，严重影响机器人的行走性能和续航能力。因此隔爆型防爆箱体设计必须同时进行轻量化优化设计。

正压外壳型设计除了满足冲击试验外，正压外壳型防爆箱体正常工作时要求箱体内外压差应大于 50 Pa。为了维持箱体正压，需要配置储气罐和设计正压控制系统。因此，虽然正压外壳型箱体壁板较薄，但仍然将导致机器人整体质量较大。

浸油型防爆设计要求将电气设备全部或裸露带电部件浸在油内，油液深度不小于 25 mm，且外壳能承受 0.6 MPa 压力。充砂型防爆设计要求将设备的导电部件或带电部分埋在石英砂或玻璃颗粒防爆填料层之下，石英砂或玻璃颗粒填满箱体内自由空间，且外壳能承受 0.05 MPa 压力。无论将电气部件浸在油中还是埋在砂里，都不方便机器人使用和维修，因此这两种防爆类型不适合矿用搜救机器人的防爆应用。

根据上述分析，除了本安型设计之外，矿用搜救机器人适合采用隔爆型或正压外壳型设计方法。但由于正压外壳型防爆设计需要增加储气罐和正压控制系统，并不能有效减轻机器人的质量，另外机器人自身并不携带或产生危险气体，故不需要考虑采取正压外壳型防爆设计类型。因此隔爆型加本安型设计将是矿用搜救机器人防爆设计的首选类型。矿用搜救机器人的防爆设计采用了这种复合型防爆类型，同时对机器人的隔爆箱体进行了轻量化设计。

另外，参照防爆水平的规范要求，认为矿用搜救机器人必须能在一定时间内工作于煤矿井下，尤其是进入巷道内部进行煤矿井下环境探测和救援工作。所以，机器人整机的工作区域范围不应低于 1 区标准，同时，由于机器人外壳采用钢材制造，其外壳表面散热特性好，最高表面温度与煤矿井下最高温度相近，不会超过 100 ℃，在考虑安全余量的前提下，将温度组别设定为 T6。

11.3 机器人部件隔爆设计

矿用搜救机器人电气主箱体、电机以及功率较大的电气元件，拟采用隔爆型设计的方法，以满足防爆要求。本节将阐述这些部件的隔爆设计方法。隔爆接合面对隔爆箱设计至关重要，因此将从介绍隔爆接合面开始。

11.3.1 隔爆接合面

隔爆部件的设计应首先结合隔爆参数展开。隔爆参数主要是指隔爆接合面的形式、宽度、间隙以及粗糙度，具体可参照《爆炸性环境 第 2 部分：由隔爆外壳

"d" 保护的设备》(GB/T 3836.2—2021) 进行详细设计。以下简要总结隔爆接合面的形式、宽度、间隙及粗糙度概念。

(1) 隔爆接合面的形式主要指止口接合面、平面接合面、出轴 (转轴) 接合面、圆筒接合面和螺纹接合面。

(2) 隔爆接合面的宽度，或称长度，符号为 "L"，代表从隔爆壳体内部通过隔爆接合面到隔爆壳体外部的最短长度，且必须是两个平面间有效接合的长度，作用是以足够的降温长度对爆燃气体进行热传导；接合面的宽度是最重要的防爆性能参数，其值通常由隔爆设备的净容积查表决定。

(3) 隔爆接合面的间隙，符号为 "W"，代表接合面中两相对表面间的距离，其作用是使爆燃气体得到缓慢减压释放；由于隔爆接合面不可能完全平整，因而相对表面间的距离不相等，隔爆间隙所允许的最大值也会因为隔爆设备类别不同、容积不同和隔爆接合面的宽度不同而发生改变；其值也由隔爆设备的净容积查表决定，在对每个隔爆接合面进行设计时都要考虑其间隙大小。

(4) 隔爆接合面的粗糙度，即隔爆接合面表面上的较小间距及微小峰谷的不平度，其作用是使爆燃气体均匀泄放并保证隔爆面之间的密切接触；其值通常由隔爆接合面的结构决定，并会影响到隔爆接合面间隙值的选取。GB/T 3836.2—2021 规定，隔爆接合面的表面平均粗糙度应小于 6.3 μm。

表 11-3 摘录了 GB/T 3836.2—2021 中有关矿用隔爆壳体中隔爆接合面最小宽度与最大间隙的对照表，列出了容积在 $500 \sim 2000$ cm^3 条件下平面接合面、止口接合面及电机转轴接合面的选用参数。

表 11-3 最小宽度与最大间隙对照表

隔爆接合面最小宽度 L/mm	隔爆接合面最大间隙 W/mm	
	平面接合面和止口接合面	带滚动轴承的电机转轴接合面
$6 \leqslant L < 9.5$	—	—
$9.5 \leqslant L < 12.5$	0.08	—
$12.5 \leqslant L < 25$	0.40	0.60
$25 \leqslant L < 40$	0.50	0.75
$40 \leqslant L$	—	0.80

11.3.2 主箱体隔爆设计

主箱体是矿用搜救机器人的主要部件，所有的非安电气设备均需要安装在主箱体中。这些非安电气设备通过主箱体对其隔爆实现整体防爆。因此必须对机器人主箱体进行隔爆设计。

1. 隔爆箱体总体设计

根据以往的设计经验，在对机器人防爆壳体进行设计时，需要着重考虑以下问题。

对于一定体积的防爆壳体，其法兰接合面的宽度应该符合安标要求；防爆壳体的观察窗设计应该符合安标要求；操纵杆的设计应该符合安标要求。

在满足以上设计要求时，壳体的强度应该是主要设计和重点考虑的内容。

在进行机器人防爆主箱体设计时，考虑到整体重心、电气元件的安放、电池的安放等要求，并按照国家防爆认证标准和矿用锂离子电池电源规范，最终设计的矿用搜救机器人隔爆主箱体结构如图 11-1 所示。

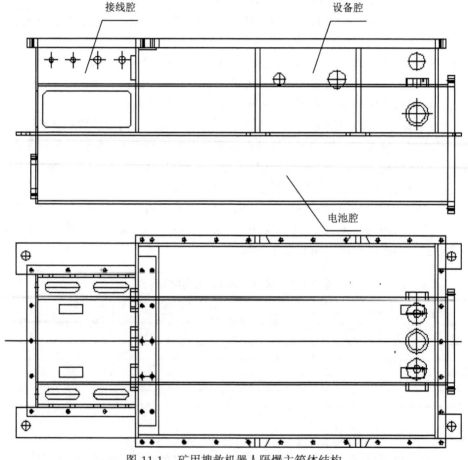

图 11-1　矿用搜救机器人隔爆主箱体结构

如图 11-1 所示，该隔爆箱体包括三部分，分别是接线腔、设备腔与电池腔。顾名思义，接线腔主要用来接电缆线，通过接线腔将设备腔与外界连通。设备腔主要用来安装电源管理系统、控制板、继电器、电机控制器等电气元件。电池腔主要用来放置锂离子动力电池。其中，按照国家相关规定，接线腔和设备腔需要承受 1 MPa 的压力,电池腔需要承受 1.5 MPa 的压力。箱体为焊接件,采用牌号为 Q690 的高强度钢材,其屈服强度为 690 MPa。

2. 隔爆箱体强度计算

该隔爆箱体属于多功能腔体,通过观察可以看出,箱体的每个腔体都可以近似为一个矩形结构,该种结构外壳的外壁可简化为在整个板面上作用均布载荷,四边固定的等厚矩形板模型。

因为在实际应用中,多功能腔的腔体上会进行钻孔以安装穿墙端子、引入装置等设备,但是在计算其强度时,把这些不影响强度的特征去掉以便分析。

1) 法兰盖板厚度计算

根据材料力学理论,计算得到法兰盖板的长宽尺寸为 $a \times b$ =581 mm×387 mm,厚度尺寸为 t=12 mm。

按照计算的厚度尺寸,盖板整体质量太大,不满足要求,因此应该设计成加强筋板,以减小厚度。实际设计的法兰盖板如图 11-2 所示。

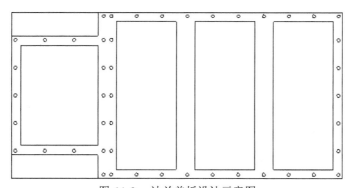

图 11-2 法兰盖板设计示意图

加强筋位于法兰盖板中间,两道加强筋把设备腔的盖板三等分,每个加强筋的长宽厚为 $a \times b \times t$ =387 mm×50 mm×12 mm。法兰边缘厚度也为 12 mm,盖板其他部位厚度为 6 mm。

2) 箱体其余壁厚计算

同样采用加强筋方式,通过对箱体各腔体的强度计算,综合考虑材料的选取,以及加工的一致性等因素,最终隔爆箱体的壁厚均设计为 6 mm。材料为 Q690 高强度钢板。

3) 螺栓大小计算

经强度计算,隔爆箱体采用强度等级为 12.9 级的 M8 内六角螺钉。考虑箱体隔爆接合面法兰厚度,选取螺栓长度为 32 mm。

3. 隔爆箱体有限元分析

隔爆设计计算完成后，通过有限元分析方法校核隔爆主箱体各腔的受力。使用 Pro/E 软件进行建模，导入 ANSYS Workbench 进行静力学分析。在模型创建的过程中，简化了零件的部分细小的特征，以方便采用有限元软件进行分析。

根据设计要求，接线腔和设备腔需要承受 1 MPa 的压力，电池腔需要承受 1.5 MPa 的压力。分别对各腔体内部施加相应的压力，进行有限元分析，结果如图 11-3 所示。

(a) 设备腔

(b) 接线腔

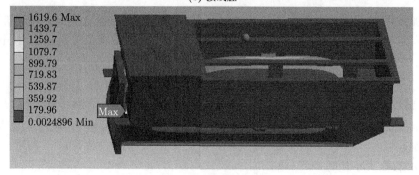

(c) 电池腔

图 11-3　隔爆主箱体各腔有限元分析等效应力结果

根据材料力学强度理论，从图 11-3(a) 等效应力分析结果可以发现，设备腔所受最大应力为 553.24 MPa，最大应力值小于材料的屈服强度 (690 MPa)，且最大值发生在板与板之间焊接的区域。可以看出通过人为设置的加强筋起到了很好的加强作用。从图 11-3(b) 等效应力分析结果可以看出，接线腔的最大应力为 339.84 MPa，小于材料的屈服强度，可见接线腔的强度也满足要求。从图 11-3(c) 的等效应力分析结果可以看出，电池腔最大应力为 1619.6 MPa，已经超过材料的屈服强度 690 MPa，理论上是不符合要求的。但是通过观察可以看出，最大的应力点为三板的焊接处，这是应力集中的结果。除此之外，其余部分是满足强度要求的。图 11-4 所示为矿用搜救机器人隔爆主箱体实物图。

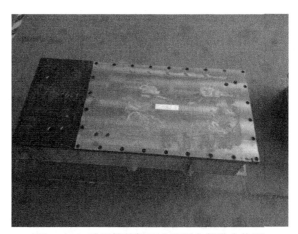

图 11-4 矿用搜救机器人隔爆主箱体实物图

11.3.3 电机隔爆设计

电机作为矿用搜救机器人的主要电气部件，同样需要对其进行防爆设计。对于矿用搜救机器人可采用柱状直流无刷电机或直流无刷轮毂电机作为驱动电机，但由于煤矿对于电气设备的防爆要求，需要对普通直流电机进行隔爆设计或隔爆处理。

1. 柱状直流无刷电机隔爆设计

柱状直流无刷电机由于其功率较大，拟采用隔爆处理方法，即在电机外部增加隔爆型动力箱，从而保证电机的防爆能力。图 11-5 为功率 500 W 的一款柱状直流无刷电机。图 11-6 为电机隔爆型动力箱设计图 [9]。图 11-7 为电机隔爆型动力箱实物图。

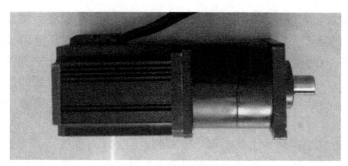

图 11-5　柱状直流无刷电机

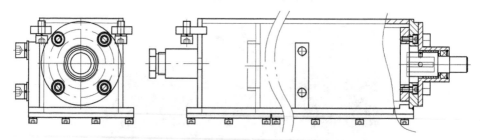

图 11-6　电机隔爆型动力箱设计图

图 11-7　电机隔爆型动力箱实物图

2. 防爆轮毂电机设计分析

1) 设计参数

根据所研发的矿用搜救机器人的性能指标要求，设计了一款防爆轮毂电机[10]，该轮毂电机的参数指标如表 11-4 所示。

对轮毂电机的定子绕组进行了加工和试验。轮毂电机的转子包括永磁铁和轮毂电机壳体，永磁铁按规格可直接选购，轮毂电机壳体需要进行隔爆设计。

通过相关设计，获得了防爆轮毂电机隔爆壳体中所有机械零部件的关键设计参数和数量，如表 11-5 所示。

表 11-4   轮毂电机参数指标

序号	指标内容	参考值	单位	允许偏差
1	额定电压	48	V	5 %
2	额定转速	420	r/min	10 %
3	最大转矩	30	N·m	4 %
4	定子绕组外径	210	mm	2 %
5	定子绕组厚度	36	mm	5 %
6	总质量	15	kg	10 %

表 11-5   机械零部件的关键设计参数及数量

序号	部件名称	关键设计参数/mm	数量
1	圆柱壳体	Φ 205,壁厚 3	1
2	防爆盖板	止口端 $a=5$,壁厚 $b=4$	2
3	电机中心轴	总长 150;最大外径 $\Phi24$	1
4	紧固螺栓	M5×10 型,8.8 级	42
5	弹垫	$\Phi5$	42
6	螺栓护圈	$\Phi10$	42
7	深沟球轴承	16004 型	2
8	隔爆铜环	$L=13$;内径 $\Phi19$;环厚 3	2

对各项零部件完成基本尺寸的计算设计后,绘制详细的设计图纸,并对各设计参数进行优化调整,最终完成了防爆轮毂电机的机械尺寸定型。

2) 设计建模

应用 Pro/E 软件建立防爆轮毂电机实体结构模型,并结合其结构模型中的相关特征造型完成 CAD 建模。根据机械尺寸,完成了防爆轮毂电机隔爆壳体造型,经色彩渲染后的壳体三维 CAD 模型如图 11-8 所示,图中隐藏了正面的防爆盖板。

图 11-8   壳体三维 CAD 模型

图 11-9 所示为导入 ANSYS Workbench 软件后的隔爆壳体 CAE 模型。该模型继承了原有 CAD 模型的特征,保留了防爆轮毂电机的尺寸参数。

图 11-9　隔爆壳体 CAE 模型

3) 模型处理

防爆轮毂电机的隔爆壳体材料选为 Q235A,屈服强度为 235 MPa,材料安全系数 $K = 1.25$;螺栓的材料为碳素钢,屈服强度为 640 MPa;电机轴材料选用 45 号钢,屈服强度为 355 MPa;隔爆铜环的材料定义为铅黄铜。

选择防爆轮毂电机最外缘的某一履带驱动齿作为固定点,使得该 CAE 模型在分析时获得固定支撑。考虑到紧固螺栓的应力设计富余程度较大,不足以发生断裂危险,因而为减小有限元仿真的计算分析工作量,假定隔爆壳体的圆柱外壳与防爆盖板相贴,并认为防爆盖板的内表面与圆柱壳体紧密相连,且紧固螺栓与防爆盖板的外表面紧密相连;同时,考虑到隔爆铜环与防爆盖板之间采用过盈配合,定义隔爆铜环与防爆盖板紧密接触,不发生相对位移;最后,定义防爆轮毂电机的中心轴上的滚动轴承外圈与防爆盖板紧密接触,滚动轴承内圈与中心轴紧密接触,电机中心轴与隔爆铜环之间假定无摩擦。对电机中心轴与铜套的接触边界条件进行了定义操作,如图 11-10 所示。

为了保证对 CAE 模型的分析精度,通常需要采取手动处理模型的方法对网格进行类型选择及参数修改,但是此种方式费时费力,而且误差较大。ANSYS Workbench 软件引入了自动网格生成技术,可以大幅缩短网格划分工作的时间,并由统一的界面设置完成网格类型的调整。其自动化网格划分功能的特征是:自动调整精度要求高的区域的网格密度;自动生成形状及特性较好的元素以保证网格的质量；根据零件的收敛精度采取自动迭代过程，直至满足精度要求；可自动选择合适的求解器解决所求解问题。此处对防爆轮毂电机的隔爆壳体采用自动网格划分技术，其基本网格类型为 Tet，即四面体单元，该类型单元在实现网格划分时较为精确。网格划分结束后的 CAE 模型如图 11-11 所示。

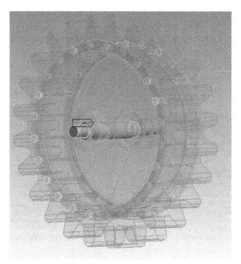

图 11-10 轴上边界条件的定义

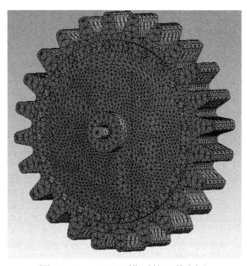

图 11-11 CAE 模型的网格划分

依据 GB/T 3836.2—2021 中对隔爆壳体进行 1.5 MPa 动压试验的规定，对隔爆壳体内腔施加 1.5 MPa 的载荷；施加载荷的平面包括圆柱壳体的环形内表面及防爆盖板的圆形内侧面；当隔爆壳体内部发生爆炸时，滚动轴承的侧壁受到爆炸气压推挤作用于防爆盖板。因此，可以认为滚动轴承朝腔体的侧面也承受爆炸产生的高压。而电机中心轴及隔爆铜环的中心线均处在防爆轮毂电机的中心轴向位置，爆炸产生的高压气体从电机中心轴与隔爆铜环的间隙处缓慢释放，并不对隔爆铜环及电机中心轴造成平面压力。由上述分析可知，在 CAE 模型中选定了防爆轮毂电机圆柱外壳的环形侧面、防爆盖板的圆形内侧面、滚动轴承的环形内侧面这三块区域作为载荷的施加平面，并定义载荷数值为 1.5 MPa。

对防爆轮毂电机 CAE 模型施加载荷的细节如图 11-12 所示。

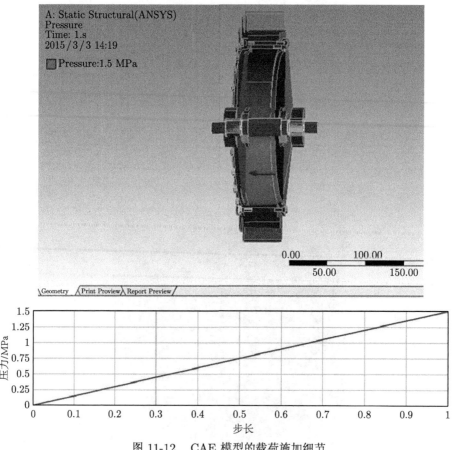

图 11-12　CAE 模型的载荷施加细节

图 11-12 的上半部分显示了防爆轮毂电机 CAE 模型经过载荷施加后的模型，在图中防爆轮毂电机壳体内部施加均布载荷，方向由壳体内部指向壳体外部，模

拟爆炸条件下隔爆壳体承受内部爆炸压力的情形。图 11-12 的下半部分显示了载荷的施加曲线，在 1 个步长内，载荷由 0 MPa 逐步平稳上升到了 1.5 MPa。

4) 应力求解与分析

在完成了载荷平面定义及载荷施加后，提交了对 CAE 模型的有限元应力求解，分析步长为 1 s，当应力求解结束后，有限元软件没有报告错误信息。

图 11-13 为 CAE 模型的有限元分析结果。从图中可以看到，当隔爆壳体内形成 1.5 MPa 的压力时，隔爆壳体的最大应力发生在防爆盖板上靠近止口接合面的地方；且相近数值的较大应力呈环形分布。

该环形分布的主要特点是防爆盖板最大直径处的应力很小，图中应力较小区域以蓝色标识，不超过 20 MPa；在止口接合面附近形成了红黄两色相间的最大应力分布环，其最大应力数值为 181.67 MPa；从止口接合面向内，应力即出现明显的减弱，并迅速降低至 20 MPa 以下；再向防爆盖板中心延伸时，应力出现缓慢上升的趋势，且应力分布较为均匀，应力值稳定在 160 MPa 以下；在滚动轴承的安装位置附近，应力再次出现明显衰减。

图 11-13　防爆轮毂电机有限元分析结果 (彩图见二维码)

从分析数据来看，隔爆壳体在 1.5 MPa 静压力下的最大应力数值为 181.67 MPa。选用材料 Q235A 的屈服强度为 235 MPa，安全系数为 1.25，其许用最大应力数值为 188 MPa，因此，隔爆壳体在机械设计理论上符合要求。

隔爆壳体的圆柱外壳没有受到较大的应力，可认为是齿形外圈为圆柱外壳提供了必要的刚度支撑。然而这并不意味着齿形外圈的材料强度富余程度过大，在实际使用过程中，齿形防爆轮毂电机作为矿用搜救机器人的直接动力驱动元件使用，圆柱外壳上的齿会受到橡胶履带的作用，对这部分的设计不属于防爆轮毂电机的防爆性能设计，因而此处不展开讨论。

上述有限元静压分析是用以模拟隔爆型产品出厂时进行的水压试验。水压试验的压力源较为稳定，若在隔爆壳体内部发生真实的气体爆炸，其爆炸产生的压力为瞬态压力，在此种情况下，材料的屈服极限还可以相应提高。从分析结果来看，所设计的防爆轮毂电机隔爆壳体具有较好的防爆性能。图 11-14 为隔爆型防爆轮毂电机实物照片。

图 11-14　隔爆型防爆轮毂电机实物照片

11.3.4 其他隔爆设计单元

1. 隔爆型通信中继

如图 11-15 所示为设计开发的隔爆型通信中继模块，其主要由隔爆壳体、隔爆开关、通信设备、通信光纤等构成。它用于多机器人协同搜救作业时机器人与机器人之间的无线通信中继，延长数据信号的传输距离，实现机器人的远距离搜救。

该中继模块额定工作电压 6 V DC，最大工作电流 ≤1500 mA，工作频率 2430~2450 MHz，发射功率 −15 ～ 0 dBm(0.0315 ~1 mW)，传输方向为全双工，无线通信传输距离 30 m。

中继模块尺寸 288 mm×166 mm×51 mm(长 × 宽 × 高)，质量约 8 kg。隔爆壳体防护能力为 IP54。

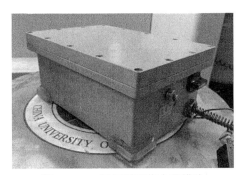

图 11-15 隔爆型通信中继模块

2. 隔爆型红外网络摄像头

结合机器人对于井下环境的视频要求以及整机的通信要求，采用海康威视 DS-2CD1203(D)-I3 型摄像头芯作为其核心成像元器件，并根据煤矿井下爆炸性 环境气体的要求对其进行隔爆处理，研制了用于矿用搜救机器人的隔爆型红外网络摄像头，如图 11-16 所示。为了防止防护玻璃对红外光的折射而影响摄像的视觉效果，将红外灯与摄像头分割开来安装使用。

设计研制的隔爆型红外网络摄像头可以达到如下性能要求：其有效像素为 130 万，红外照射距离为 20～30 m，采用 10Base-T/100Base-TX(RJ-45) 型网络接口，支持 TCP/IP、802.1X、IPv6 等通信协议。防护等级达到了 IP65。

图 11-16 隔爆型红外网络摄像头

11.4 机器人部件本安设计

矿用搜救机器人除了主箱体、电机等电气元件集中或耗电量大的电气设备需要进行隔爆设计之外，其余小功率器件如小型甲烷探测器、小型摄像头和便携式终端操控设备，以及用于清障作业的机械手等可以设计成本安型单元。

11.4.1　本安型机械手

机械手应用广泛,通常的机械手都是通过专门的电机给单个关节提供动力,通过控制各个电机来实现对应关节的运动。但在煤矿井下应用这样的机械手不能满足防爆要求。目前有一种解决办法是对多关节机械手各个关节的电机、导线和控制设备加装防爆外壳,但厚重的防爆外壳将严重影响机械手的灵活性。对此设计了一种新型共用动力多关节机械手装置用于矿用搜救机器人的清障作业。无论有几个关节,机械手都只需要在其底部设置两台电机,关节部分无须通电器件,因此可用于煤矿井下等有防爆要求的环境。并且机械手底部的电机可以进行隔爆处理,而整个机械臂和机械手属于本安型设计。

1. 机械手传动原理

整套机械手包括两个电机及其控制设备、一个横向关节、一个纵向关节和一把电缆剪 (可根据不同的作业要求安装不同的执行部件)。两个电机其中一个为动力电机,另一个为控制电机。横向关节可提供上下摆动的一个自由度,可根据整体所需自由度确定横向关节数量。纵向关节可为电缆剪的转动和剪切提供动力。横向关节、纵向关节和电缆剪都为纯机械结构,不含任何通电部分。电机可固定在远离关节的机械手根部,通过同步带向关节传递动力。若应用在需要防爆保护的场所,只需对电机单独加装防爆外壳即可。机械手的各关节无须加装防爆外壳,因此可保持其灵活性。如图 11-17 所示为机械手传动原理示意图 [11,12]。

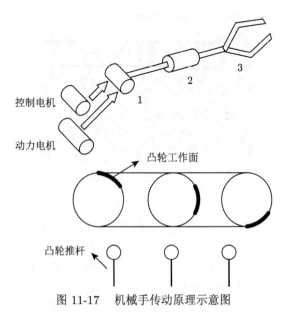

图 11-17　机械手传动原理示意图

如图 11-17 所示，机械手每个自由度都通过一个凸轮机构来控制其运动。对应各个自由度的凸轮工作面有一定的相位差，通过同步带使各凸轮同步转动。当某个凸轮的工作面接触推杆时，该推杆就会被凸轮推动，对应关节就被激活，该关节产生运动，而其他关节则保持不动。凸轮转过不同的角度，可使不同的关节产生运动。

2. 机械手机械结构

如图 11-18 所示为由一个横向关节、一个纵向关节和一把电缆剪组成的机械手实物图。若干个此结构的关节串联，可实现多个自由度的运动。

图 11-18 机械手实物图

1) 横向关节结构

如图 11-18 所示，机械手的单个横向关节包括动力同步带轮、控制用主动同步带轮、控制用从动同步带轮、控制离合器、动力离合器、控制过轮、动力过轮、控制轴、关节轴、锥齿轮、蜗轮、蜗杆以及一些固定件。动力同步带轮、控制用从动和主动同步带轮都绕控制轴转动，动力过轮、控制过轮绕关节轴转动。如图 11-19 所示为横向关节剖视图。

2) 纵向关节结构

纵向关节可安装电缆剪，并且提供电缆剪转动的动力和剪切力。纵向关节由两根控制轴组成，其上安装的动力同步带轮、控制用主动同步带轮、控制用从动同步带轮、控制离合器、动力离合器与横向关节基本相同。此外，纵向关节还有纵向关节蜗轮、蜗杆、纵向关节锥齿轮、电缆剪套筒、动力输出轴等部件。如图 11-20 所示为纵向关节立体图。

纵向关节与横向关节的控制轴及其上安装的零件左部相同，不同之处在于，纵向关节的第一控制轴无锥齿轮，最右端安装有纵向关节第一同步带轮，该同步带轮与纵向关节第一控制轴之间为键连接。当纵向关节第一控制轴转动时，可带动同步带轮转动，通过同步带传动，可使纵向关节第二同步带轮转动。

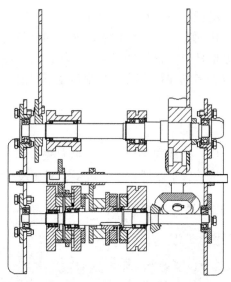

图 11-19　横向关节剖视图

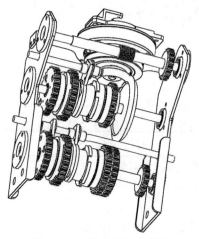

图 11-20　纵向关节立体图

纵向关节第二同步带轮与纵向关节蜗杆为键连接，与之啮合的蜗轮与套筒之间位置固定，套筒固定有电缆剪。即纵向关节第一控制轴用来控制电缆剪的转动。

纵向关节第二控制轴上有锥齿轮，但直径相较于横向关节控制轴更大。与之啮合的锥齿轮与动力输出轴固定。动力输出轴可将转动传递给电缆剪的减速器。即纵向关节第二控制轴用来控制电缆剪的剪切与张开的动作。

电缆剪无任何通电部件，通过螺纹将不同方向的转动转化为电缆剪的剪切与张开。该电缆剪可用于剪切铁丝、电缆、光缆等障碍物。

如图 11-21 所示为带防爆机械手的矿用搜救机器人。

图 11-21 带防爆机械手的矿用搜救机器人

11.4.2 小型本安型甲烷探测器

为了解决煤矿甲烷检测需要高于井下地面 1.5 m 左右的高度的问题,研发了体积小、质量轻、便于升降的小型甲烷探测器及其升降装置[13]。

如图 11-22 所示为所研发的小型本安型甲烷探测器的探头和电路板;如图 11-23 所示为用于矿用搜救机器人的带升降装置的甲烷探测器实物照片。

图 11-22 小型本安型甲烷探测器的探头和电路板

该探测器输入电压 4.5～5.5 V DC,工作电流 ≤200 mA,测量范围 0～100% 浓度 CH_4。显示值稳定性在 0～10.0% 浓度 CH_4 范围内,当甲烷浓度保持稳定时,探测器的输出信号值 (换算为甲烷浓度值) 的变化量不超过 0.5% 浓度 CH_4; 在 10.0%~100% 浓度 CH_4 范围内, 当甲烷浓度保持稳定时, 传感器的输出信号值 (换算为甲烷浓度值) 的变化量不超过 5.0% 浓度 CH_4。

探测器外形尺寸为 $\Phi46$ mm×39 mm, 质量约 0.3 kg。探测器防爆类型属于矿用本安型。甲烷探测器升降装置的升降杆在机器人不工作时为水平状态, 在气体探测和搜救状态时升起至垂直状态, 此时甲烷探测器相对地面高度为 1.5 m。

图 11-23　带升降装置的甲烷探测器实物图

11.4.3　本安型摄像仪

为了减小摄像头的体积和质量, 研发了一款可用于矿用搜救机器人的矿用本安型红外摄像仪, 如图 11-24 所示。该摄像仪体积小、质量轻, 采用无线网络传输数据, 可以与机器人内部的网络路由器进行通信, 在性能参数上与隔爆型红外网络摄像头相当。同时, 该摄像仪通过外部电池供电, 不依赖于机器人自身电源。因此, 摄像仪便是一个独立的本体, 与机器人通过无线连接, 二者不存在依赖关系, 不需要进行本安关联, 极大地方便了机器人本体电路的设计与提高了安全性能。在研发中将摄像仪本体、供电电池以及机械开关三者进行了有效的结合, 做到了功能满足要求, 且外形尺寸最小, 最易安装。

该本安型摄像仪额定电压 12 V DC, 工作电流 ≤1.0 A, 可采用本安电源供电。摄像仪图像质量: 在最低环境照度 10 lx 下, 水平清晰度 350 TVL; 灰度鉴别等级 7 级。摄像仪信号输出: 在环境照度 200 lx±50 lx 下, 视频信号输出为正极性全电视信号; 视频输出信号标称值为 1.0 V(75 Ω 平衡负载); 视频信号输出幅度为 0.7 V±0.2 V; 同步信号输出幅度为 0.3 V±0.1 V。在最低环境照度 10 lx 下进行摄像, 能够看清 20 m 远的物体, 能将采集到的彩色图像信号转换为视频信号输出。该本安型摄像仪外形尺寸 30 mm×30 mm×35 mm。

图 11-24　本安型红外摄像仪

11.4.4　本安型便携式终端操控设备

　　目前矿用计算机多是隔爆型计算机，其体积与质量大，且需要通过井下交流电源供电，因此不适合用于矿用搜救机器人的终端操控设备。为此，设计了一款矿用本安型便携式终端操控设备 (本安工业控制计算机)，也称上位机，如图 11-25 所示 [14]。该设备主要由五部分组成，分别是工控机、显示屏、本安鼠标、本安键盘与本安电源。将工控机与显示屏进行本安化处理，使工控计算机系统满足本安要求，同时对两个设备分别供电，从而减小了电流。

图 11-25　本安型便携式终端操控设备

　　该设备工作电压 12 V DC，工作电流 ≤1.0 A。TCP/IP 传输口：路数 2 路；

传输方式为全双工，TCP/IP；传输速率为 10/100 Mbit/s 自适应；工作电压峰峰值 1~5 V；最大传输距离 10 m。视频传输口：路数 1 路；传输方式为 VGA；最大传输距离 10 m。设备显示屏有效显示尺寸 (对角线) 为 8.4 英寸 (1 英寸 =2.54 厘米)。给终端操控设备通 12 V DC 电源，设备开始工作，工控机与主机通过以太网口及 VGA 接口进行通信，将其接收的相关信息显示于显示屏上。

本安型便携式终端操控设备具有逻辑控制、图形显示、远距离数据传输等功能，主要用于对矿用搜救机器人的遥显和遥操作。它是矿用本安型设备，适用于有瓦斯、粉尘爆炸危险的煤矿井下等环境。

11.5　主箱体防爆与结构轻量化优化设计

主箱体是机器人最大的单体部件，而主箱体防爆通常以隔爆型为主，这将显著增加机器人整体的质量。因此，本节将针对隔爆型主箱体的轻量化设计方法开展研究 [15]，对主箱体的防爆与轻量化进行优化设计，最终研制出既满足防爆要求又能最大限度地减轻质量的矿用搜救机器人主箱体。

11.5.1　隔爆箱体轻量化设计方案分析

可以从两方面对隔爆箱体进行轻量化设计。一是选用轻质高强度材料，如使用高强度铝合金、钛合金等；二是进行结构优化，去除箱体多余的材料。但根据《爆炸性环境 第 1 部分：设备 通用要求》(GB/T 3836.1—2021) 中的要求，按照质量分数，隔爆壳体中铝、镁和钛的总含量不允许大于 15%，并且钛和镁总含量不允许大于 6%。而市场上常见的铝合金含铝量大于 95%，钛合金含钛量大于 50%，显然不符合要求。若使用轻质高强度非金属材料，不仅要进行复杂的阻燃抗静电和抗老化试验，容积还不允许大于 2 L。因此现有的轻质高强度材料还不能直接用于矿用搜救机器人，只能通过优化结构的方法来减轻箱体质量。

常用的结构优化方法包括形状优化、拓扑优化、尺寸优化和布局优化，这些方法大部分需要借助于有限元软件进行。但通过有限元软件得出的结果可能并非最优解。若选择理论计算则又由于难解的力学理论而使优化过程变得复杂，不适用于常规的工程应用。

然而，矿用搜救机器人主箱体具有其自身的特点。基于对机器人的狭窄空间通过性要求，箱体的体积并不会过大 (长、宽、高均小于 1.5 m)，因此箱体壁板的厚度也不会过大。但是，由于箱体壁板需要焊接 (满焊)，为了避免焊接变形，壁板厚度又不能过小。这两点使得隔爆箱体的外形和尺寸并不会产生过于复杂的变化，从而简化了结构优化的理论计算。

11.5.2 隔爆箱体轻量化优化建模

1. 箱体壁板受力分析

隔爆箱体由不同尺寸的壁板焊接而成,对单块壁板的受力分析是对整体优化的基础。均布载荷下单块矩形板的受力分析模型与计算公式如图 11-26 和式 (11-1) 所示。

$$\sigma_{\max} = \alpha \left(\frac{b}{t_f}\right)^2 q \tag{11-1}$$

式中,α 为与矩形板长、宽比值有关的系数;b 为矩形板的宽度,mm;q 为均布载荷,MPa;t_f 为矩形板的厚度,mm。其中

$$\alpha = 0.0924 \left(\frac{a}{b}\right)^3 - 0.6223 \left(\frac{a}{b}\right)^2 + 1.4091 \left(\frac{a}{b}\right) - 0.5712$$

若使矩形板满足强度要求,其最大应力应小于材料许用应力,即 $\sigma_{\max} < [\sigma]$。为了减轻箱体质量,采用牌号为 Q690 的钢板作为箱体壁板材料,其许用应力 $[\sigma] = 690$ MPa。

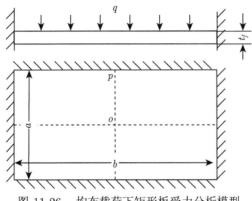

图 11-26　均布载荷下矩形板受力分析模型

但是为了节省材料,增加强度,减少质量,工程上会在壁板表面焊接加强筋。加强筋的截面形状和焊接方式都有多种形式,如矩形截面、工字形截面、单一方向焊接、交叉焊接等。但对于体积较小的机器人箱体,并不会存在太多的加强筋布置方式,因此只考虑使用单一方向焊接的矩形截面加强筋,如图 11-27 所示。

图中,n 为加强筋的数量,其等间距分布在壁板的宽度方向上,w 为加强筋的宽度,t_s 为加强筋的厚度。

带有加强筋的壁板受力分析较为复杂。基于式 (11-1),提出一种加强筋壁板的简易受力计算方法。主要思想如下。

如图 11-27 所示，加强筋把壁板分成了 $n+1$ 块区域，由于加强筋均布在壁板的宽度方向上，因此每个区域面积相同。故只要每个区域满足强度要求，就可以判定整个壁板满足强度要求。根据式 (11-1)，得出每个区域的最大应力 σ_i 如式 (11-2) 所示：

$$\sigma_i = \alpha \left(\frac{b}{(n+1)t_f} \right)^2 q \tag{11-2}$$

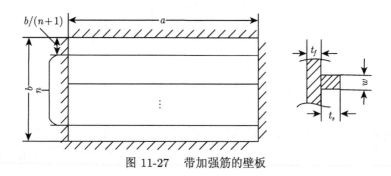

图 11-27　带加强筋的壁板

最大应力 σ_i 应小于材料的许用应力 $[\sigma]$。相反，若已知材料的许用应力 $[\sigma]$，根据式 (11-2) 就可以推导出所需加强筋的数量，如式 (11-3) 所示：

$$n = \frac{b}{t_f} \sqrt{\frac{q\alpha}{[\sigma]}} - 1 \tag{11-3}$$

式 (11-2) 和式 (11-3) 成立的前提是加强筋具有足够的强度，能够使各个区域相对独立不受影响。加强筋具有足够强度所满足的要求同样是其所受最大应力小于材料的许用应力。为了对加筋壁板中的加强筋进行受力分析，提出如下方法。

根据式 (11-1) 计算出未布置加强筋的壁板所能承受的最大载荷 q_0，如式 (11-4) 所示：

$$q_0 = \frac{[\sigma]}{\alpha} \left(\frac{t_f}{b} \right)^2 \tag{11-4}$$

令加筋壁板所受的载荷为 q，焊接在同一壁板上的某一加强筋所受的载荷为 q_1，则 q、q_0 和 q_1 应存在某种关系。根据能量守恒定律，可以初步得到三者之间的关系为

$$q_1 = \frac{1}{\eta} \frac{(q - q_0)ab}{naw} \tag{11-5}$$

式中，η 为系数，代表可能出现的能量损失，如变形过程中的能力损失等。

借助 ANSYS 软件求 η 的具体值。步骤如下：① 对某一尺寸的加筋壁板进行应力分析，求得在载荷 q 下，壁板和加强筋各自的最大应力值 σ_0 和 σ_1；② 分

别对同一尺寸的壁板和加强筋进行受力分析，寻找壁板和加强筋在最大应力为 σ_0 和 σ_1 时所受的载荷 q_0 和 q_1；③ 将所得到的 q、q_0 和 q_1 代入式 (11-5) 进行计算，求得系数 η。图 11-28 为加强筋受力分析过程。

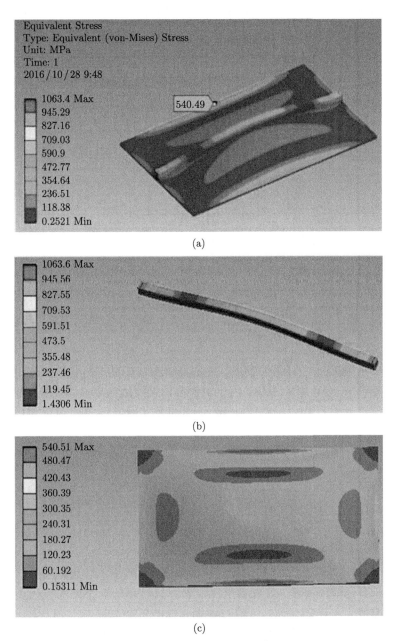

(a)

(b)

(c)

图 11-28 加强筋受力分析过程

根据图 11-27 很容易得出，当加强筋数量 n 大于 4 时，被加强筋分割出来的新矩形块的长、宽比将大于 2^4，因此对于 n 大于 4 的情形，将不再考虑。因此，按照图 11-28 所示的流程，随机采用不同厚度和不同尺寸的加筋壁板进行分析，最终得出 12 组数据。分析结果如表 11-6 所示。

表 11-6　加强筋受力分析结果

壁板尺寸 $(a \times b \times t_f)/$ (mm×mm×mm)	加强筋尺寸 $(t_s \times w)/$ (mm×mm)	n	q/MPa	q_0/MPa	q_1/MPa	η
500×400×6	20×16	1	1	0.47	4.91	2.71
900×500×10	40×20	1	1.5	0.82	6.61	2.57
80×40×5	8×4	1	10	8.81	4.52	2.65
1000×800×8	30×15	2	0.5	0.31	1.96	2.59
1000×800×15	30×20	2	1	0.64	2.75	2.62
500×300×15	40×20	2	2	1.08	2.75	2.62
1000×800×7	30×15	3	0.1	0.03	0.71	1.82
500×260×10	20×10	3	1	0.81	1.13	1.53
800×600×15	50×30	3	2	0.61	5.25	1.78
800×600×15	50×30	4	2	0.56	4.29	1.67
2000×1000×30	60×30	4	3	2.45	3.31	1.38
1000×700×10	28×14	4	0.8	0.41	2.89	1.72

根据表 11-6 可以得出不同加强筋数量所对应的系数 η。从增加安全系数的角度考虑，当加强筋数量 $n = 1$ 和 2 时，取 $\eta = 2.5$；当 $n = 3$ 和 4 时，取 $\eta = 1.2$。

确定了 η 值之后，对于任意形状的加筋壁板，在已知所受任意载荷 q 后，加强筋所受载荷 q_1 便可顺利求出。由于加强筋的长度远大于其宽度和厚度，因此可以视其为梁。于是，加强筋在载荷 q_1 作用的最大应力 $\sigma_{b\,\max}$ 可以通过式 (11-6) 求得

$$\sigma_{b\,\max} = \frac{M_{\max}}{W_r} = \frac{q_1 w a^2}{12 W_r} = \frac{(q - q_0)a^2 b}{2\eta n t_s^2 w} \tag{11-6}$$

式中，$M_{\max}$ 为加强筋所受的弯曲力矩；W_r 为加强筋的抗弯截面系数。

若 $\sigma_{b\,\max} \leqslant [\sigma_b]$，认为加强筋具有足够的强度。其中 $[\sigma_b]$ 为加强筋材料的屈服强度。

仍然使用 ANSYS 软件对推导的式 (11-6) 的精度进行验证。将屈服强度为 690 MPa 的 Q690 钢材作为隔爆箱体壁板的材料。任取不同尺寸、不同厚度的壁板，任意施加不同的载荷，任意给定加强筋的宽度，根据式 (11-2)～ 式 (11-6) 求满足强度条件的加强筋的数量与厚度。根据给定的壁板尺寸与求得的加强筋数量和尺寸建立加筋壁板的三维模型，导入 ANSYS 软件进行受力分析。理论上，

经过软件计算得到的壁板最大应力与加强筋最大应力应小于等于材料的许用强度 (690 MPa)。任取的 12 组数据及最终的结果如表 11-7 所示。

表 11-7 加强筋壁板强度计算精度分析

壁板尺寸	加强筋尺寸		q	n_{cal}^*	n_{int}^*	η^*	$\sigma_{max\,1}^*$	ε^*	$\sigma_{max\,2}^*$	ζ^*
$(a \times b \times t_f)$	w	t_s^*								
$500\times400\times6$	16	44.9	1.5	0.96	1	2.5	719.17	0.04	613.98	-0.11
$900\times700\times10$	20	61.2	0.8	0.53	1	2.5	528.89	-0.23	676.54	-0.02
$300\times200\times5$	4	8.1	1	0.03	1	2.5	479.51	-0.31	710.32	0.03
$1000\times800\times8$	15	69.6	0.8	1.15	2	2.5	510.41	-0.26	720.04	0.04
$1000\times800\times15$	60	92.1	5	1.87	2	2.5	723.65	0.05	715.72	0.04
$500\times300\times5$	20	29.5	2	1.23	2	2.5	655.15	-0.05	662.74	-0.04
$1000\times800\times5$	30	62.7	0.8	2.44	3	1.2	661.01	-0.04	433.58	-0.37
$500\times360\times7$	40	53.8	7	2.41	3	1.2	648.19	-0.06	438.06	-0.36
$800\times600\times9$	60	77.3	5	2.68	3	1.2	683.69	-0.01	446.18	-0.35
$800\times600\times10$	60	96.1	10	3.65	4	1.2	730.24	0.06	504.94	-0.27
$2000\times1000\times15$	100	176.9	5.5	3.19	4	1.2	710.25	0.03	520.35	-0.25
$1000\times700\times10$	60	100.1	6	3.34	4	1.2	728.51	0.06	528.27	-0.23

注：壁板尺寸与加强筋尺寸的单位均是 mm；载荷单位为 MPa；带 * 的变量为经过计算后得出的值；不带 * 的变量为初始给定的值；q 为载荷；n_{cal} 代表经过计算后得出的所需加强筋数量；n_{int} 代表圆整之后的加强筋数量；$\sigma_{max\,1}$ 代表软件仿真求出的壁板最大应力；ε 代表 $\sigma_{max\,1}$ 与壁板材料许用应力之间的误差；$\sigma_{max\,2}$ 代表软件仿真求出的最大加强筋应力；ζ 代表 $\sigma_{max\,2}$ 与加强筋材料许用应力之间的误差。

对表 11-7 进行分析发现，理论计算结果与软件仿真结果之间的误差并不大。对于壁板的计算误差，$n_{int} - n_{cal}$ 越大，误差越大。这实际相当于增大了安全系数。对于加强筋的计算误差，当 n_{int} 等于 3 和 4 时误差较大，这是由于其所对应的 η 值较大 (见表 11-6)，而计算时取 $\eta = 1.2$，取值较小。因此，可以得出结论，所推导的加筋壁板强度计算公式是有效的。

此时，若加强筋强度满足要求，根据式 (11-2) 和式 (11-3) 可以求得加筋壁板的质量，如式 (11-7) 所示：

$$M_f = abt_f\rho + n\rho a t_s w \tag{11-7}$$

式中，ρ 为壁板和加强筋的材料密度。

隔爆箱体常采用焊接方法制作而成，为了使其具有足够的强度和保证箱体的密闭性，壁板与壁板之间需要满焊。因此，若壁板厚度过薄，在焊接时会发生严重的热变形，故设定一个最小的壁板厚度 t_1，同时设定一个最大的厚度 t_2。采用如下规则：若经过计算得出的某块壁板厚度小于 t_1，则取值 t_1；若计算得出的厚度大于 t_1 但小于 t_2，则取计算所得的厚度；若计算所得厚度大于 t_2，则壁板厚度选为 t_2 并使用加强筋。基于此，得到修正后的加筋壁板质量，如式 (11-8) 所示：

$$M_f(a,b,w) = \begin{cases} ab\rho t_1, & t_f \leqslant t_1 \\ ab\rho t_f, & t_1 < t_f < t_2 \\ a\rho(bt_f + t_s wn), & t_f \geqslant t_2 \end{cases} \quad (11\text{-}8)$$

式中

$$t_f = \sqrt{\frac{b^2 \alpha q}{\delta}}, \quad t_s = \sqrt{\frac{q_1 a^2}{2\,[\sigma_b]}}$$

至此，单块壁板的受力分析完成，经过相关计算可以求出满足强度要求的壁板 (加筋壁板) 的质量，这为整个箱体的优化建模奠定了基础。

2. 箱体优化方程建立

单块壁板分析完成后，建立隔爆箱体整体优化方程。隔爆主箱体至少应分为三个腔，分别是设备腔、接线腔和电池腔。但是，由于接线腔容积较小，腔中并不安装电气设备，对整个箱体影响较小，因此为了简化计算在对箱体建模时暂时忽略接线腔。

建立隔爆箱体的物理模型，如图 11-29 所示。

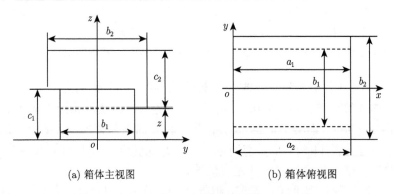

(a) 箱体主视图　　　　　　　　(b) 箱体俯视图

图 11-29　隔爆箱体物理模型

图 11-29 为设备腔和电池腔的一种组合状态，其中图 11-29(a) 为箱体在 yoz 面上的正投影，图 11-29(b) 为箱体在 xoy 面上的正投影。a_1、b_1、c_1 代表电池腔参数，a_2、b_2、c_2 代表设备腔参数，z 代表两个腔体在 z 轴的相对位置尺寸。

根据物理模型，建立隔爆箱体质量的数学模型。其中，电池腔质量如式 (11-9) 所示：

$$M_x = \begin{cases} 2[M_f(a_1,b_1,w) + M_f(b_1,c_1,w) + M_f(a_1,c_1,w) + M_f(a_1,c_1-z,w)], & t_s \leqslant (b_2-b_1)/2 \\ 2[M_f(a_1,b_1,w) + M_f(b_1,c_1,w) + M_f(a_1,c_1,w)], & t_s > (b_2-b_1)/2 \end{cases}$$

$$(11\text{-}9)$$

设备腔的质量如式 (11-10) 所示:

$$M_s = M_f(a_2, b_2, w) + 2M_f(a_2, c_2, w) + 2M_f(b_2, c_2 + z - c_1, w) \atop + 4M_f[(b_2 - b_1)/2, (c_1 - z), w] + M_f[(b_2 - b_1)/2, a_2, w] \tag{11-10}$$

隔爆箱体的质量为电池腔与设备腔质量之和。优化时,通过不断地调整两个腔体的形状和两个腔体的相对位置得到整体质量最小的隔爆主箱体。

因此,得到如式 (11-11) 所示的优化方程:

$$\begin{cases} \min & M(a_1, b_1, c_1, a_2, b_2, c_2, z, w) = M_x + M_s \\ \text{s.t.} & \begin{cases} a_1 b_1 c_1 = V_1 \\ a_2 b_2 c_2 - (c_1 - z)b_1 a_1 = V_2 \\ 0 \leqslant z \leqslant c_1 \end{cases} \end{cases} \tag{11-11}$$

式中,V_1 为电池腔的容积;V_2 为设备腔的容积。对于已经完成了电气设备选型的矿用搜救机器人,V_1 和 V_2 应为固定值。

3. 矿用搜救机器人隔爆箱体参数优化

式 (11-11) 是一个多参数、非线性且不连续的方程,很难求出其解析解,因此进行遍历求解。在求解之前,先确定方程的一些初始条件和限制条件。根据初步的设计,隔爆箱体内安装的电气元件已经初步确定。对于电池腔容积 V_1,由于只安装动力电池,因此其体积与电池体积相同,长、宽、高的尺寸也就随之确定。对于设备腔容积 V_2,由于安装在其内部的器件较为零散,存在多种布置方式,因此形状无法确定,但总体积可以确定。

针对所研发的矿用搜救机器人,经过选型并计算各元器件的总体积,可以得到 $V_1= 26427000$ mm^3,$V_2= 41622000$ mm^3,箱体材料选用牌号为 Q690 的高强度钢,取最小的壁板厚度 $t_1= 4$ mm,最大厚度 $t_2= 6$ mm,可得初始条件如式 (11-12) 所示:

$$\text{Initial conditions} \begin{cases} a_1 = 766, b_1 = 150, c_1 = 230 \\ t_1 = 4, t_2 = 6 \\ V_2 = 41622000 \\ [\sigma] = 690 \end{cases} \tag{11-12}$$

为了减轻计算量,直接剔除不符合实际的构型,对优化方程做进一步限定,给出限制条件如式 (11-13) 所示:

$$\text{Restrictions} \begin{cases} w = 10 \\ b_1 \leqslant b_2 \leqslant 3b_1 \\ a_2 = a_1 \end{cases} \tag{11-13}$$

式 (11-12) 和式 (11-13) 中的参数参照式 (11-8) 和图 11-29 中的说明。

将式 (11-12)、式 (11-13) 代入式 (11-11) 求解，最终转化为寻找最优的设备腔宽度 b_2 和两个腔体相对位置 z，使整个隔爆主箱体质量 M 最小。使用 MATLAB 软件进行数值求解，取迭代步长为 5 mm，得到 b_2、z 和 M 的关系如图 11-30 所示。

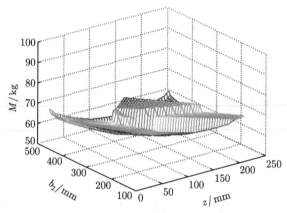

图 11-30   隔爆箱体总质量 M 与 b_2、z 的关系

根据遍历结果，存在最小的隔爆箱体总质量 $M = 53.85$ kg，此时 $b_2 = 365$ mm，$z = 150$ mm；存在最大的隔爆箱体总质量 $M = 92.66$ kg，此时 $b_2 = 150$ mm，$z = 0$ mm，可以计算出最小的箱体质量比最大的箱体质量减少 41.9%。质量最小时隔爆箱体的主要参数如表 11-8 所示 (a 和 b 分别代表面的长和宽)。

表 11-8   隔爆箱体参数优化结果

面	a/mm	b/mm	t_f/mm	n	t_s/mm
$F_{a_1b_1}$	766	150	4.94	0	0
$F_{b_1c_1}$	230	150	4.74	0	0
$F_{a_1c_1}$	766	230	4.15	0	0
$F_{a_2b_2}$	766	365	6	1	80.5
$F_{b_2c_2}$	365	182	4	0	0
$F_{a_2c_2}$	766	182	4	0	0

为了验证优化结果是否满足强度要求，使用 Pro/E 软件建立隔爆主箱体的虚拟样机，并导入 ANSYS 软件对设备腔和电池腔进行受力分析，如图 11-31 所示。

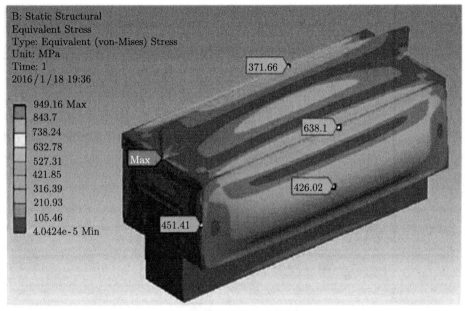

(a) 隔爆箱体设备腔有限元分析结果

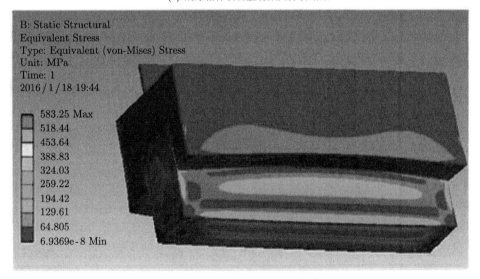

(b) 隔爆箱体电池腔有限元分析结果

图 11-31   隔爆箱体受力分析

　　分析结果显示,设备腔的最大应力点出现在加强筋与顶面盖板 (F_{a2b2}) 的焊接处,虽然最大应力达到了 949.16 MPa,超出了材料的屈服强度,但此处为应力集中现象,可以忽略。设备腔其余各处应力均小于材料的屈服强度 690 MPa。电池腔的各点应力完全小于材料的屈服强度 690 MPa。因此，隔爆箱体参数优化结果满足要求。

满足隔爆箱体的强度要求后，对其相关细节进行设计。首先，在进行理论分析时，均没有考虑安全系数，为此将表 11-8 中各面的厚度乘以一定的安全系数；其次，面 F_{a2b2} 的加强筋宽度尺寸与整个尺寸不协调，因此，减小加强筋厚度，增加加强筋数量；再次，增加接线腔结构，将接线腔布置在设备腔的尾部；最后，增加隔爆接合面、线缆引入装置、穿墙端子等隔爆特征和其他需要安装在隔爆箱体上的特殊结构。最终得到行走系统隔爆箱体样机如图 11-32 所示。

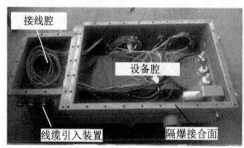

图 11-32　隔爆箱体样机

11.5.3　隔爆箱体自加强结构设计方法

经过一系列的优化计算，得到了质量最轻的矿用搜救机器人隔爆箱体。虽然在优化过程中已经对相关计算公式进行了简化处理，尤其是对于加筋壁板的受力分析，但过程依然复杂。分析表 11-8 中的数据可以发现，只有面 F_{a2b2} 需要使用加强筋，部分面的厚度甚至小于 4 mm，这说明机器人隔爆箱体的轻量化设计更多的是形状优化。因此，尝试进行更为简单的机器人隔爆箱体设计方法。

根据所提出的箱体设计初始条件和限制条件 (式 (11-12) 和式 (11-13))，绘制设备腔和电池腔可能的形状和腔体布局，并通过 ANSYS 软件进行受力分析，使每种箱体构型均满足强度要求，并计算每种构型的质量。最终，绘制了六种可能的隔爆箱体构型，如图 11-33 所示，其中包括经过优化计算得到的最优构型。

其中，图 11-33(a) 为最终经过优化得到的结果，其余五种均是在满足相关初始条件和限制条件下，任意绘制的构型。分析最优构型的特点可以发现，相比于其他构型，它的两个腔体相互重叠，这种重叠结构使箱体强度得到了加强 (设备腔下壁板成了电池腔的加强筋)，从而可以不额外使用加强筋而达到一定的强度，最终减轻了整个箱体的质量。因此称此种结构为 "多腔体自加强结构"。

继续探究在腔体容积一定时，长、宽、高的关系对于整个腔体质量的影响。在图 11-33 中呈现的规律是，箱体的长、宽、高之间的比值越大，最终的质量越大。

为了验证此结论，采用 MATLAB 软件进行数值分析。设一个腔体的体积为 V，长、宽、高均是从 l 到 $V^{1/3}$（令 $V = 41622000$ mm^3，$l = 10$ mm）。得到腔体质量与其长、宽的关系，如图 11-34 所示。

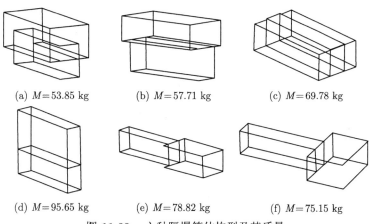

(a) $M = 53.85$ kg   (b) $M = 57.71$ kg   (c) $M = 69.78$ kg

(d) $M = 95.65$ kg   (e) $M = 78.82$ kg   (f) $M = 75.15$ kg

图 11-33 六种隔爆箱体构型及其质量

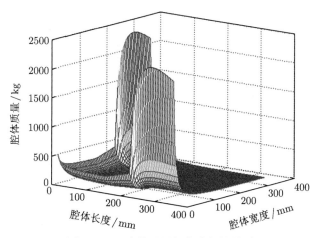

图 11-34 腔体质量与其边长的关系

根据图 11-34 可以得出，腔体越接近于正方体（长 = 宽 = 高 = $V^{1/3}$），整个腔体的质量越小，即 $(a/b) \times (b/c) \times (a/c)$（$a > b > c$，为腔体的长、宽、高的值）的值越趋近于 1，质量越小。因此将此称为腔体体积一定时的质量最小条件。

基于自加强结构和质量最小条件，在以后设计多腔隔爆箱体时，可以不进行精确的建模而设计出基本满足强度条件且质量较小的隔爆箱体。

参 考 文 献

[1] 国家标准化管理委员会，国家市场监督管理总局. 爆炸性环境 第 1 部分：设备 通用要求 (GB/T 3836.1—2021)[S]. 北京：中国标准出版社，2011.

[2] 李雨潭. 多驱动煤矿救援机器人行走系统与驱动模式自适应控制研究 [D]. 徐州: 中国矿业大学, 2018.

[3] 国家标准化管理委员会，国家市场监督管理总局. 爆炸性环境 第 4 部分：由本质安全型 "i" 保护的设备 (GB/T 3836.4—2021)[S]. 北京：中国标准出版社，2011.

[4] 国家标准化管理委员会，国家市场监督管理总局. 爆炸性环境 第 2 部分：由隔爆外壳 "d" 保护的设备 (GB/T 3836.2—2021)[S]. 北京：中国标准出版社，2011.

[5] 国家标准化管理委员会，国家市场监督管理总局. 爆炸性环境 第 5 部分：由正压外壳 "p" 保护的设备 (GB/T 3836.5—2021)[S]. 北京：中国标准出版社，2017.

[6] 国家标准化管理委员会，国家市场监督管理总局. 爆炸性环境 第 6 部分：由液浸型 "o" 保护的设备 (GB/T 3836.6—2017)[S]. 北京：中国标准出版社，2004.

[7] 国家标准化管理委员会，国家市场监督管理总局. 爆炸性环境 第 7 部分：由充砂型 "q" 保护的设备 (GB/T 3836.7—2017)[S]. 北京：中国标准出版社，2011.

[8] 李雨潭, 朱华. 煤矿救援机器人防爆创新设计探讨 [J]. 煤炭技术, 2018, 37(2): 269-271.

[9] 朱华, 李雨潭, 葛世荣. 一种带有逆止功能的防爆动力箱: 中国, CN201410559569.1[P]. 2016.

[10] 毛杨明. 煤矿井下探测机器人防爆电机与动力电源研究 [D]. 徐州: 中国矿业大学, 2015.

[11] 高峻峣, 赵靖超, 赵方舟. 共用动力的多关节机械手中的动力切换装置: 中国, CN201520501192.4[P]. 2016.

[12] 高峻峣, 赵靖超, 赵方舟. 一种共用动力的多关节机械手装置· 中国, CN201510406486.3[P]. 2017.

[13] 朱华, 李猛钢, 马西良, 等. 本质安全型红外甲烷变送器: 中国, CN201620961679.5[P]. 2017.

[14] 朱华, 李雨潭, 李猛钢, 等. 便携式本质安全型控制终端: 中国, CN201610740343.0[P]. 2019.

[15] Li Y T, Zhu H. A simple optimization method in the lightweight design of the coal mine rescue robot explosion-proof housing[J]. Journal of the Brazilian Society of Mechanical Sciences and Engineering, 2018, 40(7): 340-350.